中国环境百科全书
—— 选编本 ——

环境哲学

《环境哲学》编写委员会　编著

主　编　杨通进
副主编　王国聘　李　亮

中国环境出版集团·北京

图书在版编目（CIP）数据

环境哲学 /《环境哲学》编写委员会编著. —北京：
中国环境出版集团，2019.11
（《中国环境百科全书》选编本）
ISBN 978-7-5111-4135-4

Ⅰ．①环… Ⅱ．①环… Ⅲ．①环境科学－哲学
Ⅳ．①X-02

中国版本图书馆 CIP 数据核字（2019）第 240113 号

出版发行　**中国环境出版集团**
　　　　　（100062　北京市东城区广渠门内大街 16 号）
　　　　　网　　址：http://www.cesp.com.cn
　　　　　电子邮箱：bjgl@cesp.com.cn
　　　　　联系电话：010-67112765（编辑管理部）
　　　　　发行热线：010-67125803，010-67113405（传真）
印　　刷　北京盛通印刷股份有限公司
经　　销　各地新华书店
版　　次　2019 年 11 月第 1 版
印　　次　2019 年 11 月第 1 次印刷
开　　本　787×1092　1/16
印　　张　10.5
字　　数　265 千字
定　　价　110.00 元

编写委员会

主　　编　杨通进

副 主 编　王国聘　李　亮

编　　委（按姓氏汉语拼音排序）

曹孟勤　曹顺仙　陈红兵　郭　辉　雷　毅

李培超　卢　风　欧阳志远　王建明　王耀先

余谋昌　曾建平

参编人员（按姓氏汉语拼音排序）

曹丛烨　曹　昱　窦立春　郭兆红　侯　波

侯杨杨　胡华强　贾荣荣　刘伯智　刘海龙

牛庆燕　乔永平　是丽娜　王蔼然　王　锋

王吉红　王　蕾　王全权　徐怀科　薛桂波

杨桃红　朱　凯

出版说明

  《中国环境百科全书》（以下简称《全书》）是一部大型的专业百科全书，选收条目 8 000 余条，总字数达 1 000 多万字，对环境保护的理论知识及相关技术进行了全面、系统的介绍和阐述，可供环境科学研究、教育、管理人员参考和使用，也可供具有高中以上文化程度的广大读者查阅和学习。

  《全书》是在生态环境部的领导下，组织近 1 000 名环境科学、环境工程及相关领域的专家学者共同编写的。在《全书》按条目的汉语拼音字母顺序混编分卷出版以前，我们先按分支和知识门类整理成选编本，不分顺序，先编完的先出，以求早日提供广大读者使用。

  《全书》是一项重大环境文化和科学技术基础平台建设工程。其内容横跨自然科学、技术与工程科学、社会科学等众多领域，编纂工作难度是可想而知的，加上我们编辑水平有限，一定会有许多不足之处。此外，各选编本是陆续编辑出版的，有关条目的调整、内容和体例的统一、参见和检索系统的建立，以及《全书》的编写组织和审校等，还有大量工作须在混编成卷时进行，我们诚恳地期望广大读者提出批评和改进意见。

中国环境出版集团

2018 年 10 月

前　言

　　《中国环境百科全书》是我国第一部大型环境保护专业百科全书，环境哲学分支是其中的一个重要组成部分。环境哲学关注的是人们对自然，以及人与自然的关系的认识与理解，这种认识与理解是人们的环境价值观的重要基础。正确的环境价值观为人们自觉、主动、积极地参与并推动环境保护提供了重要的道德动机。放眼全球，人类的环境保护事业的发展与进步都离不开人类价值观（尤其是环境价值观）方面的重大变革。《中国环境百科全书》的环境哲学分支试图比较全面地展现环境哲学在环境价值观方面所取得的主要成就。本分支共包括 98 个条目，分为总论、环境哲学本体论、环境哲学认识论、环境哲学价值论、环境哲学观念史五个部分，侧重收录环境哲学领域重要的思想、理论、流派、观念、概念与命题。

　　环境哲学分支条目的编纂工作由原环境保护部规财司王耀先副司长、中国环境伦理学研究会原会长余谋昌以及中国人民大学欧阳志远教授牵头，具体的编写工作由我、王国聘（南京林业大学）和李亮（南京林业大学）负责。我们三人在参考编委会各位成员提供的条目的基础上，根据《中国环境百科全书》"条目编写体例"的具体要求对相关条目进行了整合与精简。

　　环境哲学是哲学的一个新兴的研究领域，研究者对与环境哲学有关的许多重要理论问题还存在着分歧，这使环境哲学条目的编写面临许多挑战。限于编者的学识、时间与精力等方面的原因，环境哲学领域中一些最新的研究成果未能及时收录。我们衷心希望读者不吝赐教，提出宝贵的意见和建议，以便日后能有机会弥补此次编写留下的缺憾。同时，谨向参与此次编写的各位同仁深表谢意。

杨通进

2019 年 10 月于广西大学

凡 例

1．本选编本共收条目 98 条。

2．本选编本条目按条目标题的汉语拼音字母顺序排列。首字同音时，按阴平、阳平、上声、去声的声调顺序排列；同音、同调时，按首字的起笔笔形一（横）、丨（竖）、丿（撇）、、（点）、フ（折，包括乛乚〈等）的顺序排列。首字相同时，按第二字的音、调、起笔笔形的顺序排列，余类推。

3．本选编本附有条目分类索引，以便读者了解本学科的全貌和按知识结构查阅有关条目。

4．条目标题上方加注汉语拼音，所有条目标题均附有外文名。

5．条目释文开始一般不重复条目标题，释文力求规范、简明。

6．较长条目的释文，设置层次标题，并用不同的字体表示不同的层次标题。

7．一个条目的内容涉及其他条目并需由其他条目的释文补充的，采用"参见"的方式。所参见的条目标题用楷体字排印。

8．在重要的条目释文后附有推荐书目，供读者选读。

9．本选编本附有全部条目的汉字笔画索引、外文索引。

10．本选编本中的科学技术名词，以全国科学技术名词审定委员会公布的为准，未经审定和尚未统一的，从习惯。

目　录

出版说明 i

前言 iii

凡例 v

条目音序目录 viii

正文 1

条目分类索引 145

条目汉字笔画索引 147

条目外文索引 149

条目音序目录

C

超验主义 ························· 1

D

大自然的解放 ················· 3
地理环境决定论 ············· 4
地球优先！ ····················· 6
地球宇宙飞船 ················· 8
动物解放论 ····················· 9
动物权利论 ····················· 10

F

非人类中心主义 ············· 11

G

盖娅理论 ························· 13
共有地悲剧 ····················· 14

H

和实生物 ························· 17
河流伦理 ························· 18
后工业社会 ····················· 20
后现代 ··························· 21
《淮南子》环境观 ············· 22
环境伦理 ························· 24
环境美德伦理 ················· 26
环境美学 ························· 28
环境人权 ························· 29
环境实用主义 ················· 31
环境行动主义 ················· 33
环境友好 ························· 34

环境种族主义 ················· 35
荒野 ····························· 36

J

技术圈 ··························· 39
敬畏自然 ························· 40

K

康芒纳生态原则 ············· 42
可持续发展 ····················· 43
孔子的环境观 ················· 44

L

类无贵贱论 ····················· 46
绿色消费 ························· 47
绿色政治 ························· 48
伦理拓展主义 ················· 51

M

孟子的环境观 ················· 54

N

农业伦理 ························· 56

Q

气候伦理 ························· 58
浅层生态学 ····················· 58

R

人定胜天 ························· 60
人工自然 ························· 60
人化自然 ························· 62

人类发展指数 ································· 63
人类沙文主义 ····························· 64
人类中心主义 ····························· 65

S

熵 ······································· 68
社会达尔文主义 ························· 69
深层生态学 ······························· 70
生命共同体 ······························· 71
生态悲观主义 ····························· 72
生态捣乱行为 ····························· 73
生态帝国主义 ····························· 74
生态多样性与生态统一性 ············· 76
生态法西斯主义 ························· 77
生态公民 ································· 78
生态化 ··································· 80
生态乐观主义 ····························· 81
生态马克思主义 ························· 82
生态女性主义 ····························· 84
生态启蒙 ································· 85
生态迁徙 ································· 86
生态区域主义 ····························· 88
生态社会主义 ····························· 89
生态神学 ································· 91
生态生产力 ······························· 93
生态危机 ································· 94
生态文化 ································· 95
生态文明 ································· 95
生态现象学 ······························· 98
生态需要 ································· 100
生态学方法 ······························· 102
生态灾变 ································· 103
生态哲学 ································· 104
生态整体主义 ····························· 106

生态主体与生态客体 ··················· 108
生态自治主义 ····························· 109
生物多样性与文化多样性 ············· 110
生物圈平等主义 ························· 112
生物中心主义 ····························· 114
素食主义 ································· 115

T

天然自然 ································· 117
天人合一 ································· 118
土地伦理 ································· 119

W

万物有灵论 ······························· 122
王守仁的环境观 ························· 122
物种歧视主义 ····························· 124

Y

《1844年经济学哲学手稿》 ··········· 126
预防原则 ································· 127

Z

张载的环境观 ····························· 129
制天命（制天命而用之） ············· 130
智慧圈 ··································· 130
《周易》环境观 ························· 131
资源节约型社会 ························· 132
自然的祛魅与返魅 ····················· 133
自然界自我实现论 ····················· 134
自然权利论 ······························· 136
自然无为 ································· 137
自然物质变换 ····························· 140
自然主义 ································· 141
自然自组织 ······························· 142

超验主义 （transcendentalism） 又称超越论。是一种主张人能超越感觉与理性而直接认识真理的哲学立场与文学运动。

兴起与代表人物 超验主义兴起于 19 世纪 30 年代的新英格兰地区，是美国思想史上一次重要的思想解放运动。超验主义的代表人物主要为美国思想家、诗人拉尔夫·沃尔多·爱默生（Ralph Waldo Emerson）及其追随者美国作家、哲学家亨利·戴维·梭罗（Henry David Thoreau）。爱默生的《论自然》和梭罗的《瓦尔登湖》被认为是最能明确地表达一般超验主义观念的文献。

基本主张 在理论内容上，超验主义发源于单一神教，同时又接受了浪漫主义的影响。超验主义与万物有灵论的哲学同源于新柏拉图主义运动。如果说万物有灵论希望在自然中发现一种非物质的有机原则，那么超越论则更倾向于从自然之外寻求理想模式。超验主义不是深入自然中去发现神圣的火花，而是把眼睛置于这个不能令人满意的自然之上，去寻求一种宁静和永久和谐的幻影。

梭罗认为，我们的理想才是唯一的真实，而我们通过身体感觉体会到的自然，反倒妨碍了我们看到在物质面纱之下的真正和美丽实体的可能。爱默生认为，精神需求是永远不会在这个物质世界中得到完全满足的，即使这是一个充满生机的世界。因此，他一定要超越这种生活，在一个更为脱离现实的空间里，将能发现完美的诗意和道德上的充实。超验主义确信，在人性之中存在着某种超出自然和人类经验的东西，即直觉和上帝所赋予的天性。

爱默生更强调人类精神对自然物质性存在的超越性，梭罗则更关注人类的超越性与自然价值的统一性，所以梭罗信仰接近自然，重视体力劳动的尊严。但是所有超验主义者都强烈地感觉到对知识及兴趣的需要且非常强调精神生活。超验主义者肯定人类基本的神性和伟大的人类情意，主张人类要始终相信自己、依靠自己，认为个人和上帝的联系均属个人的事情，可以通过个人直接建立而不用以教堂仪式为媒介。

人与自然关系 在人与自然关系方面，超验主义具有两面性。爱默生的超验主义谋划的道德乌托邦是一个"人的王国"，在这个王国中精神支配肉体，思想超越人体，理想超越物质，人类超越自然。因此，自然是需要人类加以热情改造的附庸。显然，这与高呼征服大自然的培根论者一样，深受西方基督教传统的影响，持有人类中心主义的立场一致。梭罗的超验主义则肯定有意识和无意识的生命都是美好的，两者的美好并不相互排斥。在他的超验主义思想中，自然是作为他自身协调的模式。他相信，人就像康科德树林里的树，每一棵在它能够伸入苍穹之前，都必须坚定地扎根在土壤中。树根（自然）与树枝（超越）都是树木生长的必要条件。

（李亮）

推荐书目

唐纳德·沃斯特.自然的经济体系:生态思想史.侯文惠,译.北京:商务印书馆,1999.

范岳,沈国经.西方现代文化艺术辞典.沈阳:辽宁教育出版社,1996.

魏啸飞,陈月娥.美国文明史.北京:北京大学出版社,2011.

D

daziran de jiefang

大自然的解放 （the liberation of the nature）

20 世纪 70 年代以来西方环境运动中的一种思潮和行动纲领，表明反对过度干预和暴力控制大自然，要给予大自然的动物、植物甚至大自然的环境以自由。在哲学层面，"大自然的解放"是当代社会批判理论的重要维度和贡献。

狭义的自然界是与人类社会相区别的物质世界，即自然科学所研究的无机界和有机界。自然界是客观存在的，它是我们人类即自然界的产物本身赖以生长的基础。而广义的自然界指包括人类社会在内的整个客观物质世界。此物质世界是以自然的方式存在和变化着的。人的意识也是以自然方式发生的物质世界。人和人的意识是自然界发展的最高产物。物质世界具有系统性、复杂性和无穷多样性，它既包括人类已知的物质世界，也包括人类未知的物质世界。"大自然的解放"中的"大自然"主要是指狭义上的自然界，即与人类社会相区别的物质世界。

大自然的解放包括以下两点：必须改变使科学技术的负面价值功能日益突显的社会结构和社会制度，为了发展而不惜牺牲牺牲环境的发展模式以及为了眼前利益而不顾长远发展的思维方式；必须重新将"控制自然"的观念置于新的人性和伦理基础上，才能避免科学技术的非理性运用。

大自然解放的依据 ①解放大自然意味着马克思提出的"对自然的人道的占有"。这是最基本的要求。就是说，要把自然变得与人性相符合，成为人的对象化了的本质，自然不再是材料、无机物，而是主体、客体，是独立的生命力，对生命的追求是人和自然的共同的本质。"人道的占有"将不再损坏自然而是按照事物的"内在尺度"和"内在潜力"来解放自然。②解放大自然意味着顺应自然，保护自然，与自然建立和谐的伙伴关系。从这个角度来说，人们开始意识到大自然对人类的重要性，而不是一味地占有和控制，与大自然和谐共处是人类发展的必要，也是生态中心主义所要求的人们应具有的思想意识。③解放大自然意味着对大自然价值的尊重。自然是一个呈现着美丽、完整与稳定的生命共同体，其承载着多种价值。首先是工具价值，工具价值所对应的主体并非都是人类，有机体与有机体之间、有机体与无机物之间都可以从工具的角度来评价。工具价值可以划分为三种形式：以人化自然的方式而产生的自然的工具价值、以自然化人的方式而产生的自然的工具价值、以体验和感受自然的方式产生的自然的工具价值。其次是大自然内在价值，所有生命都以自身生存为目的和尺度，所有生命都力求维持和再生产它本身，这种生存的利己性是生命之流奔腾不息的源泉，是所有价值中最根本的价值。自然内在价值的精神实质是对自然生命的肯定。最后是系统价值，生态系统是不断创造价值的系统，生态过程是不断创造价值的过程，而这个生命共同体中的内在价值就是在这个过程中将所有的生命个体以工具利用的方式编制进去，共同构成生命共同体的系统价值。④解放大自然意味着使自然获得自由，上升到自然美的诗意境界。赫伯特·马尔库塞（Herbert Marcuse）认为"自然的解放意味着重新发现它那提高生活的力量，重新发现那些感性的美的质。"要解放自然，首先要"帮助自然"，使自然"睁开它的眼睛"，克服自然的盲目性。美是自由的一种形式，艺术美追求的就是自然美。"应达到一种新的历史尺度"，达到"全球性的原则"，达到"人和自然在美学方面互相联系"。"解放的可能性永远是历史的可能性"，把诗意的幻想变为现实，用乌托邦精神指导革命。这一领域的自由意味着社会变化的方向不是不断增加生产，而是指向社会和自然的无情对立的消解与和平。

大自然解放的实现 美国社会批判理论的代表人物、法兰克福学派最具革命性的学者马尔库塞是自然解放理论的奠基人，他把自然视为革命的一部分，认为二者是密切相关的，他把科技异化看成生态危机的根源，力主建立"生存缓和"的社会。①主张科学技术变革，要求树立新技术观。他把科学技术异化看作是生态危机的直接根源，认为科学技术变革即是其"自然解放"思想的基础和中心环节。他的科学技术变革思想主要包含两层含义：一是主张通过发展新型、实用技术来解决生态环境污染问题；二是对科学技术发展方向的引导。②建立一个"生存缓和"的社会。在马尔库塞这里"生存缓和"意味着人与人以及人与自然的斗争的发展是在这样的条件下进行的：竞争的需要、愿望以及志向，不再为少数占统治地位的既得利益集团，即破坏性形式永恒存在的组织所操纵。简单来说，"生存缓和"的社会就是一个非压抑的、人与自然和谐相处的社会。怎样建立这样一个社会？在马尔库塞看来，其主要途径就是"节减"。一是消减过度消费，发展新的需求观。要求对人的需求和欲望进行变革，对于这一变革他认为，既不是单纯地扩大满足现有范围内的需要，也不是把需要从一个较低的水平提高到一个较高的水平，而是要同这种范围

决裂，是质的飞跃。二是改造生产，缩小生产规模。马尔库塞认为，现代工业生产是建立在高度密集的资本和资源基础之上的过度生产，这种生产在本质上是暴力的和破坏自然的。三是控制人口增长。马尔库塞把生态危机与人口的过快增长密切联系起来。他把控制人口的增长列入"自然革命"的范围。他认为，适合于"生存缓和"的新生活标准还以未来人口的减少为前提。

马尔库塞从人与自然的关系角度构建了一个"生存缓和"的未来社会。在这一社会中，由于技术不再服从压抑性文明的原则而将出现新的图景，其中最主要的就是人与自然的关系将和"自由"、人的本能等范畴联系起来，在此情形中，对自然的征服也减少了自然的盲目性、残暴及生产率——这暗含着减少人对自然的残暴。

（王锋 王吉红）

dili huanjing juedinglun
地理环境决定论 （environmental determinism） 是以自然过程的作用来解释社会和经济发展的进程，从而归结于地理环境决定政治体制的一种思想或学说。

代表人物与观点 在马克思主义地理环境学说产生以前，人类对地理环境作用的探讨已经经过了一个漫长的过程。

早期 在西方古希腊时代，希波克拉底（Hippocrates）就提出了客观环境变化影响人的性格的观点，认为气候对人种和民族的差异产生了决定性的影响。柏拉图（Plato）也认为海洋对人类精神生活有着不可忽视的影响。亚里士多德（Aristotle）则指出，地理位置、气候、土壤等因素对个别民族特性与社会性质有着很大的影响。在中国，先秦时期的古籍中关于地理环境作用的记载也有很多。《礼记·王制》有水文决定论的记载，《大戴礼·易本命》有土壤决定论的记载，《周礼·地官·大司徒》有地形决定论的记载。

早期的地理环境决定论思想有以下特点：首先，认识到或猜测到地理环境（气候等）对

人类生理特征的直接影响。其次，也注意到地理环境特点对人类生产活动、生产方式的影响，认为经济活动受自然条件的制约。最后，这些观点中，在无法或缺少直接观察到地理环境的影响时，往往用主观猜测或凭空想象填补空白。例如，亚里士多德认为，由于在赤道附近灼热的太阳会把一切生命烧毁，因此那里不可能有人居住。总之，地理环境学说在早期对地理环境作用的探讨是直观的、零散的，没有形成较为系统的理论体系。

启蒙运动时期　地理环境决定论作为系统的理论体系出现，始于18世纪的法国启蒙运动。伴随着反对封建主义、争取民主和科学的思想解放运动，涌现出了一大批启蒙思想家，通过系统探讨自然与人类社会的关系，他们也关注到气候、地理条件对人的生理、心理特征和政治制度的影响。孟德斯鸠（Montesquieu）是其中的重要代表，他第一次明确提出并系统地论述了地理环境对法律和社会政治制度的决定性作用，成为地理学派的创始人。孟德斯鸠以对环境作用的实证科学的比较和证明代替了古代思辨的推理和猜测。他从文化等诸多综合因素入手来考察社会政治制度，尤其强调地理环境的重要意义，认为决定社会政治制度等的因素是多方面的，但其中的气候和土地等地理环境因素起着决定作用。其气候理论观点主要包括：不同的气候形成人们不同的精神气质和内心感情。不同气候的不同需要产生了不同的生活方式；不同的生活方式产生了不同种类的法律，以及适合他们的不同的社会政治制度。孟德斯鸠还提出，土壤的肥沃或贫瘠程度，与居住其上的居民的性格尤其是同该地民族的政治制度之间也有非常密切的关系，国家疆域的大小也决定了国家的政治制度。

20世纪以后　20世纪地理环境决定论的代表人物是德国地理学家拉采尔（F. Ratzel）及他的美国学生辛普尔（Semple）。拉采尔是第一个系统地把决定论引入地理学的学者。他机械地套用达尔文关于生物进化的思想研究人类社会，在其著作《人类地理学》中，他认为地理环境从多个方面控制着人类，对人的生理机能、心理状态，甚至对人类社会组织和经济发展状况都有重大影响，并决定着人类迁移和分布。地理环境野蛮地、盲目地支配着人类命运，在一个相当长的时期里，这种环境决定论的思潮成为欧美地理学的理论基石。

拉采尔认为，一个国家必然和一些简单的有机体一样会生长或老死，而不可能停止不前。当一个国家向别国侵占领土时，这就是它内部生长力的反映。强大的国家为了生存必须要有生长的空间。拉采尔的"国家有机体"概念后来被一些学者作为希特勒侵略行为的理论依据。但是同孟德斯鸠一样，拉采尔的地理环境决定论并没有强调地理环境在任何情况下都具有决定作用。他也曾指出，某些地区文化的差异比自然特征的差异更重要。辛普尔则将地理环境决定论的思想传播到美国，并加以发挥，认为人类历史上的重大事件都是特定自然环境造成的。

继拉采尔之后，英国人麦金德（Mackinder）和德国人豪斯霍夫（K.Haushofer）确立了地缘政治理论。1904年，麦金德提出了"大陆中心说"，通过引证大量历史事实说明来自大陆腹地的征服者对边缘地带向着三个方向扩张和侵略，认为控制亚欧大陆心脏地区的国家可以主宰世界。豪斯霍夫认为国家是个可生长和灭亡的有机体，强者可以像自然界那样获取自己成长的土地和资源，一些人口少、地方广大的国家没有单独生存的权利。其关于地缘政治是人们之间公正分配地球空间的强有力的战斗手段之一的言论，力图证明纳粹德国先占领欧洲，然后占领全世界的权利，非常适合法西斯的口味，被利用来为纳粹政权服务。

美国地理学家亨廷顿（Samuel P. Huntington）在对印度北部和中国塔里木盆地等地考察后，在其著作《亚洲的脉动》中指出，13世纪蒙古人大规模向外扩张是由于居住地气候变干和牧场条件日益变坏所致。他在1915年出版的《文明与气候》中，又提出人类文化在具有刺激性气候的地区才能发展的假说。1920

年，在《人文地理学原理》一书中，他进一步认为自然条件是经济与文化地理分布的决定性因素。从地理哲学角度看，到了20世纪20年代，露骨的地理环境决定论思潮已经渐趋没落，有深刻社会背景和影响的地理环境虚无论、地理环境不变论以及文化决定论思潮，均力图取代地理环境决定论。

局限 地理环境决定论将自然条件作为社会制度、人类发展的决定性力量，夸大自然环境对社会生活和社会发展的作用，以自然规律代替社会规律是错误的。例如，孟德斯鸠以自然主义历史观为基础来解释社会现象，把地理环境与社会运动看作单向的因果决定关系，认为地理环境的差异决定了人们的气质和感情的不同，从而决定着社会政治制度。这种观点显然夸大了地理环境的作用，深受形而上学思维方式的影响。而20世纪部分学者的地理环境决定论思想沦为侵略战争的理论先导或辩护工具则更是这一理论的悲剧。

地理环境是社会存在和发展的不可或缺的外部条件，对社会发展具有不可忽视的影响，但它不能决定社会的发展、国家制度的选择，更不能决定社会的性质和社会制度的更替。地理环境是社会发展的客观物质条件，但不是主导的甚至决定性的因素。反之，地理环境对社会的影响作用的发挥，还要受到一定的社会生产力发展水平和社会制度的制约。人类社会历史的演变，有其自身的内在规律。在人与自然界的关系问题上，历史唯物主义强调人的实践活动对自然的改造作用，人类不仅从自然界获取直接的生产资料，而且利用生产工具通过实践活动改造自然，获取间接的生产资料。人作用于自然的过程就是物质生活资料的生产过程。该过程中，人与自然环境的关系是相互影响、相互制约的对立统一的关系。人创造环境，同样，环境也创造人。因此，只有正确认识人与环境的相互作用，才能克服主观性和片面性，全面科学地说明地理环境在社会发展中的地位和作用。

贡献与启示 作为18、19世纪时流行的自然主义思潮的一部分，地理环境决定论曾在反对宗教神学、探索社会发展的客观性方面起过一定的历史作用。例如，孟德斯鸠提出并论述了地理环境（气候、土壤等）对法律和社会政治制度的决定作用，试图从自然因素中寻找决定社会制度的原因来批判君权神授，论证资产阶级革命的合理性。对于使社会存在脱离先天赋予人的"自然本性"的唯理论来说具有进步意义。

当今经济全球化、信息化的飞速发展，推动社会实现了前所未有的发展，人类对自然环境的改造能力也越来越强。但由于忽视自然的客观规律的作用，人类的活动已严重破坏了自然生态系统，致使近半个世纪以来，生态恶化、资源危机、自然灾害、人口膨胀等问题日趋严重，影响到人类社会的生存与发展。地理环境决定论尽管由于夸大地理环境在发展中的作用而陷入错误，但其强调自然环境对人类社会的重要性，对我们保护环境、珍惜自然资源仍有重要的启示。

（王全权）

Diqiu Youxian!

地球优先！（Earth First!） 美国当代最为典型的激进环保组织。其致力于将深层生态学的环保主张付诸实践，口号是"保护地球母亲，决不妥协！"该组织关注的主要是荒野保护，行动方式主要是采用违抗法律（公民的不服从）和蓄意破坏设备等手段，保护现有的原始森林。

概况 地球优先组织的产生与美国20世纪80年代保守的社会形势相关。这一时期，主流环保组织越来越推崇与政府及公司合作的改良主义道路，加强了自身的体制化步伐。环保组织的体制化从一定意义上使环保运动丧失了激情，迷失了方向，限制了环保运动的深入发展。地球优先组织等激进环保组织的出现，在一定程度上即是出于对主流环保组织的不满。

20世纪70年代末，美国林业局对其管辖的西部8 000万英亩（1英亩=0.404 856公顷）未开发地区进行第二次评估，荒野协会、塞拉俱乐部等主流环保组织不顾激进会员的反对，只要求将其中的三分之一划为荒野保护区。一些激进环境行动者为主流环境主义者的行径所激怒，设想开展一场环境保护的革命性运动。正是在这样的背景下，1980 年春，戴夫·福尔曼（Dave Foreman）、豪依·沃尔克（Howie Wolke）等五人走到一起，在穿越墨西哥的皮纳卡特沙漠途中成立了地球优先组织。

地球优先组织是一个无政府主义的荒野保护组织，从成立开始，福尔曼等人就决定将其发展成为一个结构松散的非正式组织，该组织没有制定章程，也没有设立办公场所和配备工作人员。该组织出版的《地球优先杂志》也是登记在编辑名下，缺乏正常的发行渠道。地球优先组织每年举行年度聚会，聚会有音乐文艺演出，也召开专题研讨并汇报过去一年的行动情况。该组织成立了地球优先基金会，以为地球优先行动者的研究、宣传和教育提供经费支持。该基金会后来更名为野生自然基金会。

地球优先组织将地球本身的健康置于人类自身的利益之上，其宗旨是"必须首先考虑地球的健康"和"毫不妥协地保护地球母亲"。深层生态学是其思想基础。关于该组织的性质，福尔曼说：地球优先组织不属于那种为了人自身利益关心空气和水源清洁卫生的环保组织，地球优先组织关注的是荒野本身。地球优先组织出版的《地球优先杂志》，旨在为会员提供相互交流的平台，刊物讨论的主题包括三方面：一是讨论资源保护的策略、组织等相关问题；二是对深层生态学的生态中心主义思想进行通俗化阐释；三是提出荒野保护的宏伟方案。

地球优先组织对深层生态学生态中心主义思想的实践吸引了大批追随者，其成员包括左翼分子、无政府主义者、和平主义者、反战人士和反主流文化人士等，因为来源各异，成员彼此之间的观点很难统一。20 世纪 80 年代后期，地球优先组织领导之一朱迪·巴里（Judi Bari）倡导将生态中心主义和社会主义融合起来，推动地球优先组织开展更为激进的环保斗争。严重的内部分歧导致了地球优先组织的分裂。1990 年，以福尔曼为首的一些创始人从地球优先组织脱离出去，1992 年福尔曼等人重新成立另一荒野保护组织，并创办刊物《野性地球》。

环保活动 1981 年 3 月 21 日，地球优先组织第一次走进公众视野，当时爱德华·艾比（Edward Abbey）和福尔曼等带领 70 多名地球优先组织成员在亚利桑那州的格伦峡谷大坝集会，他们在大坝上贴上了黑色塑料布，远远望去，给人的感觉好像是大坝出现了一个巨大裂口。地球优先组织成员高呼口号，要求拆除大坝，让河流自由流淌。

地球优先组织认可甘地（Gandhi）、马丁·路德·金（Martin Luther King）等倡导的非暴力抵抗方式，他们采取许多实际行动阻止对荒野的侵蚀。如拔掉施工现场的勘察标桩，利用扳手等工具将推土机、采矿车和修路设备拆卸。为阻止砍树，他们或手挽手围住大树，或是坐在树上，或是横躺在伐木车前，甚至在大树的树干上钉入钢钉，以阻止机器作业。

地球优先组织的环保行动有不少影响较大的成功案例。如 1982 年，地球优先组织在怀俄明州西北部格罗文特山区领导反对盖蒂石油公司在当地修路和勘探石油的活动，旨在保护那里的野生动物。施工一开始，地球优先组织的成员就不断干扰破坏，使施工无法进行。1982 年 7 月 4 日，500 名地球优先组织成员在此地区集会示威，还有几百人封锁了道路。由于地球优先组织的不懈斗争，这一地区最终被政府划作荒野保护区。1995 年 9 月，地球优先组织为保护加利福尼亚州森林，200 多名成员闯入海德沃特尔森林，与太平洋木材公司职工发生激烈冲突；翌年 9 月，该组织 1 033 名成员再次闯入该森林，阻止木材公司施工作业。由于双方冲突不断升级，加利福尼亚州资源管理局被迫买下周围 3 000 英亩林地，终止森林开发。

影响 以地球优先组织为代表的激进环保组织肯定自然具有独立于人的内在价值，将自然纳入伦理关怀的范围，并通过自身激进的环保实践，维护自然的权益，促进了生态中心主义理念的广泛传播。同时，激进环保组织的直接行动，也有力地配合和支持了主流环保组织的斗争，共同推动了环保事业的发展。但地球优先组织的一些过激行为，也存在自身的消极影响。一些成员曾就解决人口过剩问题等发表过许多过激言论。地球优先组织的过激言论遭到许多人的批判，生态社会学思想家布克钦（Bookchin）就曾批判地球优先组织的一些成员是生态法西斯主义分子。

地球优先组织的环保活动也给部分企业造成伤亡和财产损失，这不仅给组织自身招致了一些伐木公司的报复，而且其行为也常被政府视作恐怖行为，因而也限制了其自身的生存和进一步发展。 （陈红兵）

推荐书目

Christopher Manes. Green Rage：Radical Environmentalism and the Unmaking of Civilization. Boston：Little，Brown，1990.

Gibbs Smith. The Earth First! Reader：Ten Years of Radical Environmentalism. Salt Lake City：Peregrine Smith Books，1991.

纳什.大自然的权利.杨通进，译.青岛：青岛出版社，1999.

diqiu yuzhou feichuan

地球宇宙飞船 （earth spacecraft）

地球是围绕太阳旋转的一颗行星，能够为生活在其中的一切生物提供生命支撑，在太空中就像一艘围绕太阳飞行的宇宙飞船。

主要内容 宇宙飞船是人类为了在外层空间从事科学研究和进行宇宙探险而发展起来的航天器。载人宇宙飞船是可以载人的小型航天器，它的构造除了具有类似人造卫星的结构系统、姿态控制、无线电和电源等设备之外，为了保证航天员在飞行过程中正常的生活和工作，飞船的座舱要有很好的密封性，同时能够为航天员提供配套的生活服务设施，最理想的情况是为航天员提供与地球相仿的生存环境，保障他们的饮食、居住、保健和卫生条件。

整个地球可以算是一个封闭的大生态系统，在全球范围保持着生态平衡。在太阳能的作用下，各种物质按照一定的自然规律不断地更新循环，满足地球上一切生物的生存和发展需要。科学家正在研究仿照地球上的自然生态系统，利用某种生物制造氧气和食物又能处理人类排泄物的所谓生物再生系统，这样宇宙飞船就能形成独立于地球的能自给自足的生活环境，人类就能较长期地在宇宙中生存。

地球是太阳系内的一颗行星，几十亿年来在自己的轨道上运行。20 世纪 60 年代，人类首次离开地球进入太空，宇航员从地球之外观察地球时，地球就像一艘宇宙飞船一样在太空中运行。北美宇宙火箭公司董事长 R·安德森（R.Anderson）认为：人口增长、粮食和水的供应增加、对能源生产的要求增长、环境污染的趋势、对地球自然财富的过分利用，所有这一切会使我们达到这样一个时刻：我们的行星真正成为一艘乘坐几十亿人的船，这些人的继续生存直接依赖于船的系统对周围环境的精心管理。美国佐治亚洲工学院教授 M·克兰茨伯格（M.Kranzberg）把"地球宇宙飞船"的概念解释得更加广泛，他建议把实现"阿波罗"登月计划时试用的方法和方式作为在地球上组织经济和社会生活的范例。美国经济学家肯尼思·鲍尔丁（Kenneth Boulding）基于宇宙飞船原理认为：人类赖以生存的地球是浩渺太空中的一只小小的飞船，人口的无限增加、经济的不断增长最终必将耗尽"飞船"内有限的资源。因此，从满足人类永久生存考虑，应当建立一种能够循环利用的"循环经济"，把自然资源的消耗量减少到最低水平，从而不导致资源枯竭，使人类文明的发展与生态的健全真正统一起来，解决现代人的利益与未来人的幸福之间的矛盾。

应用 包括以下几个方面。

可持续发展道路 在传统的生产和消费活动中，人们认为万物构成的世界是无限的，通过对无限物质的开发和占有，物质财富是可以无限增加的。随着人类社会的发展，人们发现这种过度耗用自然资源和大规模地破坏生态环境的发展是一种浪费性的不健康的发展。人类应当模仿生物圈的物质生产过程，设计人类社会的物质生产和生活装置，实现物质生产无废料的生产过程，使人类的生产与生活方式同自然资源的限度相适应，这有助于人类走出生存危机、走向可持续发展的道路。

宇宙飞船经济（循环经济） 根据宇宙飞船理论，地球这一巨大的"宇宙飞船"，除了从太阳获取能量外，地球生物的一切物质需要都靠地球自身完善的循环来得到满足，地球上所有物质构成一个自给自足的生态系统，在太阳能的推动下进行着物质的周期循环，没有额外投入，也没有多余的废物。宇宙飞船经济就是把这一宏观生态学观念应用于人类社会的经济模式，在人类生产领域强调生态价值，实现生产和消费领域的生态化转向。

整体化和系统化原理 地球宇宙飞船是一个整体严谨统一的系统，各分系统必须协调一致、密切配合才能保证飞船的正常运行。包括人类在内的一切生物都生活在地球生态系统之中，所有的生物都处于密切的互动关系之中，生态系统中的大气、土壤、海洋、湖泊、江河、湿地、荒野、森林都是十分重要的子系统。人类的物质生产不仅应遵循物理、化学所揭示的规律，更应当遵循生态学意义上的系统整体原理，主动扬弃人类中心主义生态伦理观，承认生态位的存在和尊重自然权利，承担起对地球生态系统应有的责任。　　　　　（侯波）

dongwu jiefang lun
动物解放论 （animal liberation） 现代西方环境伦理学的重要流派之一，认为人类应当把道德关怀扩展到动物，其目标是要解放所有的动物。黑奴解放运动要求停止基于肤色的理由对黑人的偏见和歧视，妇女解放运动要求停止基于性别的理由而对妇女的偏见和歧视。与此相类似的是，动物解放运动要求人们停止基于物种的理由而对动物的偏见和歧视。

19世纪的动物解放运动主要还是诉诸人们的情感，20世纪的动物解放运动则主要依据一整套系统的道德理论。以当代著名伦理学家彼得·辛格（Peter Singer）为代表，动物解放论为20世纪的动物解放运动提供了功利主义的道德依据。1975年，彼得·辛格所著的《动物解放》一书在英国出版。该书唤醒了人们对残酷虐待动物现象的关注，导致世界范围的动物解放运动的兴起。《动物解放》一书促使人类自省和严肃地思考人与动物关系，被誉为"动物保护运动的圣经""生命伦理学的经典之作"和"素食主义的宣言"。书中，彼得·辛格揭露了现代物种歧视的主要表现及其历史文化的渊源，特别是详细叙述了现代工业化养殖场的残酷性及其对环境的影响，并且提出了人道的解决方法。彼得·辛格认为，感受痛苦和享受愉快的能力是拥有利益的充分条件，也是获得道德关怀的充分条件，既然动物也拥有感受苦乐的能力，那么它们应成为人类道德关怀的对象。动物具有与人类同等的权利和利益，如果为了人类的利益可以牺牲动物的基本利益，那么实际上就是犯了物种歧视主义的错误。为了减轻动物的痛苦，人们有义务做一名素食主义者。但是，主张关心所有动物的利益，并不意味着人们应给予所有动物以相同的待遇。相反，人们应根据动物的感觉能力和心理能力的复杂程度，区别地对待它们。尽管彼得·辛格的动物解放论受到了不少的指责和攻击，但在今天看来，这种思想还是得到了越来越多的人的认可并在实践中被付诸实施，如残忍地对待动物会受到普遍的谴责，此外，他所提出的"物种歧视主义"等概念也获得了广泛的认可。

动物解放运动极大地影响了人类对动物的态度和行为，现在大家广泛地接受这样的观点：我们至少应该避免使动物遭受不必要的痛苦，避免以残酷的方式杀死它们。　　　　（郭兆红）

推荐书目

彼得·辛格.动物解放.祖述宪，译.青岛：青岛出版社，2004.

彼得·辛格，汤姆·雷根.动物权利与人类义务.曾建平，代峰，译.北京：北京大学出版社，2010.

杨通进.走向深层的环保.成都：四川人民出版社，2000.

动物权利论 （animal rights）

现代西方环境伦理学的重要流派之一，主张通过承认动物与人一样享有"一种对于生命的天赋权利"来达到扩展道德关怀的边界，尊重动物的生存与发展权利。

代表人物与观点 美国哲学家汤姆·雷根（Tom Regan）被认为是当代动物权利运动的精神领袖，他的动物权利论为动物解放运动提供了道义论的道德依据。雷根在思想观点上与彼得·辛格（Peter Singer）有许多相似之处，如都主张扩展道德关怀的边界，都把动物与人类中被压迫的群体——妇女、黑人作比较，都反对通过实验和其他方式来虐杀动物的行径等，他与辛格一道从 20 世纪 70 年代开始发起了提倡关怀动物的伦理变革运动，同为思想界所瞩目。但是雷根不同意辛格从功利主义出发走向关怀动物的理论逻辑，也不同意以感觉作为动物具有道德地位的依据和标准，他提出了"动物权利"的基本概念，认为只有动物的权利得到了承认，其道德地位才能有确实的保障。雷根指出，动物拥有与人类同等的权利，应当获得与人类同样的尊重。他认为，拥有内在价值的个人就拥有道德权利，因为他们拥有价值就意味着他们享有不能以否定这种价值的方式来对待他们的道德权利。权利不是与给个人带来好的或坏的结果价值相连，也不是以功利的形式加以评判的，权利只能基于人的"天赋价值"（又称固有价值、内生价值）。人有价值就是因为人是生活的主体，能自己决定自己的生活向度，而无须他人的干涉。但是，能够成为自己的生活主体、能自己决定自己的生活的并不仅仅限于人，动物在这一点上是与人相同的。而既然动物（至少某些哺乳动物）也是自己的生活主体，那么动物也就应该拥有"天赋价值"，由此理应承认动物也具有不遭受不应遭受的痛苦的道德权利。动物的这种权利决定了人类不能把它们当作工具来对待。

动物权利运动力图实现三大目标，即完全废除把动物应用于科学研究、完全取消商业性的动物饲养业、完全禁止商业性和娱乐性的打猎和捕兽行为。动物权利运动所依据的道德理论，与人权运动所依据的道德理论是完全相同的。雷根认为，动物权利运动是人权运动的一部分，应当把自由、平等和博爱的伟大原则推广到动物身上去。当人类生命权和动物生命权发生冲突时，人权比动物的权利更有分量。因为动物的权利是一种当下的权利而不是绝对的权利，在一定条件下能被合理地摒弃。如果把权利扩展到动物是正当的，那么，狩猎、捕捉、对待濒危动物漠不关心、在科学实验中使用动物，以及把动物仅仅作为某种人类利益工具的其他人类活动，在道德上都是错的。

意义 对于动物是否具有本来意义上的权利，一直就是很有争议的问题。汤姆·雷根的动物权利论虽然遭到了很多的批评和质疑，但无法否认他在道德关怀范围的扩展上所做的重要贡献。

（郭兆红）

推荐书目

汤姆·雷根.动物权利研究.李曦，译.北京：北京大学出版社，2010.

彼得·辛格，汤姆·雷根.动物权利与人类义务.曾建平，代峰，译.北京：北京大学出版社，2010.

杨通进.走向深层的环保.成都:四川人民出版社，2000.

F

feirenlei zhongxin zhuyi

非人类中心主义 （non-anthropocentrism）
不是人类中心主义或走出人类中心主义的各种
流派和思潮。非人类中心主义认为，只要是自
然界中的存在物，都具有内在价值，都应当受
到道德关怀。

代表理论 　根据道德关怀对象的不同，非
人类中心主义的代表理论有动物解放论、动物
权利论、生物中心主义和生态中心主义。

动物解放论 　强调快乐是一种内在的善，
痛苦是一种内在的恶；凡是带来快乐的就是道
德的，凡是带来痛苦的就是不道德的。动物解
放论把道德关怀的对象从人扩大到有感觉的动
物身上。在动物解放论者看来，道德关怀的对
象和标准应该以是否具有感受苦乐的能力为尺
度，人类关心动物，是因为动物具有感受苦乐
的感觉能力，人类和动物都有感觉能力，两者
的利益是同等重要的。"动物解放"的倡导者、
哲学家彼得·辛格（Peter Singer）认为，一个
有感觉能力的存在物，都具有趋乐避苦的感受
能力，因此所有高等动物都应该得到人类的道
德关怀。他认为，我们应当把大多数人都承认
的那种适用于我们这个物种所有成员的平等原
则扩展到其他物种上去。

动物权利论 　认为动物和人一样拥有值得
尊重的天赋价值，人们应当给予尊重而不是肆
意破坏。以美国哲学家汤姆·雷根（Tom Regan）
为代表的动物权利论者从哲学的高度阐述"动
物拥有权利"，认为用来证明动物拥有权利的理

由与用来证明人拥有权利的理由是相同的，动
物拥有权利，才能从根本上杜绝人类对动物的
无谓伤害。每个人都具有一种"天赋价值"（或
称固有价值），具有这种价值的存在物应当得到
尊重，动物也具有成为生命主体的"天赋价值"，
应当获得人类关心的道德权利。所有的人和动
物都拥有天赋价值，所以都应获得同等的权利。

生物中心主义 　认为所有的生命都具有内
在价值，人类的道德关怀不应仅仅局限于高级
动物，低等动物和植物等都应得到道德关怀。
生物中心主义把道德关怀的对象进一步扩大到
一切有生命的存在。法国人道主义者阿尔贝
特·施韦泽（Albert Schweitzer）是这种观念的
先驱，施韦泽认为，善就是保存生命和促进生
命，恶就是阻碍生命、毁灭生命、破坏生命的
发展。一切生命都是神圣的，没有高低贵贱之
分，所以人必须"敬畏生命"，给予所有生命充
分的善和关爱。生物中心主义主要代表人物保
罗·泰勒（Paul Taylor）继承了施韦泽的思想，
他指出，尊重自然就是尊重作为整体的生物共
同体，承认构成共同体的每种动植物都具有内
在价值，人类并非天生优于其他生物，所有的
生命都具备成为道德顾客的资格，人类和其他
生物都是进化过程的产物和生命目的中心，因
此人类应当尊重不同物种之间的平等，尊重生
命共同体。

生态中心主义 　站在整体主义的立场上，
强调整个生态系统的利益和价值，整个自然界
的所有存在物，包括植物、岩石、大地、生态

系统等都应该成为道德关怀的对象。美国的奥尔多·利奥波德（Aldo Leopold）被视为生态中心主义的先驱，他建构的"大地伦理学"体系扩展了道德共同体的边界，认为道德共同体包括土壤、水、植物和动物，或由它们组成的整体——大地。大地伦理学改变了人的地位，使人从自然的征服者转变为自然的普通一员。人类没有任何理由把自己凌驾于其他共同体成员之上，而应该尊重生物同伴，并以同样的态度尊重大地共同体。当一个事物有助于保护生物共同体的和谐、稳定和美丽的时候，它就是正确的；当它走向反面的时候，就是错误的。生态中心主义的另一流派是"深层生态学"，挪威哲学家阿伦·奈斯（Arne Naess）提出的深层生态学以"自然界自我实现论"和"生物圈平等主义"作为两条最高准则，指出人类自我意识的觉醒经历了从本能自我到社会自我，再从社会自我到形而上"大自我"，即"生态的自我"的过程，这是人类真正的自我。1973年，阿伦·奈斯发表《浅层生态运动和深层、长远的生态运动：一个概要》，提出了深层生态学的概念。深层生态学强调"每一种生命形式都拥有生存和发展的权利"，"若无充足理由，我们没有任何权利毁灭其他生命"，"随着人类的成熟，他们将能够与其他生命同甘共苦"，它主张以整个生态系统的利益为目标的价值伦理观，认为只有彻底超越西方传统的主客二分的机械自然观和人类中心主义，从根本上改变社会结构、发展模式、生活方式，环境问题才能得到真正解决。美国环境伦理学家霍尔姆斯·罗尔斯顿（Holmes Rolston）的"自然价值论"为生态中心主义提供了哲学基础，是生态中心主义发展的重要的理论分支，他认为自然系统拥有内在价值，这种内在价值是不以人的意志为转移的客观存在。罗尔斯顿指出，在环境伦理学中，对我们最有帮助且有导向作用的基本词汇是价值，从价值中可以推导出我们的环境义务。因此，人有义务维护和促进具有内在价值的生态系统的完整、稳定和美丽。

理论意义 非人类中心主义反对只注重人类而忽视自然的社会价值观，对于促进包括人类在内的整个生态系统的和谐、健康和美丽具有重要意义。非人类中心主义使人类不再盲目征服自然，而是推进人与自然协同进化，这是非人类中心主义的合理因素。 （牛庆燕）

推荐书目

彼得·辛格. 动物解放. 祖述宪, 译. 青岛：青岛出版社, 2004.

阿尔贝特·史怀泽. 敬畏生命. 陈泽环, 译. 上海：上海社会科学院出版社, 1992.

纳什. 大自然的权利. 杨通进, 译. 青岛：青岛出版社, 1999.

霍尔姆斯·罗尔斯顿. 环境伦理学. 杨通进, 译. 北京：中国社会科学出版社, 2000.

杨通进. 走向深层的环保. 成都：四川人民出版社, 2000.

G

盖娅理论（Gaia hypothesis） 又称盖娅假说。该理论认为，地球是由地球表面上的一切生命以及一切物质构成的庞大的"活着"的有机体，能够调节自身气候及其构成，以便始终适宜于那些居住其上的有机体。

　　起源与发展 20世纪60年代初，英国大气科学家詹姆斯·拉伍洛克（James Lovelock）提出通过大气分析进行生命探测的想法，即寻找一种熵减的方法来证明生命的存在，他认为熵减是所有生命形式的普遍特征。孕育生命的星球上的大气将和无生命存在的星球上的大气截然不同。熵的显著减少，或者用化学家的话来说：大气中各种气体的持久失衡状态，有力地证明着生命活动的存在。对火星上生命的思考，给拉伍洛克提供了一个新鲜的视角去思索地球上的生命，并且引导他形成一个新的关于地球与其生物圈之间关系的假说，即地球上生物的完整系列——从鲸鱼到病毒、从橡木到海藻，应被看作组成了一个单一的生命实体，它能够通过操纵地球上的大气来满足其全部需求，并且拥有远远超过其组成部分的本领与力量。1968年，在美国新泽西州普林斯顿举行的关于地球生命起源的科学大会上，拉伍洛克首次提出了盖娅假说。盖娅一词来自他的朋友和近邻小说家威廉·戈尔丁（William Golding），戈尔丁认为拉伍洛克关于地球自始至终保持舒适和适宜以便生物栖息的奇特属性是它表面生命不断活动的结果的思想应该以古希腊神话中大地女神盖娅的名字来命名。古希腊人用盖娅象征地球女神，或母亲大地，代表大地和大地上所有的生命（包括人类）所组成的大家庭。

　　地球气候史是支持盖娅存在的有力论据之一。拉伍洛克认为是在盖娅的帮助下，那时不适合生命诞生的环境最终诞生了生命。

　　为了识别盖娅，拉伍洛克提出了地球可能存在四种状态：平淡无奇的中性、完全平衡的惰性、有结构无生命的稳定状态和有生命有结构的不平衡状态，并对前三种状态下的地球状况进行假设或计算机模拟，结论显示：在这三种状态下，即使地球表面可能会存在孕育生命所必需的大量物质条件，但因为没有多余的能量流动，物质之间缺少反应所需的能量条件，所以也就不可能产生生命现象。而对于地球现在的状况，拉伍洛克发现完全是另外一番样子：处于一种非平衡状态中，并且这种状态不容易被打破。拉伍洛克把这种状态下的地球称为活的有机体——盖娅。

　　拉伍洛克在深入阐述控制论内涵的基础上，通过对家用电器烤箱、人体和假想中的地球温度控制系统的类比分析，认为存在一种控制系统——盖娅，它能够运用负反馈机制，使地球的表面温度维持在一定范围内，以便适合像盖娅这样一个复杂实体的存在。通过比较详细的科学分析和设想，他认为盖娅中的生物圈无时无刻不在积极维持和控制着周围大气的构成，从而为地球上的生命提供最佳生活环境。

拉伍洛克通过对海洋为什么含盐以及如何进行盐类的循环等问题的分析，得出海洋是盖娅调节系统的重要组成部分。

特征 ①盖娅最重要的特征是倾向于使地球上所有生命的生存条件保持恒定。②盖娅的主要器官在其"心"，可牺牲的或者多余的"器官"在边缘地带。③盖娅为应付恶劣境况所做出的反应必须遵循控制论规则，其中时间常量和环路增益都是重要的因素。

争论 盖娅假说在提出初期，被人们看作天方夜谭式的神话传说，在其发展过程中一度也被传统的科学界排斥，被看作是不可检验的形而上学或世界观，被视为不成熟的非科学，甚至伪科学，"活着"的地球观念并不为主流所接受。在 1995 年以前，任何地方的科学家要想发表一篇关于盖娅的论文几乎是不可能的，除非是在文章中反对或诋毁这一理论。随着时间的推进以及气候变化成为全球最热的话题，科学家们也逐渐发现全球各个圈层的复杂性和互相作用，1994 年在牛津一次主题为"自我调节的地球"的科学会议上，有人提出设立一个以生理学的方式讨论地球科学的主题论坛。随后，1996 年和 1998 年的牛津会议展开并发展了地球的整体观，盖娅理论逐步地被接受。

伦理意义 盖娅理论推翻了 200 年来有关地球的科学思想——把地球简化为一个无活力的物质和能量的机制，展现了一种新的有机整体性的地球自然观。同时，拉伍洛克认为，人类相对于盖娅来说虽然是最关键的演化部分，但是在盖娅这个超级有机体中却出现得很晚，所以在盖娅中过分强调人类与盖娅的特有关系是不合适的。在盖娅世界中，人类物种及其所发明的技术只是这个整体自然场景中的一个组成部分，应该从整体的角度看待地球，而不是以人类中心的方式看待世界。盖娅理论对于理解生命的目的问题以及所谓的宇宙设计问题也具有强烈的启发作用。　　　　（侯波）

推荐书目

詹姆斯·拉伍洛克.盖娅：地球生命的新视野.肖显静，范祥东，译.上海：上海人民出版社，2007.

共有地悲剧（tragedy of the commons）　　又称公地悲剧。起源于威廉·佛司特·洛伊（William Forster Lloyd）在 1833 年讨论人口的著作中所使用的比喻，用来指资源分配时个人利益与公共利益发生冲突的社会陷阱。1968 年，加勒特·哈丁（Garrett Hardin）在《科学》杂志上发表题为《共有地悲剧》的论文，将这个概念加以延伸，使之成为包括环境伦理学在内的诸多学科中有重要影响的概念。

主要内容 哈丁专注于人口增长对有限资源的使用造成的影响，如空气与海洋资源等，并特别强调污染的负面共享性，即公有资源被剥夺或污染所造成的共有损失。哈丁认为这样的问题来自人口的不断增长和地球资源有限性之间的矛盾。由于地球资源的有限性，如果人口增长最大化，那么每一个个体就必须将维持基本生存之外的资源耗费最小化。哈丁以公共牧场为例，形象地刻画了这一矛盾。在一块公共的牧场里，牧民每增加一头牲畜，就会获得相应的利益，但牲畜的增加也必然会给牧场的草地带来损失。因牲畜数量的增加而产生的利益被特定的饲养者获得，而由此所带来的损失却要由"共有地"上的全体牧民来承担。因此，对每一个牧民而言，增加牲畜所带来的利益要远远大于他所受到的损失。在自由主义的条件下，每一个牧民都是具有经济头脑的"经济人"，他们都会为了自己的利益而拼命地增加牲畜的数量，结果必然会造成草地因过度放牧而退化，牲畜因食物不足而饿死。

公共牧场的举例表明，有限的资源注定因自由使用和不受限的要求而被过度剥削。这样的情况之所以会发生是因为每一个个体都企图扩大自身可使用的资源，却把资源耗损的代价转嫁给所有可使用资源的人。特定的饲养者获得所有的利益，但资源的亏损却转嫁到所有牧民的身上。从理性出发，每一位牧民势必会衡量此效用，进而增加牲畜数量。但是当所有的牧民皆做出如此的结论，并且无限制地放牧时，牧场负载力的耗损将是必然的后果。每一个个体依照理性反应做出相同的决定，因为个体获得的利益远大于整体利益的人均耗损，而无限制的放牧所导致的是外部性利益的损失。追求自我利益的行动并不会促进公共利益，从长远看反而会使公共利益受损。由于这样的个体行为是可预见的，并且将持续发生，因此哈丁将其称之为"悲剧"，一种"持续进行，永无休止的悲剧"。

哈丁认为没有任何可预见的科技可以解决在有限资源的地球上平衡人口增长与维持生活品质的问题，但他反对以良心作为管理共有地的规范，认为以良心作为规范反而有利于自私的个体侵害他人的权益，因而提出了针对共有地问题潜在的管理解决方式，如私有化、污染者付费、管制与规范等。至于如何避免过度消耗公有地，哈丁表示若将自由狭义地解释为任意的自由，将使共有地悲剧理论更加完整。因此，他以恩格斯的论述做出结论，认为真正的"自由是需求的确认"，但哈丁相信，若能在一开始就确认资源之公地性质，并对其有所觉醒，了解公有资源是需要受到规范的，那么"人类将能保有并且培育出更珍贵的自由"。

发展　"共有地悲剧"的本质是一个自由主义与有限性冲突的悲剧。如果地球上有用之不竭的资源，有广阔无垠的垃圾场，这样的悲剧恐怕不会发生，但现实的情况是地球上没有这样的无限空间。避免悲剧的方法只能是对不加限制的自由进行限制。但是，让自由主义者放弃自由是他们无法接受的。

在自由主义的指引下，沿着"共有地悲剧"的逻辑，哈丁对 20 世纪六七十年代风靡西方思想界的"宇宙飞船伦理"（Spaceship Ethics）进行了批判，并提出了他的"救生艇伦理"。哈丁认为，人的自私本性和不追究环境成本的做法最终会导致人们共同生活和栖居的"公用地"失去承载力，人们会被迫去寻找新生之路。但是，发达国家和发展中国家的人所面临的境遇存在重大差别。发展中国家人口远多于发达国家人口。哈丁将地球比喻为漂浮着很大救生艇的大海，如果发达国家和发展中国家的人都要

乘坐自己的救生艇求生，那么发达国家的救生艇足以容纳得下它的所有成员，但是发展中国家的救生艇则会拥挤不堪，甚至还会有一部分人跌落水中需靠游泳寻求活路。如果在水里游泳的人向发达国家的救生艇寻求援助，希望能够搭上他们的救生艇逃生，这时发达国家救生艇上的人应当如何应付这种局面？ 哈丁提出了三种解决方案：第一，把跌落艇外的所有人都接纳到发达国家的救生艇中，但结果是艇必然要倾覆，所有人都会被淹死，"彻底的正义却换来了彻底的灾难"。第二，解救部分人，但哈丁认为这种做法也十分不妥：其一是救生艇一旦满载就失去了安全保障；其二是无法选择究竟让哪些人上船，是让最好的人上船，还是让最需要的人上船？结果是"部分的正义却伴随着歧视"。第三，发达国家救生艇上的人安之若素，让救生艇保留一点空间，也让艇上的人有一份安全感。这种做法虽然会让人感到憎恶，但这正是"救生艇伦理"所倡导的正义观，"彻底的冷漠就是彻底的正义"。

批评　哈丁所提出的"救生艇伦理"在解决自由主义和有限性矛盾的问题上，采取的是让"有限的人口可以享受无限的自由"的方案，其所表达的立场是：发展中国家要为生态危机承担主要责任，要努力地消除贫困，减少污染，降低人口出生率，同时还包括不要给发达国家找麻烦。

哈丁的极端利己主义方案引发了激烈的批评。首先，他的方案严重侵害了分配正义原则，完全忽视了发展中国家人民的基本人权，正如理查德·诺伊豪斯（Richard Neuhaus）所批判的那样，具有"反人类"的性质，在实践中也绝不可能被发展中国家的人们所接受。其次，"救生艇伦理"是建立在对环境危机原因和责任的错误认识的基础上的，环境危机的原因绝不仅仅是人口过剩，从环境危机形成的历史和不同地区人口的消费比例分析，把环境破坏的责任都推给发展中国家有失公允。人类所处的世界还远没有陷入哈丁所描述的"救生艇状态"，之所以出现了众多落水者，其根本原因在于分

配不公。　　　　　　　　　　　　（郭辉）

推荐书目

Lloyd W F. Two Lectures on the Checks to Population. Oxford: Oxford University Press，1833.

Garrett Hardin. Living Within Limits. New York: Oxford University Press，1993.

Elinor Ostrom. Governing the Commons: the Evolution of Institutions for Collective Action. Cambridge: Cambridge University Press，1990.

韩立新.环境价值论.昆明：云南人民出版社，2005.

he shi sheng wu

和实生物

（two kinds of substance synthesis into another） 由西周末年的思想家史伯提出的关于不同事物之间相互作用、协同演进规律的思想，具有朴素辩证法的性质。对中国传统文化思想的形成和发展具有重要的影响。

出处 "和实生物"概念出自《国语·郑语》。公元前 774 年，郑桓公询问史伯周朝的国势兴衰问题，史伯在回答该问题时阐发了"和实生物"思想。史伯说："夫和实生物，同则不继。以他平他谓之和，故能丰长而物归之；若以同裨同，尽乃弃矣。故先王以土与金木水火杂，以成百物。是以和五味以调口，刚四支以卫体，和六律以聪耳，正七体以役心，平八索以成人，建九纪以立纯德，合十数以训百体。出千品，具万方，计亿事，材兆物，收经入，行姟极。故王者居九畡之田，收经入以食兆民，周训而能用之，和乐如一。夫如是，和之至也。"此段话中的"和"具有三方面的含义：一是"和"的要素是由多种具有一定差异的事物或因素构成的；二是"和"的方式是由一定的秩序和结构组成的；三是"和"指的是不同事物按照一定秩序、结构规定，相互协同、补充的状态。"和实"是指不同相关事物之间调协关系达到很高的程度。而"生物"则是"和实"的必然结果。"生物"也具有三方面的含义：一是通过"和"状态下的运行产生出比原来更丰富、更优良、更有生命力的新内容；二是具有新内容的事物的产生是以自然的方式进行的；三是新物与旧物具有质的不同，同时又与旧物具有一定的连续性。史伯特别区别了"和"与"同"的含义，反对"去和而取同"。"和"是一种元素同另一种元素相配合求得矛盾的均衡和统一。"同"则是简单的重复。

发展 史伯的"和实生物"思想被诸子百家承袭和发展，在虢文公、单襄公以及师旷、子产、晏婴等人的论述中分别阐释了类似于"和实生物"的思想。其中，晏婴阐释的"和如羹焉"的思想与其有异曲同工之妙。晏婴说："和如羹焉，水火醯醢盐梅以烹鱼肉，燀之以薪。宰夫和之，齐之以味，济其不及，以泄其过。君子食之，以平其心。君臣亦然。君所谓可而有否焉，臣献其否以成其可。君所谓否而有可焉，臣献其可以去其否。……先王之济五味，和五声也，以平其心，成其政也。声亦如味，一气，二体，三类，四物，五声，六律，七音，八风，九歌，以相成也。清浊，大小，短长，疾徐，哀乐，刚柔，迟速，高下，出入，周疏，以相济也。君子听之，以平其心。心平德和。故《诗》曰：'德音不瑕。'今据不然。君所谓可，据亦曰可。君所谓否，据亦曰否。若以水济水，谁能食之？若琴瑟之专一，谁能听之？同之不可也如是。"（《春秋左传·昭公二十年》）晏婴承袭了史伯把"和"看作是对立物之间多元统一的观点，又将"和"的含义做了进一步的提升，把"和"理解为对立物之间的相成、相济的功能和特征，对立物相互"济其不及，以泄其过。"

现代阐释 "和实生物"思想体现出事物的整体与部分之间相互关联、相互影响的关系。这一思想同现代系统论思想中强调的整体大于局部之和的思想类似，虽然两者的表述存在差异，但内涵却是基本一致的。"和实生物"与"和如羹焉"思想中明确揭示了整体与要素之间的关系。通过"济五味，和五声"与"土与金木水火杂，以成百物"所产生的新事物，其功能已然超越了各自孤立要素的总和，新功能是各要素以"和"的方式结合起来之后产生的，为新的系统整体所具有。

"和实生物"思想也揭示出世界万物发展演进的规律。宇宙是由性质不同但又相互联系的元素或部分组成的整体，其中的每一种元素或每一部分相对于其他元素或部分而言都是一种具有差异的存在。各元素或部分之间的差异性是事物整体本身的固有特征，共处于同一整体中不仅不会阻碍事物的进一步发展，还有利于事物的繁衍进化。在"天地和合"的条件下，世上万物才能进行正常的演化。共处于同一体系之中的各种事物在"和"这种动力的导引下不断发展变化，产生出比原来更富有生命力的新事物。而一旦构成整体的不同元素失去了"和"的控制，各元素就会进入相互抵触、杂乱无序的状态，进而无法通过互补渗透和相互协调推进事物的进化。　　　　（刘海龙）

heliu lunli

河流伦理 （river ethic）　　关于人与河流之间的伦理关系及处理这些关系的伦理原则和规范的总和。其核心是如何正确认识和处理人与河流的关系。作为一种新兴的道德伦理，河流伦理把人类的道德关怀拓展到河流，并以承认河流的道德主体和价值主体地位为基本要义，进而有别于传统的人与河流之间形成的道德伦理关系。因此，河流伦理属于生态伦理，主要涉及正确处理和调节人与河流生命的关系，以保护河流生态系统的健康和持续发展。

背景　　河流伦理概念的提出是现实社会治河理念发展到一定阶段的产物，反映了伦理关系不断拓展的趋势。河流伦理产生和发展的理论背景是世界生态主义思潮蓬勃兴起，特别是20世纪六七十年代非人类中心主义生态伦理思想的系统发展和国际化传播，使改革开放中的中国学术界也在20世纪七八十年代开始译介和研究生态伦理，并逐渐倾向于提出和构建中国特色的生态伦理（或说环境伦理学）。在实践层面，河流伦理直接产生于黄河及世界上众多的主要河流遭遇断流、枯竭、污染而导致的河流健康生命受到威胁、河流生态系统被破坏、生物系统多样性受到损害等水危机和水问题。

1998年，中国历史上南涝北旱的现象再次凸显，在长江大洪水肆虐的同时，黄河和西北众多河流遭遇了史无前例的缺水、断流。中国科学院、中国工程院163位院士联名发出《行动起来，拯救黄河》的呼吁书，要求拯救黄河。1999年国务院授权黄河水利委员会实行流域水资源管理改革。在实现黄河、黑河和塔里木河"三河"成功调水的基础上，2004年黄河水利委员会提出了"重塑人与河流关系的伦理"以及"河流伦理"的基本概念，召开了"生命黄河——首届河流伦理学术研讨会"；组织专家编写了"河流伦理丛书"并于2007年出版。这标志着河流伦理的正式诞生。随着形势的变化和实践的深化，特别是2007年党的十七大将生态文明写入报告，强调建设生态文明，进一步明确建设环境友好、资源节约的"两型社会"目标后，河流伦理也在应用中得到了发展。2009年"生态文明与河流伦理"成为第四届黄河国际论坛的主题。此后，河流伦理研究走向了理论联系实践的前沿。

主要理念　　包括维持河流健康生命观、河流生命论、河流价值论、河流权利观、河流伦理道德原则等。

维持河流健康生命观　　作为河流伦理学的重要组成部分，主要探讨河流生命的特征、河流健康生命的指标体系、维持河流健康生命的主要对策等。首先，维持河流健康生命观认为，河流是有生命的，河流的生命力表现在水的持续生产和再生能力、自然水循环能力、自然生长能力、供应水资源能力、自然造地造景能力、排洪泄沙能力、纳污和净化能力等方面。其次，河流生命健康与否，其最基本的标准在于有没有维持河流的径流、有没有安全连续的水沙通道、有没有满足流域内人类和其他生物基本需要的水资源供给能力及水质、有没有良性循环的河流生态系统等。最后，维持河流健康生命关系着流域社会人与自然的永续发展，不仅需要经济和科技的投入，还应该从政治、法律、文化、道德、理念等方面多管齐下，综合善治水污为害、沙多为碍等问题，统筹处理水多为灾、水少为旱的痼疾，以先进的伦理思想引领河流生态系统的修复和良好生态环境的维护。

河流生命论　是关于人与河流关系的一种新理论。它以河流生命为核心概念，提出并论证了河流不仅有自然生命，而且拥有文化生命。"河流生命"作为一个调节人与河流关系的新概念，是由黄河水利委员会主任李国英于2003年2月15日在全球水伙伴中国地区委员会治水高级圆桌会议上正式提出的。此后，叶平教授等专家作了系统论证。河流生命论认为，河流自然生命的核心是水，命脉是流动，发展是人与自然的协同进化。河流自然生命反映的是河流作为生态系统所具有的本质特征，其中包括源发自然性与构建自然性的统一、多样性与整体性的统一、稳定性与波动性的统一、内在目的性与外在工具性的统一等。河流自然生命概念的确证是对河流认识上的观念革命，对恢复河流的有机整体性、提升人与河流之间伦理关系的发展水平以及改变人类征服主义的河流观具有重要的现实意义。河流文化生命作为一个新概念，主要特征表现为三个方面：第一，河流文化生命是一种对人与河流和谐关系的追求和信仰，进而使之成为人与自然和谐关系的追求和信仰。第二，河流文化生命是一种河流文明的理想。第三，河流文化生命呼唤对河流自然生命的道德，以见诸河流生命伦理的方式，激发对河流的热爱和尊重，自

觉地形成道德自律。河流文化生命与河流文化是一个既相互联系又相互区别的概念。"知、情、意、行"是河流文化生命产生的主要机制。河流文化生命主要表现为精神文化、物质文化、民俗民风等方面，其本质在于确立河流母亲的信仰。河流自然生命与文化生命的关系，归根结底属于物质和精神、客观与主观、存在与意识的关系，彼此既相互依存，又相互承继、补充。

河流伦理继承和发展了环境伦理的思想，在提出和论证河流生命论的同时，提出并论证了河流是有自身价值、有自身权利的生命共同体。

河流价值论　认为河流不仅具有工具价值而且拥有内在价值和系统价值。河流的工具价值表现是河流对人类的有用性，具体为经济价值、历史文化价值、审美价值等。河流的内在价值则是以河流自身为评价尺度，表征的是河流存在和健康对自身的价值。河流系统价值是以河流生态系统为评价尺度，表征的是河流作为整体的生态系统所具有的不断创造自然价值的性质。河流系统价值强调河流及其生物个体和种的价值只有处于生态系统的网状结构中并参与进化才有意义。河流内在价值和系统价值是不以人类为中心、不以人类为唯一价值尺度的。

河流权利观　是关于河流作为生命存在的权利的看法。河流权利观认为，河流孕育了包括人类在内的生命共同体；人类作为生命共同体的一员，在享受自然赋予的权利的同时，也应承认河流拥有自身的权利；河流权利主要包括生存权利和健康权利，也可以具体化为河流的完整性权利、连续性权利、清洁性权利、用水权利、造物权利等。

河流伦理道德原则　指人类在与河流相交往时应该遵循的道德原则。这种道德原则与传统基于人的主体道德自觉而提出的水德原则不同，河流伦理的道德原则是以承认河流生命、河流内在价值、河流权利为前提。基于河流生命论、河流价值论和河流权利观，人们对河流

有了必然的道德义务。这些义务通过原则性的规定来实现。因此，目前河流伦理要求人们遵循的基本原则有：尊重性原则、整体性原则、保护性原则、评价性原则、补偿性原则等。当人际伦理与河流伦理发生冲突时，可以依据一组评价标准对何种原则具有优先性进行排序：一是整体利益高于局部利益原则；二是生存权利优先于其他权利原则。

目的与意义 有学者认为，建构河流伦理的最终目的是实现人类社会与河流生态系统的协同发展。事实上，河流伦理从表面上看调整的是人与河流的关系，但实质仍是人与人的关系，根本目的还是为了人类自身和长远的整体利益。在构建河流伦理的意义方面，有学者认为：第一，河流伦理扩大了道德共同体的边界；第二，河流伦理改变了人在与河流相交往的实践中的地位，使人由河流的征服者转变为河流生命共同体的普通一员；第三，河流伦理要求确立新的价值尺度。总之，在处理人类自身与河流关系问题上引入伦理的维度，是人类文明的一大进步。

评价 河流伦理是一个包容性很强的概念，在河流伦理体系的基础上构建的河流伦理学涉及面广、跨度大，具有边缘性和交叉性的特点。无论是对水利界，还是对人文、社会科学界来讲，河流伦理都是一门全新的边缘学科，它不仅填补了国内伦理学的研究空白，而且为中国生态伦理的建构树立了一种基于生态治理和建设的实际需要，秉承政研结合、团队化创新的原则，同向发力、共同攻坚克难的理论研究范式。这对推进生态文明时代中国生态伦理学的创建具有重要启示。河流伦理要成为一门全新的学问，还有待于专家团队的持续发力，有待于跨界合作的常态化机制的建构和运行，有待于基于理论联系实践的理论创新的不断深入。就总体而言，河流伦理包含着河流生命、河流健康生命、河流权利、河流价值等一系列概念，其理论构建对建设人水和谐的水生态文明具有十分重要的理论价值和现实意义。

（曹顺仙 王蔼然）

推荐书目

侯全亮，李肖强. 论河流健康生命. 郑州：黄河水利出版社，2007.

苏贤贵，刘华杰，吴国盛. 河流伦理的自然观基础. 郑州：黄河水利出版社，2007.

雷毅. 河流的价值与伦理. 郑州：黄河水利出版社，2007.

叶平. 河流生命论. 郑州：黄河水利出版社，2007.

乔清举. 河流的文化生命. 郑州：黄河水利出版社，2007.

hougongye shehui
后工业社会 （post-industrial society） 是以知识为中轴组织新技术、经济增长和社会阶层的一种社会结构，是对西方国家社会结构变化的一种社会预测。这一概念是以前工业社会、工业社会、后工业社会这一社会发展的特定理论为前提的，即"后工业社会"论是从否定和修正科学社会主义关于原始社会、奴隶社会、封建社会、资本主义社会、社会主义社会这一社会发展阶段论的目的出发，并以特定的新历史观为基础的。

美国社会学家、哈佛大学教授贝尔（D.Bell）于1959年夏季在奥地利萨尔茨堡的讨论会上第一次使用了"后工业社会"这个名称，并于1962年在波士顿的一次讨论技术和社会变革的座谈会上对后工业社会思想加以系统阐述。随着1973年贝尔的《后工业社会的来临》一书的出版，"后工业社会"一词被西方学术界广泛关注，很快在学界流行起来。

代表人物与观点 "后工业社会"理论最著名的代表人物是贝尔、哥伦比亚大学教授布热津斯基（Z.Brzezinski）和美国社会学家托夫勒（A.Toffler）等，他们对这一理论的解释存在着某些差别，贝尔强调社会政治方面，布热津斯基着重技术经济问题，托夫勒则注意社会心理发生的变化。但他们在几个主要问题上观点基本是一致的，如技术决定论、服务经济、社会阶级结构发生根本变化、权力转到学者手中等。

特征 后工业社会包括以下五个方面特征：

经济结构 从生产性经济转变为服务性经济。与前工业社会、工业社会相比，后工业社会的典型特征是以服务业为基础的社会，大多数劳动者不再从事农业或制造业，而是从事服务业，如贸易、金融、运输、保健、娱乐、研究、教育和管理。

职业分布 专业技术人员处于社会阶层的主导地位。在后工业社会中，居于支配地位（并非指从业人员最多）的职业将是专业性和技术性的职业。专业技术人员通过教育和培训提供后工业社会日益需要的各种技能，从而使以知识和技术为基础的科学家和工程师取代以财产为基础的资产阶级而成为后工业社会的统治集团。

中轴原理 理论知识处于中轴地位，是社会革新与制定政策的源泉。这是后工业社会最突出的特征。虽然知识对任何社会的运转都是必不可少的动力，但由于后工业社会是以知识为核心而组织起来的，知识本身的性质已经发生了变化，这种变化主要体现在两个方面：科学与技术结合得更紧密，理论知识与经验相比更重要。理论知识日益成为一种社会战略资源，而汇集和充实理论知识的场所如大学、研究机构等知识部门则成为未来社会的中轴机构。

未来的方向 控制技术发展，对技术进行鉴定。在工业社会中，科学技术的发展多是自发性的、非预测性的。随着新的预测方法和预测技术的发展，后工业社会有可能对技术进行规划和预测，使有意识、有计划地推动技术变革成为可能，从而减少经济发展的"不确定性"。

制定决策 创造新的"智能技术"。1940年以来，一批新的智能技术，如信息论、控制论、决策论、博弈论等，在处理复杂性问题上日益成熟。这些新的智能技术的特点是能确定社会的理性行为并识别这些行为，把社会损失降低到最低限度。因此，新的智能技术的出现使得后工业社会能够对社会发展做出有效的规划和决策。

意义 ①后工业社会强调科学的作用与认识的价值为社会基本结构之必需；②它使决策更具有技术性，这就使科学家和经济学家更加直接地参与政治活动；③它使现有的脑力劳动科学化倾向不断加深，从而造成传统意义上的知识的目的和价值发生一系列变化；④它产生和发展了技术知识分子，从而提出了技术知识分子与文科知识分子的关系这样一个重大问题。

（乔永平）

推荐书目

丹尼尔·贝尔. 后工业社会的来临：对社会预测的一项探索. 高铦，王宏周，魏章玲，译. 北京：商务印书馆，1984.

hou xiandai

后现代 （post-modern） 又称非现代、现代之后。通过寻求新的规范包容新的理论、文化和政治话语与实践，由此形成与现代性的理论和文化实践、现代性的意识形态和艺术风格的断裂。

后现代的"后"在肯定的意义上指积极主动地与先前的东西决裂，从旧的限制和压迫状态中解放出来，进入一个新的领域，也可以否定性地理解为可悲的倒退，传统价值、确定性和稳定性的丧失。后现代不仅是时间性的概念，而且是价值系统，是文化精神，它不仅表征着与传统相对的社会和文化的变迁，而且体现着精神的嬗变，从反权威、多元论、非中心和冲破旧体制方面看，它与现代精神具有相同特征。

1870年，英国画家查普曼（Chapman）在个人画展上最早提出"后现代主义"概念，用来指称更前卫的作品。20世纪50年代末至60年代初，随着战后西方国家的电子信息技术等高科技的发展，以及新兴大众传媒广泛的应用，社会上出现了质疑现代社会主流价值观的批判性哲学文化思潮，主要流派有以法国哲学家雅克·德里达（Jacques Derrida）、米歇尔·福柯（Michel Foucault）为代表的解构主义，以德国哲学家伽达默尔（Hans-Georg Gadamer）为代表的新解释学，以美国哲学家理查德·罗蒂（Richard Rorty）为代表的新实用主义等。

所谓"后现代"主要是对现代工业社会价值体系的文化批判,一是批判个人主义在当代的绝对化发展,强调个人主义的中心地位;二是批判理性主义在当代的片面化发展,以此批判现代性是造成西方社会中人们个性的丧失、价值的迷失和"精神家园"的失落等危机的主要原因,批判资本主义现代化过程给人类的生存与发展带来的危害。20世纪80年代,人们提出了与现代性决裂的口号和极端的"终结"思想,如"哲学的终结""历史的终结"等。法国后现代思潮理论家让·弗朗索瓦·利奥塔(Jean Francois Lyotard)认为,后现代是一种精神,一套价值模式,它表征为:消解、去中心、非同一性、多元论、解"元话语"、解"元叙事";不满现状,不屈服于权威和专制,不对既定制度发出赞叹,不对已有成规加以沿袭,不事逢迎,专事反叛;睥睨一切,蔑视限制;冲破旧范式,不断地创新。利奥塔围绕"叙事知识"与"科学知识"的历史区分展开,他认为所谓"后现代"在知识层面上指示人们对现代诸种话语和宏大叙事的怀疑否定,即不再相信那些有关知识的"元叙事"和英雄主角,也不去期望找到返回宏伟叙事的道路。像前沿科学家一样,人们开始心甘情愿地认可知识断裂、局限、悖反并且缺少稳定,于是各自从事有限的语言游戏以建立局部决定论,或干脆倾向操作性创新。他认为有两种国家神话:一种是法国启蒙主义传统的政治式的关于人性解放的神话;另一种是在德国思辨传统的普遍性原则上建构起来的关于知识的统一性的神话。这两种神话都使用"元话语"使自身合法化。后现代是现代性的终结。

基本特征 后现代反对中心性、真理性的观念,坚持不确定性的主张,注重对立面的消失,主张多元共生性;强调思维的否定性,怀疑历史,怀疑终极价值,怀疑意义的本源性和确定性,保持相对主义意识,认为借助于最新科学成就的时髦词汇并不能表达本质的特殊现象,因为世界是永远发展的,它的意义是在理解和解释中不断生成的,它永远不可能受制于

任何一种单一的体系或论断;批判"元话语",反对"宏大叙事",在后现代看来,传统哲学中的基本范畴如理性、整体、财富的创造以及人的解放等都在消解之列。后现代体现为不确定性、零乱性、非原则化、无我性、无深度性、卑琐性、反讽、种类混杂、内在性等。后现代一方面是对晚期资本主义的逻辑表现和强化;另一方面,也不排除有拒绝晚期资本主义逻辑的可能。后现代首先表现为一种不同以往的文化现象,同时这种文化现象又具有普遍性,体现为无深度的平面感,无历史的现代感,后现代的崇高、非确定空间、距离的消失是全球化浪潮的表征。因此,后现代给人类带来了解决问题的机会,以便重新肯定人的意识,使人类提升自己,同时,后现代也是个冲突、矛盾的时代,人类需要重新检讨自己的生活方式,以及人与社会、自然的关系。

意义 后现代倡导创造性、多元的思维方式,主张从单一的、僵化的思维方式向多元的思维方式转变,从封闭的思维方式向开放性思维方式转变,从传统的主客对立的二元论思维方式转向后现代的主客一体的存在论思维方式,力图使哲学及整个社会所关注的焦点从以理性的方式来认知外在客观世界转移到关注人的生命意义以及对宇宙人生的终极关怀上来,揭示在现代社会中被遮蔽的人的根本意义与生活价值。

(牛庆燕)

推荐书目

大卫·格里芬. 后现代科学——科学魅力的再现. 马季方,译. 北京:中央编译出版社,1998.

大卫·雷·格里芬. 后现代精神. 王成兵,译. 北京:中央编译出版社,1998.

道格拉斯·凯尔纳,斯蒂文·贝斯特. 后现代理论. 张志斌,译. 北京:中央编译出版社,2001.

郭贵春. 后现代科学哲学. 长沙:湖南教育出版社,1998.

《Huainanzi》huanjingguan

《淮南子》环境观 (view of environment of Huainanzi) 《淮南子》全书继承并发展了道

家"崇尚自然"和儒家"和合"思想之精华，重视人与自然的和谐发展，其中蕴含着深刻的环境观。认为人与自然的关系主要体现为自然对人的制约和人对自然的改造。

《淮南子》（亦称《淮南鸿烈》），是由西汉淮南王刘安及其门客集体撰写而成。

人与自然和谐 《淮南子》强调人与自然的内在和谐，提倡建构一种人与自然环境和谐统一的体系。《淮南子·本经训》中描述了抑制人所向往的"至德之世"的生态状况："天覆以德，地载以乐；四时不失其叙，风雨不降其虐，……凤麟至，蓍龟兆，甘露下，竹实满，流黄出而朱草生，机械诈伪莫藏于心。"在总结了前人改造自然环境的经验之后，概括了人与自然之间的关系。《淮南子·主术训》中："禹决江疏河，以为天下兴利，而不能使水西流，……岂其人事不至哉？其势不可也。"表明自然对人的活动具有决定性的影响，人要适应自然规律而生活。

尊重自然、改造自然 《淮南子》既强调遵循自然规律，也重视发挥人的主观能动性在改造自然生态环境中的作用。"循理而举事，因资而立功，推自然之势。"强调人要尊重自然规律（《淮南子·修务训》）。在顺应自然的基础上，《淮南子·主术训》从实践角度出发提出 "上因天时，下尽地财，中用人力"是人与自然和谐的理想模式。而反对那种仅考虑短期利益的做法，如"以火熯井，以淮灌山，此用己而背自然"（《淮南子·修务训》），认为这是一种愚蠢行为，即便可以满足某些人短期的需求，最终结果也是事与愿违，还会导致灾难性的后果。在尊重自然规律的前提下，人要发挥主观能动性，改造自然生态环境，《淮南子·修务训》中："夫地势，水东流，人必事焉，然后水潦得谷行；禾稼春生，人必加功焉，故五谷得遂长。听其自流，待其自生，则鲧、禹之功不立，而后稷之智不用。"其意为：水按照地势东流，需要人的疏通；农作物在春天生长，需要人的耕耘。人如果对自然界听之任之，让自然万物自生自灭，就不会有历史上鲧、禹之功立，而后稷所传种植五谷之艺，也难在实践中有用武之地。

以时禁发 《淮南子》阐发了"顺天意，遵时序，以时禁发"的思想和做法。《淮南子·时则训》根据自然界生物的生长、发育规律，阐发了一年十二个月保护生态的主张。从一月至十二月顺次是："孟春之月，……禁伐木，毋覆巢杀胎夭，毋麛，毋卵，毋聚众置城郭，掩骼薶骴"；"仲春之月，……毋竭川泽，毋漉陂池，毋焚山林，毋作大事以妨农功。祭不用牺牲，用圭璧，更皮币"；"季春之月，……修利堤防，导通沟渎，达路除道，从国始，至境止。田猎毕弋、置罘罗网、毒之药，毋出九门。乃禁野虞，毋伐桑柘"；"孟夏之月，……毋兴土功，毋伐大树，令野虞，行田原，劝农事，驱兽畜，毋令害谷"；"仲夏之月，……禁民无刈蓝以染，毋烧灰"；"季夏之月，……树木方盛，勿敢斩伐"；"孟秋之月，……命百官始收敛，完堤防，谨障塞以备水潦，修城郭，缮宫室"；"仲秋之月，……乃命有司，趣民收敛畜采，多积聚，劝种宿麦，若或失时，行罪无疑"；"季秋之月，……通路除道，从境始，至国而后己"；"孟冬之月，……乃命水虞渔师，收水泉池泽之赋，毋或侵牟"；"仲冬之月，……山林薮泽，有能取疏食、田猎禽兽者，野虞教导之"；"季冬之月，……命有司大傩，旁磔，出土牛。命渔师始渔，天子亲往射渔，先荐寝庙。令民出五种，令农计耦耕事，修来耜，具田器，命乐师大合吹而罢"。这些主张来自于劳动人民在实践中的长期观察和总结，其核心思想是严令伐杀，以保护自然之中生物的孕育和生长。

保护自然 《淮南子》还强调要善待生命，保护野生动物资源。其中提到诸多要保护的野生动物，讲到的保护措施既推崇法治的作用，又重视道德的效能。《淮南子·主术训》中："故先王之法，畋不掩群，不取麛夭，不涸泽而渔，不焚林而猎，……孕育不得杀，卵不得探，鱼不长尺不得取，彘不期年不得食。"主张取"先王之法"，施行"时禁"，而反对"涸泽而渔""焚林而猎"的渔猎方式，提出建立合理的田猎制度，保护幼兽和母兽。在法律制度难以起到作用之时，道德规范有时可以弥补法律的缺陷与不足。《淮南子》还格外重视通过教育提高保护野生动物的意识，"密子治亶父，巫马期往观化焉，见夜渔者得小即释之，非刑之所能禁也"（《淮南子·泰族训》）。《淮南子》还进一步提出了保持生态平衡的主张，如《淮南子·说山训》中："欲致鱼者先通水，欲致鸟者先树木；水积而鱼聚，木茂而鸟集。"只有如此，才会出现人与野生动物和谐共处的美好景象。

(刘海龙)

环境伦理（environmental ethics） 与环境有关的道德、价值和行为规范。环境伦理是 20 世纪 60—70 年代出现的一种社会思潮，是西方自由主义思想传统的发展和逻辑延伸，是人们在对环境危机反思中应运而生的一种价值取向，是人类在对资源过度开发和环境破坏问题反思的基础上形成的思想。

产生背景 工业社会的机器生产已经不是对自然的模仿和引导，人成为自然的主人和创造者。工业文明使得人类对自然的祛魅过程逐步完成，自然沦为人的奴仆，人与自然完全割裂开来，人与自然的关系，成为主人与奴隶、主体与客体的关系，从此人类进入对自然界的野蛮征服和践踏的时代。随着工业化进程的深入，人类对自然资源需求不断增加，对自然的随意挥霍最终使得人与自然的冲突日渐尖锐起来。

西方社会在经历了两次工业革命后，经济飞速发展，社会财富高度积累。在这一时期，在工业革命中获益最多的几个国家，如英国、德国、美国都出现了严重的环境问题：森林资源受到严重破坏，工业城市的大气污染严重。

一些有识之士开始关注环境恶化问题，并提出人应该具有生存权，环境和资源应该被永续利用，而不能只顾眼前利益而毫无顾忌地使用自然资源。他们发起了环境保护运动，以期改变工业文明所形成的人与自然关系的模式，建立一种新的伦理——环境伦理。环境伦理具有浓烈的道德色彩，这种色彩源自一种重建人与自然关系的愿望，主张人类把道德行为的领域从人与人、人与社会扩大到人与自然之间，将道德义务、正义关怀应用到处理与自然生态的关系中去，从而建立一种合理的人与自然的伦理关系。

理论流派 关于人与自然的伦理关系，不同的学者也有不同的主张，由此产生了不同的学术流派。学术界普遍认为，环境伦理可以分为人类中心主义、动物解放论和动物权利论、生物中心论、生态中心论等。它们各自又分为不同的学术流派。

人类中心主义 认为拥有意识的人类才具有内在价值，只有人才是主体；自然没有内在价值，它只能处于客体的地位。康德（Kant）提出"人是目的"，被认为是人类中心主义在理论上完成的标志。人类中心主义的实质是一切以人为尺度，一切为人的利益服务，认为只有人类的价值观才是判定自然是否有价值的尺度。在处理人与自然关系时，人的利益具有绝对优先性。诺顿（Norton）把人类中心主义进行了区分，从强度上，分成强式人类中心主义和弱式人类中心主义。他提出，强式人类中心主义更加注重人的价值，认为自然只具有工具价值，可作为人类社会发展中的生产资源而存在；而弱式人类中心主义则关注到了生态破坏带来的危机，但认为生态危机的本质是人与人之间的关系问题，属于代内、代际之间的环境正义问题，人类可以通过解决人与人之间的矛盾，进而解决人与自然之间的矛盾。

人类中心主义，特别是现代人类中心主义，都是从人类的整体利益和长远利益出发，把人类与自然对立起来，坚持人的利益优先原则，认为人类是认识世界的唯一枢纽和中心，是道德权利主体和价值存在物。自然界仅仅具有经济价值和工具价值，并不具备内在价值和系统价值。认为具有社会性的人类，应该担起合理调节人与自然关系的责任，努力保持自然界工具价值和经济价值的持久性。

动物解放论和动物权利论 20 世纪 60 年代，各地动物保护运动高潮迭起，动物解放的伦理主张开始被重视。动物解放论认为，动物应具有独立的生存价值和道德权利，应该受到道德关怀和权利保护，反对商业性的饲养、虐待和捕杀动物。彼得·辛格（Peter Singer）是其代表人物，他在《动物解放》中强调"动物不是为我们而存在的，它们拥有属于它们自己的生命和价值"，因此给动物施加不必要的痛苦在道德上是错误的。辛格要求人类限制为了自身利益和需要而损害动物的行为，主张维护动物的权利、福利和利益，从而避免给动物带来痛苦。汤姆·雷根（Tom Regan）在《为动物权利辩护》一书中提出动物权利论，他认为，无论是道德代理人（心理健全的人类）还是道德顾客（一切人类以及"一岁或更大的精神正常的"动物）都是"生命的体验主体"，都具有自身固有的价值。动物和人一样，都具有生命，拥有内在价值和天赋权利，动物应当被当作目的本身而非人类的资源来对待。

动物解放论和动物权利论都承认动物存在固有的价值和权利，主张取消商业性的动物饲养业；反对商业性和娱乐性的打猎和捕兽行为；反对残忍地将动物用于科学试验的行为；反对只承认人类的道德主体地位而剥夺动物的道德主体地位的观点。

生物中心论 认为任何生命体都具有不依赖于人的意志存在的内在价值。生物中心论突破了动物解放论和动物权利论将人类的道德关怀局限于动物的界线，将其延伸到所有具有生命的主体，认为只要是生命，就都值得我们敬畏和尊重。阿尔贝特·施韦泽（Albert Schweitzer）是生物中心论的代表人物之一，其在《敬畏生命：五十年来的基本论述》一书中，以"生命平等"为基点展开生物中心论的论述，提出伦理与人对所有存在于它的范围内的生命行为有关，只有敬畏生命的伦理才是完备的："善是保持生命，促进生命，使可发展的生命实现其最高的价值。恶则是毁灭生命，伤害生命，压制生命的发展。这是必然的、普遍的、绝对的原

则。"施韦泽之后，保罗·泰勒（Paul Taylor）在《尊重自然》一书中对生物中心论做了较为全面的论证。他指出，人类和生态系统中各种有感受性的动物、无感受性的植物一样，是地球生命共同体中的普通一员，没有高低贵贱之分。人类和所有物种都渴望生长、发展和繁衍生命，从而构成有机联系、功能镶嵌的平等依存关系，因此，包括人类在内的所有生命形式都自成目的，都有自身的善和固有的价值，都应该受到尊重，这是"最根本的道德态度"。

生态中心论 生态中心论比动物解放论、动物权利论、生物中心论则更进一步，把道德关怀的主体范畴进一步进行拓展，认为可以把道德主体从生命个体扩展到自然界的整个生态系统。生态中心论分为三个流派：大地伦理学、生态整体主义和深层生态学。大地伦理学的关注重心在生态系统的整体性、和谐性，认为生态共同体的价值要高于物种个体的价值，整体价值高于个体价值。生态整体主义以现代生态学为理论基础，主张人类可以适当对自然进行改造，但应控制在生态系统所能承受、恢复的范围内。生态系统具有创造功能，人类应该尊重生态系统的整体利益和长远利益，同时兼顾动物和植物的个体利益。深层生态学试图提出一种完整的世界观，认为生物圈中的所有事物都具有生存、繁荣和自我实现的平等权利。该学说的代表人物奈斯（Naess）和塞欣斯（Sessions）提出了八条行动纲领（参见深层生态学）。

评论 环境伦理的"人类中心论"和"非人类中心论"之辩，存在共同的前提性错误：将不同逻辑层面上的问题置于同一层面，试图得出非此即彼的结论。因此，要想消解二者的对立，必须将环境伦理学分为三个层次：朴素的人类中心论，即以人的主体性为标准，判断自然物的价值并决定取舍；无立场的众生平等论，即超出人的立场，为其他生命着想；既包括人类立场又超越人类立场的众生和谐论，即在贯穿人的标准和尺度的前提下，维护生命圈的和谐。由此得出环境伦理学的根本问题是在

人类立场和超人类立场之间寻求适当张力和动态平衡。

环境伦理是环境意识最重要的内容之一，也是现代文明最基本的要求。它要求人们遵循这样一个基本理念：人与自然是密不可分的整体，地球是人类唯一的家园，人类的生存和发展一刻也离不开地球。保护地球，关心自然的生态平衡，是人类唯一的选择。

（王国聘　朱凯）

推荐书目

余谋昌，王耀先.环境伦理学.北京：高等教育出版社，2004.

卢风，刘湘溶. 现代发展观与环境伦理.保定：河北大学出版社，2004.

huanjing meide lunli

环境美德伦理 （environmental virtue ethics, EVE）

摒弃了主流环境伦理学的一元论的规范伦理的理论进路，将研究的焦点置于关爱自然、促进个人幸福、社会繁荣和人与自然和谐相处所需要的人格特征、心理定势和各种具体的环境美德，及其在指导人与自然互动实践中的应用。美德伦理是伦理学的一个分支，致力于研究人的性格、优良品格、人的幸福和社会的繁荣。近年来，越来越多的哲学家开始相信，美德伦理是应对环境问题的一种有效方法，尽管他们对于这一信念的原因仍存在分歧。一些哲学家认为主流环境伦理学对于非人类存在物的内在价值或道德考量的证明无法令人信服或是失败的。接受环境美德伦理的哲学家们致力于为环境主义寻找一个更加坚实的道德基础，他们认为促进人的福利或幸福是保护环境的必要条件。另外一些哲学家虽然认为内在价值的观点可信，但他们相信诉诸于人类幸福能为环境保护提供更进一步的论证。他们不仅诉诸伦理的利他主义，还补充了人类明智的自利的道德理由。还有一些哲学家认为当务之急是要确认哪些性格特征是环境可持续的生活所需要的。对于这些人而言，环境美德伦理提供了一个创造可持续社会的恰当的框架。

代表性著作　环境美德伦理发展过程中产生重要影响的专著主要有四本。英国哲学家约翰•欧尼尔（John O'Neill）的《生态、政策与政治》是较早的一部试图将环境主义的主张建基于人类幸福之上的著作。欧尼尔反对人的福利取决于人的主观状态或偏好的满足的观点，他根据一系列具有客观性的善，如健康、友谊、知识、自我发展的能力等，发展了亚里士多德（Aristotle）关于福利的概念，主张我们保护自然不仅是为了保护我们生活所需的基本资源，而且要保护人们发展更高能力的机会，如科学知识、艺术创造和个人与自然界之间的联系等。欧尼尔还对基于经济理性的成本-效益分析提出了质疑，认为当今世界经济理性的极度膨胀是一种"没有经过（政治）批判的政策"，并主张人们应该通过那些支持公共善的概念和政策来限制市场力量。

荷兰哲学家洛克•凡•维斯万（Louke van Wensveen）的《土地美德》表明，在有关环境的学术著作和通俗读物中已经存在着大量对涉及环境的美德和性格的讨论，并在附录中列举了在过去三十几年间文献中共提及的 189 种美德和 173 种恶德。维斯万详细分析了这些文献中出现的各种有关环境美德的叙述，并提出了其所认为的真正的生态美德的标准。维斯万结合了新旧美德伦理的方法，在亚里士多德以社会可持续为焦点的各种人类品质的标准上，增加了新的心理和生态可持续的标准。

美国哲学家菲利普•卡法罗（Philip Cafaro）的《梭罗的生活伦理》认为，美国自然主义作家、思想家亨利•戴维•梭罗（Henry David Thoreau）的生活及其著作展现了一种连贯的、富有启发的环境美德伦理。这种伦理将对自然的关注与人的优良品质和幸福生活连接起来，梭罗因而指出了一种朝向广泛的、对生活具有肯定意味的环境伦理的方法，这种伦理用积极的理想品质的描述补充了传统环境主义的否定性的规范。人们应为承认自然的价值使自己的生活更加充实；通过限制物质消费使自己过更加健康、愉快的生活，也使得后代有机会享受同样的生活；通过追求更高尚的生活而不是只忙于赚钱，人们践行开明的自利，同时也使得那些与人类共享地球的物种因此而受益。

美国哲学家罗纳德·桑德勒（Ronald Sandler）的《性格与环境》对环境美德伦理做了深入探索，建构了环境美德伦理的理论基础。桑德勒首先以当代美德伦理的重要人物菲利帕·富特（Philippa Foot）和罗莎琳德（Rosalind Hursthouse）所开创的自然主义美德方法为基础，建构了他称为具有"自然主义、目的论和多元性"特征的环境美德理论。桑德勒解释他的美德伦理方法之所以是自然主义的，在于它受到科学自然主义的激发，与科学自然主义具有逻辑的一致性。但是桑德勒批评科学的自然主义方法过于狭隘，需要被更充分的伦理自然主义所取代。之所以是目的论的，是因为使得某个行为特征成为美德或恶德的根本原因在于它促进或阻碍某种目的的实现。之所以具有多元性，在于所要实现的目的既包括与行为人有关的目的（这些属人的目的具有多元性），也包括与行为人无关的目的（这些目的也是多元的）。桑德勒称他的美德伦理方法可以应用于各种类型的与自然环境相关的人类活动，以确认各种环境美德和恶德。他还重点讨论了构成环境美德或恶德的具体态度和心理定势，环境美德伦理在环境伦理学中的角色、地位，以及环境美德伦理区别于其他环境伦理学理论的特征。在实践领域，桑德勒富有创建地运用环境美德伦理对转基因农作物进行评价，借助这样的典型案例，讨论了环境美德伦理帮助理解和回应人们所面临的环境挑战这样的实践问题。

基本主张 包括：第一，经济从属于人的生活。环境美德伦理要求把经济社会置于一个恰当的位置，将经济发展作为对高雅、舒适生活的支持，而不是仅仅作为一种获取更多物质和消费的动力。第二，积极发挥科学技术的建设性作用，同时认识其有限性。近代以来科学技术极大地促进了生产力的发展，提高了人们的生活水平，彻底改变了自然界以及人们的认识世界，成为具有主宰性的当代社会意识形态。

环境美德伦理重视科学技术的局限性，主张从整个生态的角度评价和运用科学；倡导人们积极学习有关自然的科学知识，但反对现代数理科学和实验科学对待自然的冷漠态度，主张了解并欣赏野生动植物和荒野世界，以此作为对科学的补充。第三，非人类中心主义。环境美德伦理不是要替代主张给予荒野自然以道德关怀的环境伦理思想，而是要对其进行补充和完善。环境美德伦理始于对人类开明自利的关注，但并不止于此。人类在探索和体验世界的过程中获得了利益，同时也发现了具有内在价值的非人类存在物。环境美德伦理并不认为，在人类与非人类存在物的利益存在冲突时，人类利益应毫无争议地被优先考虑。环境美德伦理所理解的非人类中心不仅是一种伦理观，同时也是一种知识观。当我们对世界拥有充分的理解，并将这种理解置于一个恰当的知识结构中时，就会真正将自己视作超越人类物种的整体中的部分。自然主义者曾将这种意义上的非人类中心主义当作一种智慧，环境美德伦理同样触及了这一古老的主题。第四，欣赏荒野，保护自然。保护生物学（conservation biology）认为保护荒野是保存物种和有机体的关键，荒野保护也为人类保留了各种可能性。荒野是自由精神的源泉和心灵的栖息地，大自然不仅能够丰富人类的想象，壮丽的自然景观也有助于培养人们谦卑的态度。第五，生命至善的信念。

环境美德的确证 环境美德伦理的一个重要任务是要说明什么样的德性是环境美德或环境恶德，以及如何确认和证明这些德性。桑德勒总结了环境美德伦理文献中的四种确证环境美德的策略：①美德拓展主义策略，即将人际美德的基本内容延伸至环境领域，以说明什么样的人是具有环境美德的。②道德代理人的利益策略，即从开明的利己主义角度说明，环境在某些方面能够让行为者受益，以证明保护这些与环境相关的机会、资源的性格品质和行为倾向是正当的，是环境美德的基本要素。③人类优良品质策略。自然主义将促进个体的发展和种群的繁荣作为卓越的标准，人类作为自然的存在和社会的存在，能够维护和促进人类和更大的生态共同体的福利和繁荣的性格品质就成为环境美德的重要要素，具备这些品质的人就会因其对生态共同体的繁荣的促进而成为具有环境美德的人。④考察环境美德典范人物策略。研究约翰·缪尔（John Muir）、奥尔多·利奥波德（Aldo Leopold）、蕾切尔·卡逊（Rachel Carson）等杰出的环境主义者的生活、工作和性格品质，也有助于甄别出那些对环境美德而言不可或缺的特殊品质。尽管桑德勒列举的这些策略和方法具有一定的合理性，但也存在不少值得质疑的地方，需要进一步的讨论。

（郭辉）

推荐书目

Louke van Wensveen. Dirty Virtues：The Emergence of Ecological Virtue Ethics. Amherst, NY：Humanity Books，2000.

Philip Cafaro. Thoreau's Living Ethics：Walden and the Pursuit of Virtue. Athens：University of Georgia Press，2004.

John O'Neill. Ecology，Policy，and Politics：Human Well Being and the Natural World. London and New York：Routledge，1993.

Ronald Sandler，Philip Cafaro. Environmental Virtue Ethics. Lanham，MD：Rowman & Littlefield，2005.

Christine Swanton. Virtue Ethics：A Pluralistic View. New York：Oxford University Press，2003.

Ronald L Sandler. Character and Environment：A Virtue-Oriented Approach to Environmental Ethics. New York：Columbia University Press，2007.

huanjing meixue

环境美学 （environmental aesthetics）

研究环境美学价值的学科，既是一门交叉学科，又是一门实用美学，用哲学和美学的基本理论来专门研究环境美。环境美学的研究目的是通过对人与自然、人与社会和城市生活环境的关系的审美考察，重新评估自然与文化、乡村与城市的意义以及人在其中的角色作用，重新评估环境的经济价值和审美价值，寻求自然和人文环境的协调统一发展。环境美学是一种全新的价值观，它不仅是一门知识性学科，更是一种多元文化的融合发展。环境美学不仅扩大了审美对象的范围，挖掘了审美对象的内涵，而且提出了环境审美的新方法，彰显了环境的审美价值。

产生背景 20 世纪 60 年代，随着工业化的发展，环境质量不断恶化，生态危机愈演愈烈，西方国家掀起了日益高涨的环境保护运动。由此人们开始全方位地思考和研究环境问题，环境的审美价值逐渐显现出来，不仅自然科学各学科对环境的美学价值予以关注和研究，同时其也进入人文学科学者的视野中。人们发现环境除了具有经济价值、政治价值和生产价值以外，还具有审美价值。然而人类在生产生活中常常忽略环境的美学价值，对环境的美学价值造成了巨大的破坏，使其面临着严重的威胁。随着对环境审美价值的发现和深入研究，人们对环境的认识从利己的功利性发展到道德和审美，对环境的实践从开发利用环境到保护和美化环境。正是在这个认识和实践的高级阶段上人们提出了环境美学。

研究现状 来自各个领域的学者从不同角度对环境美学进行了深入研究，在几十年中产生了大量的研究成果。西方环境美学从 20 世纪 60 年代开始酝酿，七八十年代逐渐得到发展。英国学者赫伯恩（Ronald W. Heplurn）发表于 1966 年的论文《当代美学及其对自然美的忽视》，标志着当代西方环境美学的开端。其后的代表人物有芬兰的约·瑟帕玛（Yrjo Sepanmana）、加拿大的艾伦·卡尔松（Allen Carlson）与美国的阿诺德·伯林特（Arnold Berleant），分别出版了《环境之美》《自然与景观》《环境美学》等标志性论著，提出了"审美的生态原则""自然全美""自然之外无他物""参与美学"等一系列主要美学观念。

中国环境美学的研究在 20 世纪 90 年代起步，进入 21 世纪才逐渐兴起，主要通过三条路径展开研究。一是环境美学理论自身的进展与突破。有学者基于哲理性与生存论意义对环境美学存在与发展的依据、学科定位、研究途径等进行了探索。陈望衡的专著《环境美学》对环境美学的哲学基础、学科性质、本体论、方法论、应用理论等诸多方面进行了论述，是中国第一部较系统地研究环境美学的书籍，奠定了国内环境美学研究的理论基础。二是对环境美学理论的评价与应用。有学者选取了西方环境美学家代表性的书籍与思想进行述评，有学者对环境美学在城市建设、社会和谐以及农业景观方面的应用研究也给予了关注。三是环境美学对于其他学科的借鉴和融合。有学者分析了环境美学与环境伦理、自然美学不可分割的联系。而以中国古典美学为资源建构具有普世性的环境美学，并以之反思美学，则是中国环境美学的一个突破。有学者分析了隐逸文化、道教思想、先秦诸子对中国古代环境美学的影响和贡献。还有学者尝试用中国古典美学中提到的"象"来融合西方环境美学的两种审美模式。

发展趋势 从国内外已有的研究中可以归纳出环境美学发展的大体走向。第一，人与自然关系的再思考。当代环境哲学与环境美学更多关注人与自然的统一，不再一味地强调自然人化，也关注人的自然化。第二，经济价值与审美价值关系的再思考。在环境美学的视界下，审美价值具有不可忽视的地位，在许多情况下，它的价值超过经济价值。第三，"宜居"和"乐居"是环境美学的出发点。环境美学最根本的是用"美"的规律建造一个适宜人居住而且让人感到快乐的环境。第四，城市环境是环境美学关注的重点。现代城市的建设已将审美作为重要原则。第五，生态、工程与环境的关系成为环境美学走向现实生活的中介。第六，构建环境的美学评估体系。

关于环境美学的建构，目前尚不完善，即使首先提出这门学科的西方学术界，对这门学科也处在探索的阶段。中国环境美学研究起步较迟，环境美学的理论与构架远没有建立起来，还有待于国内学者做出进一步努力。首先，要

解决的是环境美学中审美的无利害与有利害的关系。其次，国内环境美学研究目前处在对国外理论的翻译引进、分析评价和理论生发阶段，还远未形成自己的独特的理论体系和研究模式。再次，环境美学的实用性如何在具体实践中体现，须进行实证性检验。最后，关于现代的环境美学观点和古代美学思想之间的关系，前者为后者贴标签是否有意义，或者后者是否为前者提供了理论基础等，所有这些都有待去做深入的研究。　　　　　　（是丽娜）

推荐书目

约·瑟帕玛. 环境之美. 武小西，张宜，译. 长沙：湖南科学技术出版社，2006.

艾伦·卡尔松. 自然与景观. 陈李波，译. 长沙：湖南科学技术出版社，2006.

阿诺德·伯林特. 环境美学. 张敏，周雨，译. 长沙：湖南科学技术出版社，2006.

陈望衡. 环境美学. 武汉：武汉大学出版社，2007.

huanjing renquan

环境人权（environmental human rights） 人享有环境的权利。环境人权有狭义和广义两种。狭义环境人权指自然人享有适宜自身生存和发展的良好环境的法律权利，它在国内法上表现为公民环境权；在国际法上表现为人类环境权。这里，不论是公民还是人类，均包括当代人和后代人。广义环境人权泛指一切法律关系的主体[包括自然人、法人、特殊法人（如国家）]在其生存的自然环境方面所享有的权利及承担的义务，即国家、机关、团体和厂矿等企事业单位及公民，都有使用、享受其生存的自然环境条件的权利，也有保护自然环境、防止环境污染的义务。环境人权既是一种新的、正在发展中的重要法律权利，是环境法的一个核心问题，是环境立法和执法、环境管理和诉讼的基础，也是一种新的法学理论。

沿革 环境人权的思想萌芽早已产生，但环境人权作为一种基本的法律权利，则是20世纪六七十年代世界性环境危机和环境保护运动

的产物。环境人权的观念和运动主要发端于美国、日本、欧洲等发达国家和地区，并在20世纪70年代和90年代形成了两次理论研究和立法的高潮。

进入20世纪60年代以后，环境污染问题日趋严重。1960年，联邦德国一位医生向欧洲人权委员会提出控告，认为向北海倾倒放射性废物这种行为违反了《欧洲人权条约》中关于保障清洁、卫生的环境的规定。此后，欧洲人权会议、欧洲环境部长会议等相关会议围绕是否应该把环境人权加入欧洲人权清单的问题展开了多次讨论。1962年，美国的蕾切尔·卡逊（Rachel Carson）出版了《寂静的春天》一书，引发了美国关于环境人权的大辩论。日本律师联合会于1967年召开了"关于环境破坏的东京公害研讨会"及"第十三届人权拥护大会"等一系列学术会议，详细研讨了环境人权的法理，有力地推动了环境法理论的发展。这些发达国家及地区关于环境人权的辩论使得环境人权逐渐在学界得到关注，在立法部门得到法律的确认以及在司法实践中得到贯彻实施。1969年颁布的美国《国家环境政策法》和日本《东京都公害防止条例》分别规定了环境人权的内容。1972年6月，在瑞典斯德哥尔摩召开的联合国人类环境会议上通过了《人类环境宣言》，该宣言提出："人类环境的两个方面，即天然和人为的两个方面，对于人类的幸福和对于享受基本人权，甚至生存权利本身，都是必不可缺少的"，"人类有权在一种能够过着尊严和福利的生活环境中，享受自由、平等和充足的生活条件的基本权利，并且负有保护和改善这一代和将来的世世代代的环境的庄严责任"。《人类环境宣言》把环境人权作为一项基本人权确定下来，是继法国《人权宣言》、苏联《宪法》以及《世界人权宣言》之后人权历史发展的第四个里程碑。

20世纪80年代末，环境人权在可持续发展思想的推动下再次成为人们关注的热点。《我们共同的未来》对宣传、倡导环境人权起到了重要作用。1992年6月，在巴西里约热内卢召开

的联合国环境与发展会议，重申了1972年在斯德哥尔摩通过的《人类环境宣言》，并通过了《里约环境与发展宣言》，该宣言使国际社会对环境人权的认识加深。自可持续发展思想提出后，环境人权相继被一些国家写进宪法和环境保护基本法，如南斯拉夫、波兰、葡萄牙、智利、巴西、匈牙利等国在宪法或环境保护基本法中确认了环境人权；希腊、巴拿马、菲律宾、泰国、瑞典等国则在宪法中体现了保护公民环境权的内容。日本和美国还广泛受理了以保护环境为案由的案件，开始了有关环境人权的司法实践。

分类 根据环境权主体的不同，可将环境人权分为公民环境权、法人及其他组织环境权、国家环境权、人类环境权等。

公民环境权 指公民享有适宜、健康和良好生活环境的权利。这是狭义上的环境人权。它是法人及其他组织、国家、人类环境权得以实现的基础。具体包括日照权、宁静权、清洁水权、清洁空气权、景观权、环境参与权，其中环境参与权是核心权能。

法人及其他组织环境权 指法人及其他组织拥有享受适宜环境和合理利用环境资源的权利。它是处于公民环境权和国家环境权之间的环境权，具有承上启下的作用。具体包括：对良好环境进行无害使用权、依法排放其生产废物权、享受清洁适宜的生产劳动环境权。

国家环境权 指国家根据宪法的授权而拥有的、保障全体公民的环境权益的权利。它是一种委托代管权，是全体公民为了更多地保障自己的环境权益而通过宪法赋予国家保护和管理环境的权利，其更多体现的是国家对环境保护的职责和义务。具体包括：环境处理权，环境管理权，环境监督权，保护和改善环境的职责，履行国际义务。

人类环境权 指人类作为整体共同拥有享受和利用环境资源的权利。人类环境权的主体包括当代人与未来人在内的全人类。人类作为一个整体，从纵向的角度看，他们之间的关系是一种环境权的继承与被继承关系；从横向的

角度看，则体现为当代人的环境权关系。人类环境权的客体则为整个地球生物圈，甚至外层空间。人类环境权是一项超越国界，需要通过国际合作来解决，具有"连带"特征的环境权。具体包括：平等享用共有财产权，共同继承共有遗产权，与后代人共享环境资源权，与其他生命物种共同拥有地球。

特征 环境人权作为法律权利的一种，最基本的法律特征有如下几个方面：

环境人权具有共享性 由于环境资源的各个构成要素相互联系，相互作用，构成了完整而统一的整体，使得生存于其间的主体的环境权利具有同一性，因此环境人权具有集体共享的特征，即某一区域的所有人共同享有一定环境质量的环境权，环境人权无法排他性地享有或分割性地享有。在国内法上是全体国民的环境权，在国际法上是全体人类的环境权。

环境人权具有代际性 由于环境人权是全体人类共同享有的权利，因此环境人权就是一个涉及当代和后代的多代人的权利，需要兼顾当代人和子孙后代的共同利益和愿望。后代人虽然尚未出生，但他们的生存和发展同样需要依赖于和当代人相同的环境，所以人类环境权是一种代际或多代人的权利。

环境人权具有公益性 指环境人权建立在权利主体共同享有环境资源的基础上。环境人权的法律保护，其受益者除了法律关系的参加者，还包括其他主体，不仅当代人受益，后代人也受益。法律在保护一个主体环境权利的同时，也同样保护了其他主体的环境权利。因而，环境人权具有显著的公益性。　　　　（乔永平）

推荐书目

简·汉考克.环境人权：权力、伦理与法律.李隼，译.重庆：重庆出版社，2007.

世界环境与发展委员会.我们共同的未来.王之佳，柯金良，等译.长春：吉林人民出版社，1997.

周训芳.环境权论.北京：法律出版社，2003.

吴卫星.环境权研究.北京：法律出版社，2007.

huanjing shiyong zhuyi

环境实用主义（environmental pragmatism）一种试图用实用主义哲学方法研究现代环境问题与环境哲学的哲学思潮。

沿革 实用主义形成于19世纪中后期，在20世纪上半叶被杜威（John Dewey）发扬光大，对美国社会产生了广泛的影响。实用主义是美国最重要的且对美国产生最深远影响的哲学流派。20世纪90年代中期，一些美国学者开始探索与挖掘实用主义的环境哲学蕴涵，环境实用主义逐渐浮出水面。1996年，莱特（Andrew Light）与克茨（Eric Katz）主编的《环境实用主义》正式出版，标志着美国环境实用主义哲学的研究走向高潮。此后，一些重要成果相继问世，如闵特（Ben Minteer）的《改革的蓝图：公民环境主义与美国的环境思想》（2006）与《重建环境伦理学：实用主义、原则与实践》（2012）、费雪尔（Jaason Fishel）的《环境实用主义的评估：在环境伦理学中的应用》（2008）、麦克唐纳德（Hugh McDonald）的《杜威与环境哲学》（2012）等。

在主张环境实用主义的学者看来，实用主义关于人类圈在任何时候都是置身于更大的自然圈中的思想，关于人类圈和自然圈必然会以某种不可能预测的方式影响对方的观点，以及关于价值产生于人与环境之间的永不停止的互动过程之中的观点，都与当代许多环境哲学家的观点不谋而合。实用主义可以为环境哲学提供一种可供替代的理论基础。

主要内容 当代的环境哲学家主要从以下三个方面探讨了环境实用主义的主要观点。

基本概念 环境实用主义从一种非二元论的角度阐释了环境的概念。在环境实用主义者看来，环境不是某种存在于"彼处"的东西，不是某种离开人而存在的东西，也不是某种存在在那即将被人用尽或得到保护的对象。人的身体存在于环境之中，正如人们的心脏存在于人们的体内。不谈论经验，就不可能谈论环境。人们（或其他存在物）能够感觉、认识、评价或相信的任何东西，从最具体的实事（如冷的感觉）到最抽象或超越性的理念（如正义），都只有在某个直接被感觉到的时空中才能获得其意义。从最根本的意义上说，环境是人的经验在其中得以涌现、人的生命和其他生命在其中得以诞生和生存的场域。

对整个环境联合体的关注，使得人能够认识到那些对彼此真正有价值的东西。人们栖身其中的环境直接影响着他们的生活。人们往往倾向于从这一思想中推导出极端的工具主义结论。在环境实用主义看来，这是一种片面的思维，如果环境仅仅是为经验提供原料，那么这种思维方式就会要求人们用技术把整个环境都改变成能够给人带来愉快经验的某种易于管理的方便的原料仓，这种思维方式忽视了人作为世界的一个有限部分所具有的内在极限，并把人们引向灾难的深渊。统治自然的企图假定了环境的所有部分都是在人能够把握和控制的经验范围之内。人确实能够控制他们所经验到的世界的某些部分，把它们改造得符合人们的要求。但是，环境是经验的原料仓这一观念本身会涉及这样一个概念：世界还存在着某些无法用语言来表达的方面。认为人能够主宰自然的想法是傲慢的，是虚幻和自我否定的。人本身就是在与环境的不断交往中存在的，人不可能把环境变成一个完全可以控制和预测的事物，因为只有在一个永远充满惊奇和不确定性的自然中，人的经验才能不断地丰富与发展。统治自然的企图，无异于消除人成长的终极根源，从而消除人的存在本身。

在环境实用主义看来，自然就是人们存在于其中的东西，是人们属于其一部分的东西。人性是自然的一个分枝，是在自然中发展起来的。经验不是存在于自然之外的，而是存在于自然之内的；人们的经验的性质是自然的。

科学方法论 在环境实用主义看来，笛卡尔式的现代世界观对科学的性质和科学的对象的理解是以牛顿的机械论的宇宙论模型为基础的。这种世界观假定了观察主体和观察客体的二元论式的存在，并认为所谓的科学知识就是对观察的对象作出实在主义的哲学解释。笛卡尔式的科学哲学关注的更多的是科学的内容，而非获得科学知识的方法论。科学知识提供的就是对客观实在的具体描述，它否认人的经验（或体验）是了解自然的一种合法方式。这种世界观带给人们的是一个具有数量特征的宇宙，一种心灵/物质的二元论，是人对自然的异化和自然的严重的非人化。客体化了的自然证明了人们把自然作为一个没有价值色彩的客体来加以控制的做法的合理性。

在环境实用主义看来，实用主义从方法而非内容的角度对科学所作的理解，使得它能够成为救治现代性的一副猛药。实用主义把科学理解为人类的一种鲜活的活动。首先，科学研究需要的是人类的创造性。在从事科学研究时，人们并不是被动的观察者，致力于收集现成的数据；相反，人们是带着具有创造性的理论来从事科学研究的，这些理论贯串于人们整理数据的过程中，并影响着这些数据的性质。其次，科学研究是一种由理论直接引导的或以目标为导向的活动。这种理论要求某些活动应当展开，对收集到的数据应作某些改变以便弄清楚预期的结果是否能够出现。最后，对真理的检验是依据其实用后果，要看该理论能否使人们经验到那些它预期要发生的事件。真理不是某种人们可以被动地获取的东西——通过对绝对者的沉思或通过对数据的被动收集；相反，它是通过人们的充满理论色彩且由理论引导的活动而获得的。科学研究中这种充满目的性的活动以及对真理的实用后果的强调，是实用主义的科学观的重要特征。

根据实用主义的科学方法论，人类存在于自然之中。不论是一般意义上的人类活动还是人类的知识都不能与这一事实分离开来，即人类是一个依赖于自然环境的自然有机体。但是，人类这一有机体和人类置身其中的自然都充满了人的日常经验体验到的丰富多彩的特性和价值。人的独特的禀赋，如心灵、思维和自我，都是在大自然的进化过程中涌现出来的特征，是自然的丰富性的一部分，是自然的多样性中的瑰宝。它们指涉的是充满生命力的躯体的运行方式。所有的实用主义者都不把自我理解为封闭的实体，相反，它被理解为被环境包围着的躯体自我，一个具有反思能力的生物有机体，这种反思的能力来源于它在其中发挥着功能的关系性的环境中。

形而上学与价值论　环境实用主义倾向于发展出一种以经验为基础的新形而上学。在这种形而上学看来，心灵不是世界之外的一部分，而是世界中的一部分。在一个关系复杂的不断变化着的宇宙中，主体和客体处于关系的链条之中。主体和客体的脆弱区分只是为了言说的方便，经不起形而上学的审查。因此，环境实用主义反对那种把人与自然割裂开来的二元论。

所有的实用主义者都主张某种以生命为中心的价值论和整体主义的方法论。在环境实用主义看来，与其他思想流派相比，实用主义不仅能够提供一种更可靠的关于内在价值的理论，而且可以提供一种可供选择的一般意义上的环境哲学模型。

由于强调实在的关系性特征，因而在环境实用主义者看来，价值既不是某种主观性的、只存在于心灵中或有机体内的东西，也不是某种存在于"彼处"或一个独立的秩序井然的宇宙中的东西。对象与境遇，就像它们在人的经验中呈现出来的那样，具有某些特征；这些特征在人的经验中的呈现和它们的产生过程一样，在本体的意义上都是真实的。价值和评价（或评价经验）都是自然的特征，是有机体和环境在互动的过程中涌现出来的新的特征。在其原始状态中，这种新出现的价值可以是积极的或消极的。人们不仅能够经验到价值，还能经验到负价值。

在环境实用主义看来，评价活动与对有价值之物的经验、评价活动与估价之间的区别，只是探究的阶段的不同，是那种不考虑后代人的权益的经验和那种关注后代人的权益（从活动的潜能或因果联系的角度把当代人的经验与后代人的经验联系起来）的判断的区别。评价活动就是对有价值之物的经验——通过对作为实验而不断出现的经验进行整理的心灵活动。

关于有价值之物的断言都是在相互冲突的评价活动的情境中出现的，它们的合法性取决于它们营造这样一种情景的能力，在这种情景中和谐的评价经验得以产生。

环境实用主义否认那种认为工具价值和内在价值是相互排斥的观点。在它看来，任何一种存在着的事物，不管是人类还是非人类，都是由他/它与其他事物的关系构成的；他/它们存在于一种由有意义的联系构成的情景中。因此，任何一个好的事物，都既具有工具价值（它影响着其他的善）又具有内在价值（它是内在地好的，是构成这些关系的至关重要的实体）。我们可以把这两种价值区分开来，但是，一个事物如果不具有内在价值，那么它也不可能拥有工具价值。在环境实用主义看来，地球上即使只剩下最后一个人了，但如果他任意地毁灭自然界中的存在物，那么，他的行为在道德上仍然是错误的。他会毁灭经验场域中那些内在地就好的部分。他毫无必要地毁坏的不仅仅是那些具体的事物，还有经验之网中那些对他自己和其他存在物而言是内在地美好的（潜在的或事实上的）部分。

评价　经过多年的发展，环境实用主义在西方学术界虽然产生了一些影响，但是人们对环境实用主义的阐释与定位仍存在较大分歧。一些环境实用主义者主张抛弃内在价值这一概念；一些环境实用主义者则认为，传统的实用主义为现代的内在价值概念提供了更为可行的辩护。尽管如此，大多数环境实用主义者都承认，环境哲学应当告别僵化的一元论，更多地关注环境实践与环境决策。　　（杨通进）

推荐书目

McDonald H. John Dewey and Environmental Philosophy. Albany：SUNY Press，2004.

Andrew Light，Eric Katz. Environmental Pragmatism. London：Routledge，1996.

huanjing xingdong zhuyi

环境行动主义　（environmental activism）环境保护主义者采取直接行动保护环境的行为

方式，主张的行动是有组织、有秩序、非暴力的文明抵抗行动。绝大多数的环境行动主义者不使用武力而是采用静坐绝食、游行示威、破坏工具等不伤害人类的抗议方式为自己不服从现有秩序而辩护，他们往往是和平主义者。环境行动主义者中更为激进的环保主义者为保护环境采取故意破坏的极端行为，被称为生态捣乱行为。

背景 20世纪70—80年代，美国经济萧条，国际影响力下降，社会整体趋于保守，要求减少干预、放松管制的呼声甚嚣尘上。里根政府对环保势力的漠视使反环保主义的气焰日渐嚣张，右翼分子趁机压制环保力量，一批太阳能和新能源开发项目被取缔，对矿业、林业、石油和汽车等行业的环境管制也明显放松。主流环保组织为顺应这一形势，加快了体制化的步伐，提出"第三条道路"（或称"第三次浪潮"），强调通过谈判而不是对抗来谋求发展，主张在现有体制内开展合法斗争，主要建立在依靠环境专家（通常是律师、科学家）的原则基础上，直接与公司和政府机构谈判，在污染控制、能源政策以及其他环境问题上达成妥协。体制化了的环保主义越来越推崇与政府和公司合作的改良道路，虽然主流环保主义的体制化大大增强了环保主义的势力，使环境保护的观念更加深入人心，也促使许多企业开始转向绿色生产，但生态环境并没有得到显著改善，更没有认识到要对工业社会提出一种生态整体主义评价标准的必要性。这种由"专家"领导的改良主义的环境运动引起了生态主义者的强烈不满，并刺激了环境行动主义的发展。

许多激进环境主义者相信，虽然在过去的几十年里像塞拉俱乐部（Sierra Club）、奥杜邦协会（National Audubon Society）等通过常规的政治渠道为必要的社会变革打开了一扇"机会之窗"，但遗憾的是这些机会并未得到很好的利用。尤其是体制化之后，他们对主流环境组织的妥协态度感到失望，对其组织的官僚主义化、领导人职业化、脱离基层以及缺乏成功感到失望，认为多数环保主义者已逐渐被政客所同化，变得官僚化，主流环保组织更像一个善于谈判

的利益集团，渐渐丧失了战斗的勇气和激情。

深层生态学思想的传播客观上也为环境行动主义提供了理论依据，尽管深层生态学没有为激进环境主义提供一种形式化的意识形态，但却揭示了一个多样的思想体系，这种思想体系表达了环境行动主义背后的整体观念。早期的生态运动只是一种包含了深层生态学纲领所倡导的个人生活方式和公共政策的哲学运动，此后，深层生态学逐渐与激进的环境行动主义联系起来，并成为指导环境行动主义行动的理论基础。

组织 20世纪80年代以来，美国出现了多个环境行动主义者的组织，有全国性影响的有绿色和平组织（Green Peace）、海洋保护者协会（Sea Shepherd Conservation Society）、地球优先！（Earth First!）和地球解放阵线（Earth Liberation Front）。

影响 环境行动主义通过实践而使生态中心主义的理念得以广泛传播，有力地配合了主流环保组织的斗争，宣扬和实践了生态中心主义的某些合理主张，推动了环保运动的整体发展。但环境行动主义的某些过激言行，受到舆论的谴责。甚至有人认为激进环保主义同反环保主义一样，是威胁环境保护的思潮之一。

（王蕾）

推荐书目

Kirkpatrick Sale. The Green Revolution：The American Environmental Movement，1962—1992. New York：Hill and Wang，1993.

雷毅. 生态伦理学. 西安：陕西人民教育出版社，2000.

纳什. 大自然的权利. 杨通进，译. 青岛：青岛出版社，1999.

菲利普·沙别科夫. 滚滚绿色浪潮：美国的环境保护运动. 周律，等译. 北京：中国环境科学出版社，1997.

huanjing youhao

环境友好（environment-friendly） 指以环境承载力为基础，以遵循自然规律为准则，使

全社会的生产方式、生活方式、消费方式都有利于环境保护，建立人与环境的良性互动关系，实现人类的生产和消费活动与自然生态系统协调可持续发展。环境友好概念是随着人类社会对环境问题的认识水平不断深化而逐步形成的。

20 世纪六七十年代，西方发达国家出现了严重的生态环境问题，"先污染、后治理"是这一时期环境治理的主要特征。当生态环境危机全面爆发并严重影响各国经济、社会、政治发展时，环境治理思路才由末端治理变为源头预防，清洁生产应时而生。1992 年在巴西里约热内卢召开的联合国环境与发展大会通过了《21世纪议程》，正式提出了"环境友好"的理念。之后，环境友好技术、环境友好产品与服务、环境友好企业等概念相继出现。到了 20 世纪 90年代中后期，"环境友好"的概念的覆盖面在不断扩大，涉及流域管理、土地利用、农业、建筑、城建等领域。2002 年，可持续发展世界首脑会议通过的《约翰内斯堡实施计划》对"环境友好"的认同程度进一步提高。同时，世界各国开始以全方位的视角认识环境友好的理念，涉及的范围也从技术、产品、产业、地区等领域上升到整个社会层面，涵盖了生产、消费、技术，甚至新的伦理道德等众多领域。

2006 年，中国共产党第十六届五中全会正式将建设资源节约型和环境友好型社会确定为我国国民经济与社会发展中长期规划的一项战略任务。建设环境友好型社会，就是要以环境承载力为基础，以遵循自然规律为准则，以绿色科技为动力，倡导环境文化和生态文明，构建经济社会环境协调发展的社会体系，实现可持续发展。其核心是从发展观念、消费理念和社会经济政策的环境友好性，也就是从最根本的源头预防污染产生和生态破坏。

（郭兆红）

huanjing zhongzu zhuyi

环境种族主义（environmental racism）　一种在环境问题上采取种族主义观点与态度的思想

或思潮。是现代政治生态术语中一个最新的名词。

环境种族主义一词起源于美国，20 世纪80 年代北卡罗来纳州华伦郡事件直接导致了环境种族主义的兴起。当时，华伦郡居民强烈反对当地政府准备建设一处废料存储设施，认为该设施的选址不仅威胁到华伦郡的生态环境和居民的健康，而且还严重侵害了占华伦郡人口多数的黑人群体的人权。这个事件引起了美国民众与政治人物对于环境风险在不同种族之间不平均分配问题的重视。在代表华伦郡地区的民主党籍议员沃尔特·冯特瑞（Walter E. Fauntroy）的要求下，美国审计总署（US General Accounting Office，USGAO）对美国境内西南部 4 座大型垃圾填埋场分布情况进行了专项调查，调查发现，4 座垃圾填埋场中有 3 座坐落在黑人居民比例超过五成（数据分别是 52%、66% 和 90%）的地区，而黑人居民只占所在州总人口比例的 20%～30%，USGAO 的结论是垃圾填埋场选址与种族之间存在着高度相关，并且该调查得到的后续研究数据还表明垃圾填埋场的选址与居民收入之间存在高度相关。

联合基督教会种族正义委员会（United Church of Christ Commission for Racial Justice）进一步开展了范围包括美国 25 个州中的 50 个大城市的调查研究，得出了一份更为全面的报告。该报告指出美国境内约 60% 的黑人和拉美裔居民居所与有毒废料填埋场相邻，显示这些填埋场选址分布有强烈的种族歧视倾向，这种做法具有明显而典型的环境不正义特征，该报告敦促美国环境保护局（EPA）采取措施优先清除少数族裔社区附近的有毒废料填埋场，同时呼吁美国总统尽快在 EPA 下设环境公正办公室（Office of Environmental Equity），以保障环境权利被公正对待。

1990 年，美国的社会学家罗伯特·布拉德（Robert Bullard）在《往南方倾倒废料》一书中首先对"环境正义"概念的内涵从环境种族主义的层面进行了界定，并且在详细考察了有毒废料填埋场及污染性工业向少数族裔和穷人居住区不成比例地靠近的原因后，指出"哪里没有人抑制就往哪里倒"是行业潜规则。布拉德在 1993 年编著的文集《正视环境种族主义：来自草根的声音》中，进一步将环境正义的考查范围拓展到第三世界国家，并且进一步丰富了环境正义的内涵，从废料填埋选址到城市工业污染、儿童铅中毒、杀虫剂对农业环境的危害、废物出口等多方面都有涉及，分析了环境种族主义形成的经济、政治、历史、文化等复杂社会原因。

以 1992 年 5 月 4 日发表在《美国新闻与世界报道》上的题为《这难道不是一种种族歧视吗？》的报道为标志，美国环境记者及媒体开始密集报道环境正义方面的事件，对于环境正义思想的社会宣传及增强社会民众对其的认同度发挥了积极的作用，社会民众不断从自发走向自觉，在当时美国境内发起了对环境种族主义声势浩大的社会舆论攻势，对推动环境正义运动深化发展起到了促进作用。

1993 年 6 月，美国环境保护协会对全美范围内进行调查研究，结果表明：环境种族主义在美国是真实存在着的。在少数族裔聚集较多的州里，很多的民间团体引用美国宪法和西方人权宪章要求消除环境种族主义，其中具有代表性的组织有美国全国有色人种协进会（NAACP）、美国公民自由联盟（ACLU）、联合基督教会种族正义委员会等，这标志着美国环境正义运动正式登上历史舞台。

环境种族主义是没有国界的，在世界各个国家中都有体现，存在贫富差距或者种族差别导致某些特定群体的环境正义权利受到侵犯或者被无视的情况，差别在于程度严重与否。就其在世界范围内的分布而言，环境种族主义在发展中国家体现较多，这里既有发达国家用以解决环境种族主义的自然资源及社会资源比较丰富、公民环境权利意识比较强、社会民间组织比较发达的原因，也有发达国家可以利用经济全球化平台向发展中国家转嫁环境危机的原因。一个国家内部不同地区或者国际社会中不同国家的经济发展不平衡是常态，经济

发展水平相对弱势的群体因为可以支配的资源或者权利有限，在自身环境权利受到侵害或者遭遇不平等对待时，被迫处于一种"失语"的不平等地位，这也是环境种族主义产生的重要社会原因。

（胡华强）

huangye

荒野（wilderness）　主要是指未被开发，人类影响微不足道，保持了生态意义的完整性的区域。美国荒野基金会将荒野概括为"我们星球上最完整的、最不受干扰的天然自然地区，在这里没有人类控制，没有进行道路、管道和其他工业基础设施开发"。美国 1964 年《荒野法案》将荒野定义为"土地及生命群落未被人占用，人们只是过客而不会总在那儿停留的区域"。

不同历史时期的荒野观念　不同历史时期、不同文化存在不同的"荒野"观念。远古时期，荒野对人的生存构成威胁，因此被视作荒凉的、未驯化的区域，对人而言往往是残酷的、粗暴的、危险的。《圣经》中也将荒野描述为荒凉、贫瘠之地。我国远古时期关于荒野的认识也与此相契合。荒野对于游牧民族而言，是其生活的来源，因此他们并不认为辽阔的平原、美丽的群山，以及长满水草的小溪是荒芜的。对于美洲早期的殖民者而言，荒野是必须驯化、支配和控制的场所。而随着殖民的成功，荒野逐渐被看作用于建设美好生活的资源。

浪漫主义者将荒野视作远离城市喧嚣的天堂、伊甸园，象征着清白和纯洁。这一荒野观念的代表是老庄道家，法国的卢梭（Rousseau），美国的爱默生（Emerson）和梭罗（Thoreau）。老庄道家向往的理想社会是一种人与自然本然的和谐状态，《庄子·马蹄》篇中将其描述为"山无蹊隧，泽无舟梁；万物群生，连属其乡；禽兽成群，草木遂长……同与禽兽居，族与万物并"的"至德之世"。在卢梭看来，自然是充满生命和神性的存在，自然状态代表着纯真、真实、善良。以爱默生和梭罗为代表的超验主义，

突出人们从荒野中体验到的最高真理及精神美德。例如，梭罗认为自然是有生命、有灵性的，自然与人的心灵相通，能带给人们美的享受与道德的陶冶。

当代环境伦理学思想家罗尔斯顿（Rolston）着重从自由性强调了荒野的精神价值。他主要从两个方面诠释荒野的自由性，一是荒野本身所具有的未被驯化、不受规范所体现的自由性；二是荒野的自由性与人的自由性相通。一方面，人在荒野中会受到荒野自由性的熏染，促使自身更自由、更本真地生活，实现人自身的完整性；另一方面，一个自由的人也会尊重荒野的自然性，维护荒野的自然状态。罗尔斯顿还强调人类文化与荒野的密切关系，认为荒野自然能够为文化提供生命支撑系统，人类文化与荒野自然的关系如同心灵与身体的关系密不可分。

浪漫主义的荒野观念对当代环境主义观念及生态环保实践影响深远。早在 19 世纪中叶，梭罗就曾明确提出保护荒野的观念："为什么我们不让我们国家保护熊和豹的栖息地，一些甚至是狩猎种族的居住地，让它们仍然存在而不被'从地球表面文明化'……我们的森林不是用来进行无聊的运动或食用，而是为一种灵感来源及为我们自己真正的消遣？"他倡导建立自然公园，认为每个城镇都应当保留一个面积 500～1 000 英亩（1 英亩=0.404 856 公顷）的公园或原始森林。约翰·缪尔（John Muir）深受爱默生超验主义思想的影响，其也是美国资源保护运动的躬行者与领军人物，在其影响和敦促下，美国政府建立了巨杉国家公园、约塞米蒂公园等一系列国家公园和自然保护区。

荒野观念的辩论 浪漫主义的荒野观念因其对当前环境主义的重要影响，一度被学术界称为"公认的荒野观念"。这一荒野观念后来受到一些荒野批评者的多方面质疑：第一，他们认为浪漫主义的荒野观念带有种族主义倾向。在他们看来，如果将常住民视为荒野的对立面，若一个国家要建立荒野保护区，而这一区域有原住民居住，因此要将他们驱逐出去，这实际上是一种文化种族灭绝行径，因为原住民是与其所居住的区域一体的，将他们从其生存区域驱逐出去，必然会导致其种族文化的灭绝。荒野保护主义者有时公开支持这一做法，在美国历史上就曾发生为建立国家公园和自然保护区将原住民逐离故土的事件。

第二，他们认为浪漫主义的荒野观念将荒野看作静态的、没有变化的地方，这与生态科学关于生态系统动态特征的认识相悖。荒野观念和荒野保护反映的是早期生态学观念范式，不管是克莱门茨（Frederick Clements）所描述的超级有机体，还是艾尔顿（Charles S.Elton）将荒野比作功能组织，他们都将荒野描述成除非受到人类的干扰，否则始终和谐、静止不动的存在。但是 20 世纪 80 年代以来生态学逐渐认识到，自然生态存在始终处于被干扰、变化和不和谐状态。这一认识与将荒野视作未受人类干扰的原始的和谐状态的观念形成鲜明对比。生态科学的发展要求我们重新认识传统荒野观念。

第三，他们认为浪漫主义的荒野观念是一种人与自然分离对立的二元论，本身是违背哲学的，不明智的。公认的荒野观念在哲学上将荒野置于人和自然存在的顶端，确认的是一种二元论的价值观。它突出荒野的积极价值，贬低人和人类活动的价值。荒野批评者认为这样一种价值二元论是有害的，按照这种观念，必然反对人类介入自然的行为，不仅反对石油泄漏，甚至反对人类的生态修复行为。

第四，浪漫主义的荒野观念与包容性环境伦理特别是利奥波德（Leopold）的大地伦理学相冲突。许多环境运动者、资源管理者及公众往往不假思索地认同荒野的道德地位，但利奥波德的大地伦理学认为人与大地恰当的伦理关系是将人类视作生物共同体的有机组成部分。从包容性环境伦理角度看，将人与荒野分离对立的观念对人们拓展自身对自然的道德关怀能力存在消极影响。

针对荒野批评者的批评，荒野保护者做了

批驳，认为荒野观念是能够接受的，批判荒野批评者从错误的视角阐述荒野观念。一些荒野批评者认为荒野观念应该重新认识，而另一些批评者则认为"荒野"一词承载了太多的历史文化内涵，应适应"自然保护区"战略的需要选用其他词语，如克里考特（J. B. Callicott）认为可以选用生物多样性保护区的概念。

影响 荒野观念的影响主要体现在荒野保护观念及实践上。荒野观念最初出现于美国，后来逐渐传播到其他国家，也因而促使越来越多的国家认识到荒野的价值，并着手进行荒野保护实践。相关资料显示，截至 2016 年已有 48 个国家和地区通过法律认定了荒野保护区。

（陈红兵）

推荐书目

戴斯·贾丁斯. 环境伦理学：环境哲学导论. 3 版. 林官明，杨爱民，译. 北京：北京大学出版社，2002.

J

jishuquan

技术圈（technosphere） 由人类社会建造的有一定的社会结构和物质文明的世界，包括地球上使用技术手段的一切领域或地球表面由技术引起全部变化的总和。如工业系统、农业系统、交通系统、通信系统、城市和乡村居住系统等。技术圈是由苏联学者 A. E. 费尔斯曼（А.Е.Ферсман）于 20 世纪 60 年代提出的一个社会生态学概念。

技术圈的形成表明技术因素对自然界的作用，它一方面表明人类的本质力量，人类技术因素对自然的作用，另一方面离不开自然界的状况。因此，技术圈不能毁坏生物圈，而应遵循生物圈的原则补充生物圈，并与生物圈相互作用，形成"社会-自然"系统。但是，随着技术圈的扩展，其已经对大气圈、生物圈、土壤圈产生了消极影响。大气圈的整个循环过程已受到了人类力量的干涉，它自身的平衡机制也发生了改变，人类的技术力量已成为气候异常的潜在因素。这标志着人类力量的进一步强大，与此同时，这也将给人类自身及各种生物带来巨大的危险。由于在长期的发展进化中，人类及各种生物高度依附于大自然的整个循环过程。突然的改变，其造成的后果将无法想象。人类的脆弱性也决定了人类难以适应这种变化。随着科学技术的发展和技术圈的干涉，若使整个生态系统遭到严重破坏，将导致生物多样性的进一步锐减，最终致使生态危机的发生。广大生物赖以生存的森林首先处于危险的境地，这将严重损坏经数亿年进化形成的良性的超循环自催化的机制，致使地球表层耗散运动的机能下降，即降低自维生系统的能量输入，并将最终导致该系统的衰退。而人类是异养生物，人所创造的技术圈归根结底也是异养型的。因此，生物圈是人类生存发展和文明得以延续之源。

目前，人类向生态圈的索取已使生态圈开始严重退化。技术圈的干涉也促使了土壤圈的严重退化，造成了大量的土壤流失现象，这将涉及人类自身的生存基础。仅是失衡的生态问题一般易于解决，而一旦发生土壤流失现象，就需要长时间才能修复。在这过程中，需要经过太阳能流和地内热能流共同作用，从而促使地表的物质能量系统不断增长，经过漫长的等待后才能得以恢复。随着工业革命后技术圈的扩展，人类加剧了对土壤圈的破坏，表现在以下几个方面：首先，人类的不当行为致使可利用的土地面积大大减少，水土流失异常严重；其次，土地荒漠化程度加剧；最后，人类运用科学技术后产生的大量的各类垃圾对土壤的污染，进一步阻碍了土壤圈在地质历史进化过程中形成物质、能量、信息的有序性、区域分异性和有机增殖性，其结果最终引起了土壤圈的退化，降低了该圈层物质、能量、信息增殖的总积累效应，使其结构功能退化，最终使土壤负熵的输出和转化功能不断降低。

在科学技术史上，迄今为止是随着科学技术进步自然过程转变为工业生产过程和农业生产过程；由于上述过程的严重生态后果，科学技术进步的新阶段应该强调使工业生产过程和农业生产过程等适应自然过程，使"社会-自然"系统成为物质循环和能量交换的协调系统。

（薛桂波）

jingwei ziran

敬畏自然 （revere nature）

人们面对大自然的壮丽、雄奇、博大、和谐、精巧由衷产生的惊愕、惊羡、惊叹、崇敬、赞赏、谦恭的感受。"敬畏自然"理念赋予自然以灵魂，使自然成为生命有机体，决定了人类作为自然整体的组成部分存在于自然之中。

基本内容　"敬"指尊重、崇敬、感激和爱戴；"畏"代表谦逊、克制、忍耐和忧患。"敬畏"，既敬重又畏惧，在词源意义上与敬仰、敬重、尊敬、崇敬、崇拜具有相通之处。"自然"一词源于"存在"一词的词根"bhu""bheu"，含有"产生、生长、本来就是那样"的意思。罗马时代，开始使用"natural"。在亚里士多德（Aristotle）那里，"自然"意味着自身具有运动源泉的事物的本质，进而引申为"存在"本身。在中国，"自然"的最初含义亦指非人为的本然状态。

敬畏自然从整体的角度对自然的本原、演化和动力进行思考，充分认识自然的伟大，认为自然是渗透着神性、处于生长过程的有机统一整体，自然创生万物，它的一切创造物都是合目的性的，人类应当尊重自然规律、善待自然万物，人与自然万物是和谐统一的有机整体，自然在人们的心目中神圣而神秘，人对自然充满无限的敬畏，从而表现出对自然的亲和、友善。

发展　从远古开始，历经古希腊、古罗马和中世纪，到文艺复兴初期，人们相信整个世界都是有生命、有灵魂的。敬畏自然源于原始宗教与图腾崇拜，由于远古人类对外在自然极端无知，因此会恐惧和害怕，从而把未知奉作神灵顶礼膜拜。人们认为宇宙万物与人一样，具有情感、灵性，它们掌握着神奇的力量，控制着世界的一切，如果人类违背或者冒犯，就会降下灾祸。于是，人们通过各种各样的祭祀仪式，表达他们对神灵的敬畏和尊重，表达对神灵保护的渴求，在这里，人与自然的界限模糊，人类借神力弥补自身力量的匮乏，对自然爱恨交织，畏惧难辨。一方面，人们乞求大自然神灵的庇佑；另一方面，在认识和改造自然的过程中，人类的理性思维能力逐渐觉醒。农业时代，人们对大自然的敬畏之情起源于未开化的蒙昧状态，人们在物质世界中对自然极其依赖，既感谢自然的物质施与，同时又惧怕自然力量的惩罚，在精神世界中对自然充满了感激、崇敬与惧怕。原始先民的生活和生产劳作是"靠天吃饭"，他们基本上都是在不违背客观事物自然属性的前提下进行劳作，对自然有很大程度的依赖性，所以对自然因感恩而尊重、崇拜和敬畏。对于多变的自然现象、神奇的自然伟力和不可预知的自然灾害，当时的人们无法认识、说明，也无力反抗与选择，对于神秘强大的自然界，"敬"与"畏"并存。在漫长的古代社会里，由于人类自身力量的渺小和知识的浅薄，对自然保有一份虔诚的敬畏与谦卑。虽然当时人类也向自然界进行生活资源的索取，但都是少量、有限的，人与自然依然能够保持平稳与和谐。

到了工业社会，随着科技的进步和人类改造自然力量的增强，人类征服自然的能力得到了极大的提升，自然在人类面前逐渐失去其神秘性和神圣性，它从人类依赖的对象变成了人类掠夺的客体，从人类崇拜的对象变成了征服的对象，人类对自然由恐惧、顺应和服从变为开发、控制和掠夺，人类成为"万物的尺度"。人类企图凭借理性占有自然，当对自然生态系统的干预程度超出自然生态系统的生态阈值时，自然界就会向人类发起反攻和报复，其结果是酿成了全球性的环境灾难。

理论意义　敬畏自然承认自然是人类的家园，自然具有先在性，自然是无限的，而人类的存在是有限的，人在自然中生存，被自然包容，人的主体意识无论如何强化都不能颠倒这种从属关系。破坏大自然，必然遭到大自然的惩罚，敬畏自然的理念要求人类应该调整人与自然的关系，自然不是人类征服的对象，而是与人类平等的生命，人类应该与自然求得和谐的发展，在改造自然、利用自然的过程中，爱护自然。　　　　　　　　　（牛庆燕）

推荐书目

霍尔姆斯·罗尔斯顿. 环境伦理学. 杨通进，译. 北京：中国社会科学出版社，2000.

霍尔姆斯·罗尔斯顿. 哲学走向荒野. 刘耳，叶平，译. 长春：吉林人民出版社，2000.

阿尔弗雷德·怀特海. 自然的概念. 张桂权，译. 北京：中国城市出版社，2002.

罗宾·柯林伍德. 自然的观念. 吴国盛，柯映红，译. 北京：华夏出版社，1999.

K

Kangmangna shengtai yuanze

康芒纳生态原则 （Commoner's ecological principles） 又称生态学四法则。巴里·康芒纳（Barry Commoner）第一次将自然、人与技术联系起来，从生态学维度分析环境危机的根源，并揭示了环境危机根源在于人为技术与自在生态圈之间的作用而提出的生态原则。主要内容是：每一种事物都与别的事物相关；一切事物都必然要有其去向；自然界所懂得的是最好的；没有免费的午餐。

　　产生背景 巴里·康芒纳 1917 年出生于美国布鲁克林，1937 年毕业于哥伦比亚大学，出版和发表过《封闭的循环》《科学和生存》等书及数百篇论文。他在生态学、生态哲学和生态思想史等领域颇有建树，是美国 20 世纪 60—70 年代在维护人类环境问题上最具说服力的代表人物之一。其第一次将自然、人与技术联系起来，从生态学维度分析环境危机的产生根源，提出了生态技术观，主张人类应按照有利于生态的原则重新规划技术圈，力争取得环境效益和经济效益"双赢"。他的生态环境思想中蕴含着丰富的生态伦理思想，其生态伦理观主要涵盖生态伦理与个体生存、生态伦理与企业发展、生态伦理与国家建设以及生态伦理与社会责任等。康芒纳生态原则是在其《封闭的循环》一书中提出的。

　　主要内容 康芒纳生态原则包括以下四条法则：

　　第一条法则：每一种事物都与别的事物相关　生物圈中的群落、种群、个体、有机物以及它们的物理、化学环境之间存在着紧密的内部联系。这种联系按照一定的方式，构成为一种生态上的循环。例如，淡水生态循环为：鱼—有机排泄物—可致腐烂的细菌—无机物—藻类—鱼。假设在一个异常炎热的夏天，一个水塘里的藻类得以迅速生长。藻类消耗了大量无机营养物，结果导致藻类和无机营养物都失去了平衡。但是，过多的藻类使鱼类更容易获得食物，继而会减少藻类的数量，并增加了鱼粪，使水中营养水平不断增长，此时鱼粪腐烂，藻类和营养物的水平又向它们原先平衡的位置发展。这一切变化，反映了系统内不同物种之间的自我补偿特性。

　　第二条法则：一切事物都必然要有其去向这一法则仅仅是对一个物理学基本法则——物质不灭定律的一种重述。把它应用在生态学上，是指自然界中所有的东西都不是"废物"，它们被转化成新形式，都有其独特的生态作用。在生态系统中，一种有机物的排泄物，可能是另一种有机物的食物。动物排出的二氧化碳是绿色植物所需要的一种营养。植物排出的氧气则可被动物所利用。动物的有机粪便滋养着可引起腐烂的细菌。它们产生的废物，如硝酸盐、磷酸盐和二氧化碳这些无机物，则成了藻类的营养物。这说明一切事物在相互联系和相互作用。造成现今环境危机的原因之一就是，大量的物质没有及时转化参与循环，从而成为地球上的"多余物"，损害了"一切事物都必然要有其去向"的法则，造成有害物质累积，无法参与循环。

第三条法则：自然界所懂得的是最好的 现代技术的最普遍的特点之一，被认为是它可以按照预想去"改造自然"——提供食品、衣服、住宅、各种通信和交际的手段，这些都是优越于那些人在自然中可直接利用的东西的。该条法则与有机化学领域特别有关。生物是由成千上万不同的有机化合物组成的，如果天然有机化合物被人工的天然物质变体所代替，则有一些天然有机化合物可能因此被修改。按照这条法则，一种由人工生产的、非天然的有机化合物，却又在生命系统中发挥着作用，就可能是非常有害的。这条法则提醒人们，面对所有的人造有机化合物，无论其在生物学上有着何种活性，都应该谨慎对待。例如，过度使用合成洗涤剂、杀虫剂和除草剂等，往往会带来灾难性的后果。

第四条法则：没有免费的午餐 这一法则表明了生态学和经济学的一致性，意在提醒人们，每一次获得的背后，都会付出某些代价。这条法则包含了前面三条法则的内容。地球生态系统是一个相互联系的整体，在这个整体内，每一个物种、个体都有存在的价值，没有东西可以被取得或失掉，它不受一切改进的措施的支配。任何一种由于人类的力量而从中获取的东西，都一定要被放回原处，参与循环。要为此付出代价是不能避免的，不过可能被拖欠，但拖欠的时间太长会造成日益严重的环境危害。　　　　　　（王锋　侯杨杨）

推荐书目
巴里·康芒纳.封闭的循环.侯文蕙，译.长春：吉林人民出版社，1997.

kechixu fazhan
可持续发展 （sustainable development）既满足当代人的需要又不危及后代人满足其需求的发展。

1980年公布的《世界自然保护大纲》首次提出可持续发展概念。可持续发展的定义正式提出是在1987年，世界环境与发展委员会（WCED）在《我们共同的未来》中提出可持续发展是"既满足当代人的需要又不危及后代人满足其需求的发展"。该定义强调了两个基本观点：一是发展；二是发展有限度，尤其是环境限度，不能危及后代人的生存和发展。

内涵　可持续发展思想的产生，源于地球资源的快速消耗带来的环境污染问题，其理论支撑为生态系统的平衡。可持续发展思想主要是探索人类发展和生态环境系统之间的规范。大部分的可持续发展定义偏重于生态持续和环境保护。例如，1991年国际生态学联合会（INTECOL）和国际生物科学联合会（IUBS）联合举办了关于可持续发展问题的专题研讨会，将可持续发展定义为"保护和加强环境系统的生产和更新能力"，即可持续发展是不超越环境系统再生能力的发展。

可持续发展是人们对传统经济发展模式的深刻反思，因此也是经济学家研究的热点。例如，1993年英国环境经济学家戴维·皮尔斯（David Pierce）和杰瑞米·沃福德（Jeremy J. Warford）出版了《世界无末日》一书，书中以经济学语言提出可持续发展的定义："当发展能够保证当代人的福利增加时，也不应使后代人的福利减少"。

我国学者也对可持续发展进行了解释。叶文虎提出了判断是否是可持续发展的三个指标：是否不断提高人均生活质量和环境承载力；是否满足当代人需求，又不损害子孙后代满足其需求的能力；是否既满足一个地区或一个国家人群的需求，又不损害别的地区和国家满足其需求的能力。

概括来讲，可持续发展概念有三个方面的含义：①可持续发展是一种与强调经济增长、没有可持续性的传统发展观截然不同的新的发展观，其前提是发展，特征是可持续，标志着人类文明进入一个新阶段的发展模式；②可持续发展强调社会、经济、资源、环境多因素间的协调性；③可持续发展强调资源占用和财富分配的"时空公平"，即要求较好地把眼前利益和长远利益、局部利益和全局利益有机统一起来。

基本原则 根据可持续发展的内涵，可以推论出其需要遵循以下三个原则：

必须原则 是可持续发展的前提。发展权是基本权，是人类文明进步的必然要求，不同国家、不同地区、不同民族都有内在的发展要求，用任何理由剥夺一个国家、地区或者民族的发展权是不道德的。

公平性原则 是可持续发展的基本原则，内容包括代内公平和代际公平。代内公平是指国家、地区、民族之间的发展，不能以牺牲其他国家、地区、民族的发展为代价，不能剥夺其他国家、地区、民族使用自然资源和优美环境的权利，应平等地分配、使用自然资源和优美环境。代际公平是指后代人拥有同样重要的生存权和发展权。当代人在发展时，不能剥夺后代人的发展机会，不能超支使用本属于后代人的自然资源和环境，不能为了发展而把环境问题留给后人去解决。

适度原则 适用于具体应对自然资源的管理。在发展经济时，要适度利用自然资源，保障自然资源的再生和永续能力。对于可再生资源，要保持其最佳再生能力；对于不可再生资源，应尽量控制使用量，高效利用，防止其过早枯竭。要科学勘测现存储量，制定科学的开发利用规划，明确开采容量上限和速度，不断改进能源利用技术，谋求有限度的高效利用。

（王国聘 朱凯）

推荐书目

卢风，刘湘溶.现代发展观与环境伦理.保定：河北大学出版社，2004.

Kongzi de huanjingguan

孔子的环境观 （view of environment of Confucius）

孔子的思想中蕴含着尊重自然、仁爱自然、合理利用等环境思想，其环境观是由爱人及爱物所产生的环境智慧。

孔子（前551—前479年），名丘，字仲尼。鲁国陬邑人。春秋末期的思想家、教育家、政治家，儒家思想的创始人。孔子集华夏上古文化之大成，在世时已被誉为"天纵之圣""天之木铎"，是当时社会上的最博学者之一，被后世统治者尊为孔圣人、至圣、至圣先师、万世师表。孔子以敦厚仁爱之心、胸盛万物之襟，创立了他的儒学思想体系，由爱人而爱物、爱环境、爱自然宇宙。

尊重自然 孔子倡导尊重自然。他称赞尧帝："大哉！尧之为君也。巍巍乎！唯天为大，唯尧则之。荡荡乎！民无能名焉。巍巍乎其有成功也，焕乎其有文章。"《论语·泰伯》其意为：尧作为一代君王像崇山一样高高耸立着，在效法着上天，像天一样高大。民众无法用现有的词语来称赞他！这里的"天"是指客观自然之天，宇宙规律之天。"天何言哉？四时行焉，百物生焉"（《论语·阳货》），意为人与自然和谐相处，大自然蓬勃的生命就是人类生存的依托。在自然之天的基础上，孔子还赋予"天"以道德人格，把天看作有意志的神灵，赋予"天"自然主义色彩，并将"命"与"道"相关联，提出"道之将行也与？命也。道之将废也与？命也"以及"不怨天，不尤人"（《论语·宪问》）。这里的"天"是"伦理之天"或"宗教之天"。"不怨天……知我者其天乎？"（《论语·宪问》）孔子的这些言论都表示"天"具有完美的道德人格，"天"在生育万物的同时给人以美德，所以人应当敬畏天，进而达到"与天地相参"。

仁爱自然 孔子主张对大自然的万物要充满"仁"心，即所谓"知者乐水，仁者乐山"。《论语·乡党》中："色斯举矣，翔而后集。曰：'山梁雌雉，时哉时哉！'子路共之，三嗅而作。"其意为：孔子在山中看见几只野鸡飞向天空盘旋了一会儿，然后飞落在一处。孔子高兴地说："山梁中的雌雉呀，得其时呀！"听到孔子这段话后，子路会意地向它们拱拱手，几只野鸡振振翅膀就飞走了。从孔子"得其时"的感叹来看，其仁爱之心溢于言表。孔子是从动物的悲哀和同情推出人应当持有的道德态度的，《史记·孔子世家》中："丘闻之也，刳胎杀夭则麒麟不至郊，竭泽涸渔则蛟龙不合阴阳，覆巢毁卵则凤凰不翔。何则？君子讳伤其类也。夫鸟兽之于不义尚知辟之，而况乎丘哉！"动物对自己同类的不幸遭遇尚且具有悲哀和同情之心，人也应该同情和保护动物，自觉地阻止伤害动物的行为。

孔子将对自然的仁爱与人的品行观念相联系，提倡一种美德伦理。孔子与曾子曾经有过一段对话："曾子曰：'树木以时伐焉，禽兽以时杀焉。'夫子曰：'断一树，杀一兽，不以其时，非孝也。'孝有三：小孝用力，中孝用劳，大孝不匮。思慈爱忘劳，可谓用力矣。尊仁安义，可谓用劳矣。博施备物，可谓不匮矣。"（《礼记•祭义》）其中论述了"孝"所包含的三个层次：首先是物质的孝；其次

是精神的孝；最后是"博施备物"的孝。其中"博施备物"的孝是最高层次的孝，即爱护天地间的一切生物。

合理取用 孔子主张合理利用自然资源。《论语•述而》记载着孔子"钓而不纲，弋不射宿"。其意为：孔子钓鱼只用一根钓竿，从不采用在大绳上系很多鱼钩的方法；射鸟时用带生丝绳的箭射飞鸟，而不射回巢歇宿的鸟。这说明孔子除了有仁心外，还会考虑合理取用生态资源的问题。如果破坏了生态资源的可持续发展，会造成生态资源的灭绝，也会阻塞狩猎者的生存之道。孔子"泛爱众而亲仁"的思想在这里得到了充分的体现。 （刘海龙）

L

lei wu guijian lun

类无贵贱论（Equal Gentleness in Things）
是一种反对人类从功利主义的角度出发，以片面的、简单化的、错误的价值标准将自然界万物区分出高低贵贱、有用无用的理论。现代生态破坏的重要原因是人类过分强调自身对自然的主宰，把自然作为自己的奴役对象，而忽视了人与自然本是平等的这一生态的最根本的规律。

主要观点 ①庄子的"物无贵贱"思想。庄子认为，人类根据自身主观需要将自然界的事物划分为"有用"与"无用"，但从"道"即自然界本身来看，不存在绝对无用之物："以道观之，物无贵贱"（《庄子·秋水》）。当人类局限在自身主观需要和视角来审视自然界事物存在的价值时，就会犯狭隘的功利主义错误。"桂可食，故伐之；漆可用，故割之。人皆知有用之用，而莫知无用之用也"（《庄子·人间世》）。当人类站在自然界客观存在的立场来审视包括自身在内的客观事物的价值时，就会发现万物自身存在的价值以及事物内在的联系。

庄子"物无贵贱"思想的理论价值体现在他洞察到世界万物之间的相互影响、相互作用、相互联系。庄子指出无论是宏大的天地间不断流动的阴阳之气，还是微观的不足为道的尘埃，都是相互流转、息息相通的，"野马也，尘埃也，生物之以息相吹也"（《庄子·逍遥游》）。提出万物相互转化的思想，"臭腐复化为神奇，神奇化为臭腐"（《庄子·知北游》）。强调自然界多样性的重要性，"不同同之之谓大""有万不同之谓富"（《庄子·天地》）。这些思想与近现代西方在科技高度发展基础上提出的生态思想不谋而合，例如，法布尔（Fabre）在《昆虫记》中写道："我们所谓的丑美、脏净，在大自然那里是没有意义的。大自然以污臭造就香花，用少许粪料提炼出我们赞不绝口的优质麦粒。"巴里·康芒纳（Barry Commoner）说："生态学的第二条法则：一切事物都必然要有其去向。这个法则所强调的是：在自然界中是无所谓'废物'这种东西的。"蕾切尔·卡逊（Rachel Carson）在《寂静的春天》中写道："大自然赋予大地景色以多种多样性，然而人们却热心于简化它。"

庄子"物无贵贱"思想的理论价值体现在他将儒家学说中的道德主体"人"拓展到自然界中存在的每一存在个体，"爱人利物之谓仁"（《庄子·天地》）。庄子充分肯定自然生物多样性具有的价值，把每一种事物都视为与人平等的道德主体，指出每一类事物在自然生态体系中的作用不能互相替代，每一个存在个体都在维护生态系统平衡中具有重要价值。庄子能够在两千多年前提出这一思想极为可贵，虽然不能完全等同于现代生态学理论，但是他认识到万物既有差异又是同一的，强调万物互联互通，对于现代社会处理人与自然的关系仍然具有重要的启发价值。

②与庄子"物无贵贱"观念相对应，西方存在主义哲学代表人物海德格尔（Heidegger）对长期盛行的人类中心论进行了猛烈的批判，

为现代生态伦理思想发展作了重要的铺垫。西方思想史长期以来都以人自身为中心。随着科学技术的发展，人类改造自然能力的增强，人类的野心不断膨胀，试图主宰整个世界，尤其是文艺复兴以来，科技理性更是无限膨胀。科技水平的飞跃、人类社会组织的高度有序化以及社会生产的效率不断提升，使人类的每一次进步都对自然索取更多，对自然污染更重，最终导致了世界范围内产生生态危机，对人类自身存在的安全造成威胁。海德格尔哲学从本体论高度揭示人与自然是统一体，人类对自然要有敬畏之心，这是对哲学中主客二分传统的扬弃，超越了人类中心论的狭隘性，对指导人们缓解生态危机，寻求新的人类生存之道具有深刻的启示。

评价　"物无贵贱"思想是庄子在生产力水平并不发达的时代基于敏锐的洞察力得出的具有前瞻性的理论，更多的具有浪漫色彩和模糊的理论逻辑。海德格尔则是基于日益显现的人类社会发展困境，在对于科学技术至上主义对人类现实社会造成的弊端有了充分认识后，呼唤"拯救地球"，寻找人类自身的精神家园，因而在当今世界受到越来越多的人的重视和认同。

（胡华强）

推荐书目

奥德姆，巴雷特. 生态学基础. 陆健健，王伟，王天慧，等译.北京：高等教育出版社，2009.

lüse xiaofei

绿色消费（green consumption）　倡导在消费过程中自觉抵制对环境有不利影响的物质产品和消费行为，购买在生产和使用中对环境友好以及对健康无害的绿色产品的消费模式。绿色消费是当代人消费道德的一种新境界。绿色消费反对过度消费和奢侈性消费，反对人们用前所未有的速度去烧掉、穿坏、更换或扔掉物品，以及以毁坏、浪费、滥用、用尽为目标的消费方式，主张节约型消费和可持续消费。

主要观念　绿色消费的观念是在 1963 年由国际消费者联盟组织提出的。1991 年国际消费者联盟组织在全球会议上通过《绿色消费主义决议案》，呼吁全球消费者支持生态标志计划。1992 年联合国环境与发展大会通过《21 世纪议程》，正式提出可持续消费，即绿色消费。1994 年联合国环境规划署发表《可持续消费的政策因素》，对绿色消费进行明确定义：提供服务以及相关产品以满足人类的基本需求，提高生活质量，同时使自然资源和有毒材料的使用量减少，使服务或产品的生命周期中所产生的废物和污染物最少，不危及后代的需求。绿色消费的本质是鼓励消费者购买对环境污染最低的产品，并且尽量减少不必要的消费。同时，绿色消费倡导对生活质量和生活幸福的理解应该从以物质为主导的层面转向以非物质为主导的层面，从追求单纯的物质满足转向社会和精神的满足，积极参与有利于环保的精神消费，丰富自己的精神生活，自觉地把"商品消费"转变为"时间消费"，通过读书、学习、旅游、娱乐、体育等活动去亲近大自然，追求人与自然的和谐。绿色消费崇尚满足精神生活的需求，诗意地生存，是一种满足基本需要后选择的更高境界的生活方式，是人们追求高尚与健康的生活方式，倡导精神完善与环境关切相结合的生活态度，以及真正实现与生态文明相适应的生活方式的革命性变革。

意义　绿色消费理念的提出具有重要的理论意义和现实价值。绿色消费不但反映了消费者参与环保的自觉要求，也增加了企业保护环境的责任和动力。同时，绿色消费还有力地推动了全社会环境保护风尚的形成。美国学者艾伦·杜宁（Alan Durning）曾指出：绿色消费，从积极方面说，是环境提倡者的一个强有力的新策略；从消极方面说，是消费者阶层良心的一个姑息剂，它使我们像往常一样继续营业而觉得我们正是在尽我们的职责。

发展趋势　绿色消费的兴起，促使整个社会对生态环境的保护更加关注。世界上已经有许多国家先后实施了环境标志制度，如德国、加拿大、美国、日本、澳大利亚、芬兰、挪威、法国、瑞士等。一些发展中国家和地区也已开始实施环境标志制度。这种环境标志由国家专门的审定机构签发，标志着绿色消费由民间自发的活动发展为国家的一项环境政策。

我国在环境认证制度、政府绿色采购制度等方面也有所创新。1989年，我国开始绿色食品认证工作。1993年，推行环境标志制度。1998年，实施节能产品认证。我国于2003年实施《中华人民共和国政府采购法》，明确提出政府采购要有利于环境保护的要求。原国家环境保护总局也提出了"区域各相关组织建立绿色消费、绿色采购制度"的要求。2012年11月，中国共产党第十八次全国代表大会把生态文明建设作为一项重要内容，十八大报告指出，要加强生态文明宣传教育，增强全民节约意识、环保意识、生态意识，形成合理消费的社会风尚，营造爱护生态环境的良好风气。2017年10月，十九大报告提出推进绿色发展，加快建立绿色生产和消费的法律制度和政策导向。（窦立春）

推荐书目

艾伦·杜宁.多少算够——消费社会与地球的未来.毕聿,译.长春：吉林人民出版社,1997.

余谋昌,王耀先.环境伦理学.北京：高等教育出版社,2004.

lüse zhengzhi

绿色政治 （green politics） 关于人与自然之间政治关系的总和。由相互关联的绿色运动、绿色思潮、绿党及其绿色政策等三部分构成。绿色政治作为关于如何构建人类与维持其生存的自然环境基础间的适当关系的政治理论探索与实践应对的学问，正朝着成为一门独立的边缘学科——环境政治学的方向发展。绿色政治及其绿色运动、绿色思潮因"绿色"而相互关联。其"绿色"（Green）一词译自德文"Grün"，这是德国绿党第一个在党名中使用，并被广泛应用于20世纪后半叶与生态环境保护有关的运动、思潮和政党政治的词语。作为在内涵和外延方面相互联系而又相互区别的概念，绿色政治也通常与环境政治（environmental politics）或生态政治（eco-politics）混用。

绿色运动和绿色思潮的兴起和发展 绿色政治兴起的标志是20世纪60—70年代西方环境运动的发生。绿色政治伴随着西方发达国家对生态环境问题的治理、生态环境危机意识的增强以及生态文化思潮的发展而发展。

①20世纪60—70年代，以反对环境污染和维护生态平衡为起点的西方环境运动，是第一次世界性的环境运动。伴随着绿色运动的兴起，一部分学者、政治理论家以及新左翼政治理论代表对农药、核电站、有毒废物、污染事故、资本主义工业化问题等的思考、探讨和批判，形成了绿色政治理论，并反过来引导着绿色运动走向深入。例如，1962年出版的蕾切尔·卡逊（Rachel Carson）撰写的《寂静的春天》在歌颂生命的同时，强烈批评了人类对非人自然的统治，增强了世界的环境意识。民主社会主义者则认为环境难题是资本主义缺乏计划性和公众参与不足所致。另一些学者如休·斯特里顿（Hugh Stretton）在《资本主义、社会主义和环境》中则表达了对环境利益分配的关注和思考，涉及分配公正和民主追求等问题。新左翼政治理论的代表在对资本主义工业社会进行批评的同时也对人与自然的关系进行了新的阐释，如赫伯特·马尔库塞（Herbert Marcuse）的《单向度的人》、于尔根·哈贝马斯（Jürgen Habemas）的《走向理性社会：学会抗议、科学与政治》等。他们在批判工具理性、技术理性的同时提出了权力与资源的自我管理等具有分散化倾向的政治主张。这些生态意识和对人与自然现实联结方式的质疑，标志着一种独立的生态政治观的萌生。在现实的层面上，20世纪70年代初经济危机的发展和生态问题的国际化将环境政治的跨国研究提上议事日程。以罗马俱乐部的《增长的极限》《人类处于转折点》为代表的科学研究报告等，强烈呼吁并主张加强政府对环境的管理与控制，进而形成了所谓的生存学派。其代表人物有加勒特·哈丁（Garrett Hardin）、罗伯特·希伯朗（Robert Heilbroner）和威廉·奥福尔斯（William Ophuls）等。加勒特·哈丁在其所著的《共有地悲剧》中揭示了"公地悲剧"

的实质，认为应该通过相互强制和可能影响到的多数人的彼此同意等，找到消除生态灾难的方法，确立最低限度的能接受的生态生活方式（参见共有地悲剧）。罗伯特·希伯朗和威廉·奥福尔斯是最有影响力的生存学派代表。罗伯特·希伯朗在《人类希望探讨》中提出了关于环境问题的极权化解决方案，即"个人的反抗精神要让位于为维持生存而承受任何负担的坚毅精神，权力则应由目前的民族国家让位于一个集权的权威民族的服从联盟。"威廉·奥福尔斯认为人是自私自利的，仅靠民主自由的扩大不足以应付生态挑战，必须通过"互相强制、互相同意"的立法，节制和强烈干预人们的行为，以减少人们在公共领域或周围环境的"暴虐统治"。

这一时期的环境政治思想将经济增长与环境保护相对立，其认识和态度是悲观主义和生存主义，政治解决方案是简单而极端化的，无论是"极权化"或者"集权化"的选择都背离了西方社会的实际和现代政治发展的趋势，因而是幼稚和不可实现的。

②20世纪70年代末、80年代初，随着绿色运动的深入，环境政治形成了两大基本理论流派，即生态社会主义和生态自治主义。生态社会主义分析了现代生态危机的资本主义制度根源，并提出了社会主义的解决方案；生态自治主义则侧重于对自然价值与权利的认可，试图确立后工业时代人与自然的新型关系。

这一时期的理论研究不仅摆脱了附属于环境问题的状况，而且深入到了政治关系和文化价值领域。认为环境危机实质是工业资本主义社会制度与文化价值的危机，解决方案则指向了社会结构和文化价值的全面重构。例如，生态社会主义的早期代表赫伯特·马尔库塞认为，生态危机的实质是资本主义的政治危机、制度危机，是资本主义一切危机的集中表现。法国生态社会主义理论家安德烈·高兹（André Gorz）也认为造成现代生态问题的根本原因是资本主义制度，认为保护生态环境的最佳选择是先进的社会主义，只有社会主义制度才能超越经济，

才有可能实施生态理性。生态自治主义的代表人物穆利·布肯（Murray Bookchin）在《自由生态学》中从政治统治的角度考察了生态危机产生的根源，他认为正是由于人类社会内部的统治、征服意识的扩大并推演到人与自然的关系，才导致了人对自然的掠夺统治。虽然生态社会主义和生态自治主义的理论倾向与观点并不一致，但它们都发展成为一种独立的环境政治学流派。两大理论派系的互补与观点的相异性扩大了环境政治理论研究的范围，摆脱了生存学派的极权主义选择，增强了环境政治的系统性思考和研究。

③20世纪90年代以来第二次世界性的环境运动兴起。由于受到1987年世界环境与发展委员会的报告《我们共同的未来》及1992年联合国环境与发展大会的影响，环境与发展趋于整合，绿色政治理论化进程进一步加快。绿色政治理论由提供各种绿色政治观点的"拼盘"进一步转向"新政治学"原则的建构上，各范式间也出现新的融合，如"红绿"范式的出现。同时，理论探索与实践运用进一步结合，绿色政治的基本理论观点越来越突出地体现在公共政策之中，进入公共管理的广泛领域。

绿党及其绿色政策 绿党是绿色政治的重要力量，绿党的绿色政策是绿色政治的重要组成部分。绿党及其绿色政策都是绿色运动和绿色思潮蓬勃发展的产物。世界上第一个绿党是1972年5月成立的新西兰"价值党"，该党在1972年新西兰全国议会选举中获得了2.7%的选票。不过，20世纪80年代该党因分裂而销声匿迹。世界上最著名的绿党是德国绿党。目前，绿党已遍及欧洲、美洲、大洋洲、亚洲和非洲等，并从20世纪70年代开始进入政府机构，一些地区还出现了绿党联盟，如欧洲绿党联盟。绿党组织的活动推动了相关国家的环境政治变革和环境政策、环境立法的进步。

与传统政党不同，绿党的意识形态表现为公开希望超越阶级界线、超越左派和右派、把

与人民和自然界共存亡视为自己的最高目的等。绿党的主张既不是资本主义的，也不是社会民主主义的和社会主义的。其的出发点是全人类的，不分阶级和阶层；所关心的不是某一个阶级、阶层或某一部分人的生存，而是整个人类和星球的生存。

虽然绿党内部信奉的主义有生态社会主义、生态自由主义、生态激进主义（或称生态原教旨主义）、生态现实主义、生态女性主义等，但各国绿党在理论纲领、意识形态、政策主张及组织原则等方面具有一些共同特点：坚持生态优先原则，主张非暴力合作，采取基层民主，主张非核化、非军事化。其参政议政的主要途径是利用和改造现有政治体制。

绿党的政策在不同时期、不同国家和地区各有不同。基于上述的一些共同原则，绿党一般主张以生态原则处理经济与社会的关系。在经济与社会领域，主张实行经济平等和社会保障政策，反对经济垄断，追求社会正义与生态正义的统一，实行分散经营和充分就业；对化石燃料征税，限制基因改造生物以及保护生态区或群落，承诺和维护原住民的社群、语言和传统等。在民主政治方面，主张实行基于基层民主的分权治理和集体领导，有的鼓励生态自治，有的主张实行参与式民主，强调更多地鼓励本土、草根阶层参加政治活动和决策，认为公民在关于他们生活和环境的决策中扮演直接的角色是十分重要的。在国际关系领域，主张基于和平主义和非暴力原则的反战、反军备竞赛、反集团对抗等政策；也有的主张以预防为原则，实行反核和反对增加持久性有机污染物的科技政策，关闭相关核能设备，停止建设相关基础设施等。总体而言，绿党从产生到现在，其政治立场因内外形势变化，具有先激进后温和的变化趋势，其政策主张也随之呈现出由较多理想或空想成分转变为相对务实的态势。政策的内容和重点也有所不同。

评价 绿色政治的产生和发展有着深刻的历史根源和现实依据，是现代社会经济发展引发的人与自然的矛盾在人与自然关系领域突出反映至政治关系领域的产物。绿色政治在绿色运动和绿色思潮的推动、引领下，形成了独特的基本内容和主要原则：维护生态平衡、保护生态环境；维护社会正义；实行基层民主；主张非暴力；主张放弃目前的"浪费性经济"，选择"保护性经济"；提倡绿色工作道德等。这些原则主张对于改革既有的人与自然关系模式，建构后现代自然、人、社会全面协调可持续发展的生态政治具有借鉴意义。

绿色思潮虽然构成复杂，但却以新的思想、新的理念和新的主义引领着绿色运动和绿党的发展，对西方后现代意识形态的形成具有广泛而深远的影响；绿色运动和绿党曲折而持续的发展则既是西方社会政治变化的一个新现象，同时也在某种程度上改变着西方国家现行政治关系的格局和政党政治。对世界经济、政治、社会和文化的发展具有一定影响。

绿色政治并不指向某种纯粹的意识形态，它包含绿色无政府主义、生态无政府主义、女权主义、反核运动、和平运动等多种思想意识。因此，绿色政治在倡导生态优先、生态正义、基层民主和非暴力的同时，有的支持给女性以特殊权力的政策，有的支持反核、减少冲突、停止核扩散的主张，有的主张实行动物权利，有的反对可能导致冲突的科技等。绿党内部也存在一定的分歧。在批判中甄别和借鉴，同时致力于推动政治的后现代转型应该是对待绿色政治的一种基本态度。　（曹顺仙　贾荣荣）

推荐书目

郇庆治.欧洲绿党研究.济南：山东人民出版社，2000.

安德鲁·多布森.绿色政治思想.郇庆治，译.济南：山东大学出版社，2005.

刘东国.绿党政治.上海：上海社会科学院出版社，2002.

弗·卡普拉，查·斯普雷纳克.绿色政治：全球的希望.石音，译.北京：东方出版社，1988.

丹尼尔·A·科尔曼.生态政治：建设一个绿色社会.梅俊杰，译.上海：上海译文出版社，2002.

lunli tuozhan zhuyi

伦理拓展主义 （ethical extentionism） 西方环境伦理和动物伦理的一种理论方法，它将伦理理论的范围拓展至传统上这些理论视域之外的存在。按照传统伦理学的理解，西方哲学的主流道德理论将道德关怀的对象限定在当代人的范围之内。拓展主义者认为，这种限定是武断的，且与这些理论本身存在着矛盾。对这些伦理理论恰当的理解要求拓展道德关怀对象的范围，将现存人类之外的存在包含进来。

人类中心主义的拓展主义者将未来人纳入了道德关怀的范围之内。非人类中心主义的拓展主义者主张道德关怀的领域必须进一步扩大至涵盖各种非人类存在。例如，动物解放主义者将道德关怀扩展至有意识的、有感知能力的动物，生物中心主义者将道德关怀的范围延伸至所有活的有机体。伦理拓展主义者坚持，拓展道德关怀对象的范围不是为了解决某一特别的道德问题而进行的特殊修正，而是按照经典道德理论原则所进行的严格一致的应用。

人类中心主义和非人类中心主义的道德拓展 芬伯格（Joel Feinbert）认为，任何拥有自身善的存在都拥有利益，而任何拥有利益的存在都拥有权利。他使用了第二个命题，并称之为"权利原则"，为非人类中心主义和人类中心主义辩护。就第一种拓展，芬伯格认为，很多高等动物拥有欲望、认知冲动、初步的（初级的、基本的）目的，完全满足构成其福利和善的条件。由于这些动物拥有它们自身的善，它们因而拥有利益和要求人们尊重其利益的相应的权利。芬伯格对人类中心主义的拓展要求将权利拓展至未来人。他认为，无论未来谁会来到这个世界，他们都拥有某些利益，包括在适宜生存的环境中生活的利益。当代人对这种环境会产生或好或坏的影响。由于未来人有在适宜生存环境中生活的利益，他们有权利要求当代人留下这样的环境。

古德帕斯特（Kenneth Goodpaster）指出，芬伯格在应用利益的陈述来捍卫生物中心的伦理学时存在着某种不一致。芬伯格将利益拥有者限定于人类和高等动物，但这种限定与他关于"任何拥有自身善的存在都拥有利益"的陈述不一致。芬伯格所主张的"单纯的物"不具有潜意识的动机，没有潜在的趋势、生长的方向和天然的满足感，因此它们只是单纯的物。而对于所有活的有机体而言，有些环境对它们有利，而有些环境对它们有害，它们因而拥有自己的善。因此，对芬伯格关于利益的陈述的一致性应用必然得出——所有有机体都拥有利益。古德帕斯特因此得出结论：由于所有有机体都拥有利益，所以它们都应该得到道德关怀。但是，他谨慎地指出，尽管所有有机体都应得到道德关怀，但这并不意味着所有有机体拥有同等的道德重要性。

综合彼得·辛格（Peter Singer）的功利主义、阿尔贝特·施韦泽（Albert Schweitzer）的敬畏生命和芬伯格、古德帕斯特关于道德考量的论述，保罗·泰勒（Paul Taylor）发展并捍卫了一种平等主义的生物中心主义伦理学。泰勒认为，接受终极的尊重自然的道德态度，人们自然会倾向于恰当地、负责任地对待自然界。他主张所有活的事物都是"生命的目的中心"，因而拥有它们自身的善。他认为，所有拥有自身善的存在都拥有同等的固有价值（inherent worth），应该被给予相同的道德考量。泰勒意识到，有人可能会反对他在将相同的道德考量拓展到所有活的有机体时把生物中心的拓展主义推向了一种极端，因此他试图建构一个复杂的规则系统来评判和解决各种具有同等道德考量的有机体间不可避免会出现的冲突，以此来缓解人们对他的反对。

功利主义的拓展主义 享乐主义（快乐主义）的功利主义者认为，快乐是唯一的内在善而痛苦是唯一的内在恶，道德就是要使内在善最大化，使内在恶最小化。据此他们主张，对于道德行为者而言，在行为人所能选择的所有行为中，当且仅当一个行为能使所有相关者的善最大化而恶最小化时，它就是正确的。尽管功利主义的建基者边沁（Jeremy Bentham）明确指出，动物遭受的痛苦应该包括在功利主义的计算中，但在实践中，传统的功利主义只把人类的快乐和痛苦纳入道德计算之中。

辛格主张将道德关怀的范围限定于人类是武断的，也是违背功利主义伦理精神的。他认为，任何有能力感受痛苦的存在都拥有免受痛苦的利益，而任何拥有利益的存在，它们的利益都应该与其他类似的利益受到同等的考量。很多人类食用的或用于医学实验的动物都能够感受到痛苦，人们没有合法理由在道德考量中不考虑这些动物免受痛苦的利益。辛格指出，无论是谁感受到的，痛苦就是痛苦，人们没有道德理由不考虑动物的痛苦。辛格的结论是，对功利主义原则一致的应用要求人们将所有有感知能力的存在者的利益纳入道德考量，并在功利主义的考量中给予所有相同的利益以相同的权重。

道义论拓展主义 汤姆·雷根（Tom Regan）提倡的动物权利可以被视作对康德道义论伦理学的拓展。康德（Kant）的绝对律令中关于"对人的尊重"的阐述要求人们将人"总是当作目的，决不能只当作手段"。在康德看来，作为主体的人应该得到尊重，而不应仅仅被当作使用或抛弃的对象。当一个行为者将一个人仅当作手段时，该行为者的行为是错误的，因为该行为者将一个拥有内在价值的主体仅当作一个客体。康德将人（persons）等同于理性存在，但却不一致地主张所有人也只有人类（human beings）才是人。如果理性被理解为一种解决实际问题的经验上可测量的能力，那么按照基本的逻辑方法，康德关于人格的论述存在着三个方面的问题：①并非所有人类都是理性的；②并非所有非人类动物都缺乏理性；③我们没有靠得住的理由将人格仅限定在理性存在的范围之内。

雷根认为，如果人格意味着完全充分的道德考量，那么康德关于人格的论述就太严格了。在雷根看来，问题的关键并不在于对人格的界定，而在于哪种存在应该拥有充分的、直接的道德关怀（考量）。为此他提供了另一种替代性说法，可以被作为人格的扩展性陈述。雷根认

识到，按照康德的标准（理性意味着某种经验上可验证的智力），那么，某些人类（如严重智障人士）就不能被视作人，依据绝对律令，他们不应享有尊重。雷根认为，无论是否拥有理性，他们都是应该被尊重的人。在雷根看来，使他们成为人的事实依据在于他们都是体验生命的主体，即无论对他者是否有用，他们是拥有对自身重要的个人利益的有意识的生物。这样的存在是具有固有价值的主体（而不仅仅是客体），应该得到尊重其价值的对待。对人格的ESL（体验生命的主体）标准的一致的执行（应用）意味着人类食用的或用于实验的很多动物也是拥有固有价值的，因此也拥有得到尊重其价值的对待方式的权利。雷根论证的结论是，按照恰当的理解，尊重人的律令要求人们尊重所有的体验生命的主体，无论他们是人类还是非人类，把他们当作具有固有价值的目的，而绝不仅仅当作手段。

施韦泽接受了康德式的尊重人的伦理，并将其扩展为敬畏生命的伦理。与亚瑟·叔本华（Arthur Schopenhauer）的后康德主义形而上学相似，施韦泽记述了一次曾经令他极其感动的场景，当他在非洲看到四只河马和它们的幼崽沿河边缓缓行走时，他深刻地领悟到所有生命都拥有同人类一样的生存意志。一旦我们注意到所有生命都拥有和我们自己一样的生命意志，我们就会明白道德要求尊重所有的生命，而不仅仅是人类生命。

在中国的发展 有学者从道德境界的角度对各种环境伦理理论进行了解读，并将环境伦理学中道德范围的拓展视作人类环境道德的不断超越。依据道德境界可以将人们的环境道德解读为由低到高的四个层次：人类中心境界、动物福利境界、生物平等境界、生态整体境界，而环境伦理学的各种理论的优势和合理性可以分别在这四种不同的境界中得到体现和说明。

人类中心境界是环境保护的最基本、可以普遍化的境界，可以用法律强制性地加以推行；动物福利境界肯定人对动物负有义务，认为人类应当用道德来约束自己对待动物的行为，把

对动物的关爱视为展现人的道德潜能和美德的一个"维度";生物平等境界则要求人类体会所有生物的"共相",理解并承认所有生命的内在价值,认可并承担起关爱其他生命的义务,成为生命大家庭的善良公民和模范公民;生态整体境界代表了环境伦理学所追求的最高环境道德境界。从生态整体境界出发,人只是生态系统的一部分,与自然密不可分。人作为自然进化的杰作,应站在生态系统和地球的角度,成为大自然的神经和良知,关心其他生命,维护生态系统的稳定,在保护地球的过程中使人变得更完美。

面对的挑战 整体主义的环境伦理理论,如土地伦理和自然价值论是否能够被认为是道德领域从个体向整体的拓展?还是另外一种环境伦理学的理论范式?因为环境伦理学不仅长期存在着人类中心主义和非人类中心主义的论争,也同时长期存在着个体主义和整体主义的论争,甚至有些环境伦理学家认为,衡量一种理论是不是真正的环境伦理理论,其标准就在于它是不是整体主义的。 （郭辉）

推荐书目

Tom Regan. The Case for Animal Rights. Berkely: University of California Press, 1983.

Peter Singer. Animal Liberation: A New Ethics for Our Treatment of Animals. New York: New York Review, 1975.

Paul W Taylor. Respect for Nature: A Theory of Environmental Ethics. Princeton: Princeton University Press, 1986.

杨通进.环境伦理: 全球话语 中国视野.重庆: 重庆出版社, 2007.

M

Mengzi de huanjingguan

孟子的环境观 （view of environment of Mencius）　孟子的思想中蕴含着丰富的生态环境观念和意识，充满着对人与自然关系的智慧之思。

孟子（约前 372—前 289 年），名轲，字子舆。邹人。战国时思想家、政治家、教育家。受业于子思的门人。孟子继承和发展了孔子的儒学思想，卒成大儒，被奉为亚圣。

万物依存　孟子强调自然万物之间相互依赖、相互制约、共生共存的特点和规律。孟子认为，牛羊若要苗壮成长，就必须有繁茂的"牧与刍"，即有充足的牧草供其食用。如果有"受人之牛羊而为之牧之者，则必为之求牧与刍矣，求牧与刍而不得"（《孟子·公孙丑下》），那就只有看着它们死去。"园囿、污池、沛泽多而禽兽至"（《孟子·滕文公下》），"草木畅茂，禽兽繁殖"（《孟子·滕文公上》），丰沛的沼泽地利于草木繁茂，草木的繁茂利于禽兽的生存，自然界中万物之间形成一个相互依存、相互制约、不可分割的有机统一体。

与天地同流　孟子主张人与自然"合一"。孟子把"天"理解为一种客观必然性，"天之高也，星辰之远也，苟求其故，千岁之日至，可坐而致也"（《孟子·离娄下》）。在此基础上孟子认为，天虽高不可攀，变化莫测，但天的运行是有规律可循的，可以被人所认识和把握。"天不言，以行与事示之而已矣。"（《孟子·万章上》）孟子指出，天道与人道是相通的，他追求一种天人合一的境界。"尽其心者知其性也，知其性则知天矣。存其心，养其性，所以事天也。"（《孟子·尽心上》）人深入自己的本心就会知晓仁义礼智之端，也就会领悟人之本性固善；当人知道了本性固善，也就明白了这一切都是天道使然。进而，将仁义礼智之端存于本心，滋养人的诚善之性，不违逆于天道，即是"尽心""知性""知天"的过程。努力发现人的"天"性，也就可以达到天人合一之境。孟子认为"万物皆备于我"，世间万物的根本原理都具备于人们的天性之内，只需把它们发挥出来。孟子所向往的人生最高境界是："君子所过者化，所存者神，上下与天地同流。"（《孟子·尽心上》）要求人们在日常行为中体现出与天地的一致，使自身成为与天地相匹配的第三者，这样就能达到人与自然"合一"的理想境界。

改造自然　与先秦其他诸子不同，孟子在强调"天人合一"的同时还突破了人消极被动地"适天"的一面，肯定了人的主观能动性。孟子指出："天时不如地利，地利不如人和"（《孟子·公孙丑下》），不单强调"人和"的重要性，而是追求天地人三者的统一，但这种完美的结合是有主次的，即按三者的重要性来排列看，人是其中最关键的因素，是调和三者和谐关系的主导者。孟子认为人们生存在一个丰富多彩、变化万千的世界中，有日月星辰、江河湖泊、飞禽走兽，而生存于其中的人要去其害而求其利。例如，孟子说："今夫水，搏而跃之，可使过颡；激而行之，可使在山。"（《孟子·告子上》）

本来水运行的规律是从高处向下流，而人却能将其堵截引上高山并加以利用，主动自觉地改造自然为人类服务。

仁民爱物 孟子继承了孔子的仁学思想，并提出了"亲亲而仁民，仁民而爱物"的主张，进一步把"爱物"充实到"仁"的内涵之中。《孟子·尽心上》中："君子之于物也，爱之而弗仁；于民也，仁之而弗亲。亲亲而仁民，仁民而爱物。"在孟子的相关论述中，"恩及禽兽"是对"爱物"思想的良好注释。孟子说："今恩足以及禽兽，而功不至于百姓者，独何与？"这里所谓的"恩及"就是"爱物"的一种表现，而"禽兽"则是"物"的一个具体类别。孟子的"仁爱"观念具有一定层次性。孟子对于"亲""民""物"三种不同层次的对象采取的是不同的态度："亲""仁""爱"，对于亲人要"亲"，对于民众要"仁"，对于万物要"爱"。

"时禁"与"养护" 孟子主张对自然资源的合理利用，提倡"时禁"。《孟子·梁惠王上》中："不违农时，谷不可胜食也；数罟不入洿池，鱼鳖不可胜食也；斧斤以时入山林，材木不可胜用也。谷与鱼鳖不可胜食，材木不可胜用，是使民养生丧死无憾也。"这里的"时"有两层含义：一是指动植物按照季节变化而生长发育的生态规律；二是指人要依据万物生长的规律进行农业生产、砍伐取用、捕获渔猎，进而获取生活资料。由此可见，孟子关于"时"的观念实际上就是生态规律的同义词。

孟子还提倡对自然的"养护"。孟子看到牛山由绿变秃后提出："苟得其养，无物不长；苟失其养，无物不消。"这里的养即对物产进行养护的意思。无草木之山不是山的本性，是由"失养"造成的，如果"得养"就会生机勃勃，"无物不长"。这里的"养"也具有两层含义：一是指要保护好自然原有的资源和环境，做到取用有度，适时而取。"可以取可以无取，取伤廉；可以与可以无与，与伤惠；可以死可以无死，死伤勇。"二是指要尽量减少向自然界的索取，养护好自然资源，维持可持续的生态循环系统。

（刘海龙）

N

本基内容

nongye lunli

农业伦理（agricultural ethics） 人类在农业生产和农产品消费过程中处理人与生产对象、自然环境以及人与人之间关系时应该遵从的道德准则和行为规范。

产生背景 农业是人类历史上最早的产业，也是各种文化发源地伦理道德内容和规范的肇始之基，并对现代伦理道德的发展产生了重要影响。农业伦理起源于古代农业生产过程中人对生产对象、生产过程、农业生态环境的认识以及人与人在食物生产、交换和消费上的道德规范。古代世界主要农业发源地都有各自不同的农业伦理内容和实践形式，其中中国古代农业伦理发展具有代表性，它强调伦理在天、地、人三个主体间相互转化，并与中国民族文化密融为一体。在农业伦理理论的发展过程中，不同阶段农业伦理的实践形式和理论研究各有侧重点。现代技术农业所引发的新的伦理问题层出不穷。西方农业伦理学较为关注现代农业发展形式及相关内容，理论研究分类更加细化。

分类 农业直接关系到人类的健康和福利，其自身就是一个内容丰富的伦理体系，包含农业活动中人类对所涉及的生产和消费对象的道德责任及不同群体间消费关系的公平正义等相关内容。就现有分类而言，农业伦理包括粮食伦理、农业生态伦理、农产品生产和交易伦理、农业政策伦理、农业技术伦理、农业动物伦理及与农业相关的土地伦理等。

粮食伦理 指人类争取所有人获得适量和健康的食物，免受饥饿和营养不良的痛苦，确保生命安全的道德责任。拥有适量和健康的食品是人的基本生存权利，也是农业伦理的根基。这一伦理在人类价值体系中被列于高度优先之列。

农业生态伦理 以维护农业自然资源的可持续利用及物种多样性为目的，把农业活动中成为劳动对象的生态要素纳入人类的道德关怀之中。在农业生产中，不同生产对象所需要的自然环境不同，农业生产者应遵从人类、劳动对象和环境之间的价值和功能关系，把农业生产对象所需要的生态环境纳入农业生产者的道德责任之列，以保护生物多样性、实现农业的可持续发展。

农产品生产和交易伦理 指农产品的生产和交易机制所体现的粮食的基本价值和人人均可以获得适量食物的基本权利，维持人类生存的道德责任和伦理义务。在每一社会中，规范的伦理体系和伦理准则都认为，必须向那些能自食其力的人们提供获得粮食的手段，确保那些无法养活自己的人们能直接获得粮食，即免受饥饿的食物权。这是社会应给予每一个人的基本权利，也是《世界人权宣言》所强调的一项基本人权，否则就是不公正和不道德的行为。农产品的生产和交易活动是实现这一目标的主要途径。目前，农产品的生产和交易伦理已成为国际农业伦理研究的一项重要内容，尤其在美国农业伦理学家理查德（Richard J. Bawden）、戴维（David M. Kaplan）、凯特（Kate Millar）、保罗（Paul B. Thompson）等的农业伦理思想中有较为充分的反映。

农业政策伦理 是以粮食价值为基本导向的农业政策制定和执行中所包涵的道德价值体系，包括道德价值追求、道德价值目标、道德价值导向、道德价值实现以及道德价值评估等政策道德价值系统。

农业技术伦理 指人们对农业生产和农产品加工技术的研发、应用及其综合结果的价值评价和技术实践应遵从的道德规范和行为准则。技术的"双刃性"及其所涉及的伦理道德问题在农业生产中表现得更加明显。新技术导致动植物遗传资源和土地、空气、水、森林、湿地等人类赖以生存的自然资源遭受污染，功能退化，给环境和人类健康带来新的风险。例如，转基因技术的伦理问题是目前受到高度关注的一个问题。这些农业技术问题需要人们从伦理角度对其进行价值认识、判断和选择，从而研判在食物安全和环境风险上传统农业技术和现代农业技术之间的平衡点。

农业动物伦理 是人类在农业活动中尊重农业动物的价值和权利的道德态度和行为规范。农业动物有其他动物所没有的社会价值，由此产生了人类早期对具有生产力价值的农业动物的道德义务和伦理关怀。因此，农业伦理是实现农业生产力的一种道德选择。例如，宋代农学家陈旉对耕牛提出了"必先知爱重"的

伦理要求。现代农业动物伦理的内容和形式更加丰富，在农业动物的养殖和屠宰过程中，很多国家出台了相关的动物福利法，创新了对这些动物更具有道德关怀的技术和认识。

发展趋势 农业伦理是人类道德准则和行为规范在农业生产和农产品消费中的延伸与扩展，是人类文明的标志之一。随着人类文明程度的提升和农业技术的完善，农业伦理体系的完整性将与农业生产过程的连续性相对应，尤其以后现代农业技术为新内容和新形式的道德规范将贯穿于农业生产对象、过程、农产品加工和消费、环境等涉及农业生产实践的全过程，成为后现代农业伦理的新生长点。在进一步发掘传统农业伦理的基础上，一些与新农业技术、国际农产品生产和贸易规则、新型农业发展模式等相关的农业伦理问题将逐渐出现并系统化，共同构成农业伦理发展的新内容。这些发展将为预测、判断与解决农业实践中各种具体道德难题提供充分的伦理依据。　　（徐怀科）

推荐书目

Thompson P B, Kaplan D M. Encyclopedia of Food and Agricultural Ethics. Dordrecht：Springer，2014.

Thompson P B. Agricultural Ethics. Ames：Iowa State University Press，1998.

汤姆·雷根，卡尔·科亨.动物权利论争.杨通进，江姗，译. 北京：中国政法大学出版社，2005.

qihou lunli

气候伦理 （climatic ethics）

关于气候变化问题的社会伦理。气候伦理是对生态伦理的超越，属于国际关系伦理的范畴，也是应用伦理的范畴。

气候变化是一种潜在的风险和灾难。气候问题既是一个政治问题，也是一个伦理问题，气候问题造成了新的伦理困境，需要从伦理的视角来加以反思。气候伦理是环境伦理的进一步扩展，它不仅关注代际公平问题，还探讨如何在国际层面实现平等、公正。

当代越来越多的哲学家和社会学家参与到了对气候变化伦理维度的研究中。站在发展中国家的立场上，一些人指出，气候变化主要是由发达国家或者发展中国家的富裕人群引起的，但是受气候变化影响和伤害最大的却是弱势群体。因此，一部分人在另一部分无辜者受伤害的基础上获得利益，这是不道德的。气候变化在一定程度上加剧了全球的不平等。站在发达国家的立场上，一些人指出，那些欠发达国家和地区，为了发展排出了大量的温室气体，是造成全球气候问题的主要"肇事者"，理应承担与发达国家一样的减排责任。为推动世界各国公平地承担应对气候变化的责任和义务，制定和出台合理的气候政策，人类应以伦理视角审视气候变化，达成应对气候变化的全球伦理共识：各个国家和地区不应仅仅考虑本国和本地区的利益，都有责任和义务使其他国家和地区的人，以及尚未出生的未来世代的人免受气候变化的伤害；所有国家和地区的政府、企业、团体和个人，都必须减少自身温室气体的排放量，将排放量控制在全球安全排放量的公平份额之内。

气候伦理的最终指向是通过对气候变化问题的伦理分析，最终为政治决策提供价值导向，促进应对方案的达成，真正解决气候变化问题。

（郭兆红）

推荐书目

诺斯科特. 气候伦理. 左高山，唐艳枚，龙运杰，译. 北京：社会科学文献出版社，2010.

qianceng shengtaixue

浅层生态学 （shallow ecology）

阿伦·奈斯（Arne Naess）于1972年首次提出的概念，是建立在主客二分认识思维方式及人类中心主义观念基础上的生态思想，它将生态环境危机的根源归为现代工业化模式的不完善和技术的不发达，主张通过西方民主制度的完善和技术创新解决生态环境问题。浅层生态学在世界观、价值观、经济观、社会政治思想等方面均有自身的具体内涵。浅层生态学是相对于深层生态学而言的。

思想视角 浅层生态学只把生态学当作研究地球的众多学科中的一门科学来看待，将其视作人类征服自然、改造自然的工具，关心的是生态危机的表面现象，而不深究生态环境危机的深层根源。浅层生态学反对环境污染和资源枯竭，其根本目标是维护发达国家人们的健康和富裕。

世界观 浅层生态学努力避免世界观、价值观层面的探讨，实际上信奉的是现代文化中占主导地位的机械论世界观。机械论世界观从还原论出发，将自然万物理解为孤立的、不变的、机械的实体，并在此基础上考察事物的构成、变化以及事物之间的联系。在关于事物结构的认识上，倾向于将整体的性质还原为其构成要素性质的总和，认为只有通过对组成部分细节的认识才能认识整体；由于将事物理解成机械的、惰性的存在物，机械论世界观将运动变化的根源归之于外力的推动；把事物之间的联系理解为外在的机械的联系。机械论世界观将整个世界看作受有限的力学规律支配的巨型机器。机械论世界观主张人与自然分离对立的二元论，将人与自然万物看作性质不同的存在，它肯定人具有生命、意识、能动性和创造性，但却将其他事物看作孤立的、被动的存在物。

价值观 浅层生态学坚持人类中心主义价值观。它将人视作所有价值的来源，认为环境万物只具有对人的工具价值，人们保护环境本质上是为了自身更好地生存。由于看不到自然生态存在的有机性，否定人与自然生态的内在生命关联，浅层生态学从人自身的需要、利益出发，否定自然万物具有自身的内在价值，只看到自然万物的工具价值，将自然万物看作满足自身物质需求的资源或工具。

社会政治观念 浅层生态学在社会制度层面主张改良主义的环境运动。它毫无保留地赞成经济增长的观念，认为资源管理的目的是为了更有效地开发利用。浅层生态学认为生态

环境问题是科学技术发展不够充分的结果，相信技术进步不仅能够遏制资源耗竭趋势，而且能够解决环境污染问题。浅层生态学试图通过改良主义改造"占主导地位的社会范式"，在不变革现代社会基本结构、不改变现有生产生活方式的基础上，依靠现有社会体制和技术进步改变环境现状。在改良措施上，希望通过立法使政府改变资源与环境政策，以高效能技术、减少资源消耗、改进价格、项目补偿等方式应对环境危机。例如，在解决环境污染问题上，主张发展净化水和空气的技术，通过法律把污染限制在许可范围内。在资源问题上，主张通过市场调节开发稀缺资源，认为技术的进步能够找到稀缺资源的替代品。

科学教育观念 在科学教育方面，浅层生态学强调专家在促进经济增长与环境保护相结合当中的作用，认为应对环境退化与资源耗竭需要培养更多的专家。当全球经济增长导致地球环境退化时，主张用更强的操纵性技术"管理"地球，科学事业必须优先考虑这类"硬"的科学技术，教育也应当与实现这类目标保持一致。

生活观念 在生活方式方面，浅层生态学提倡消费主义，片面追求物质生活的满足，为了提高自身的生活水平，不惜以损害环境为代价。　　　　　　　　　　　　（陈红兵）

推荐书目

雷毅.深层生态学思想研究. 北京:清华大学出版社，2001.

何怀宏. 生态伦理——精神资源与哲学基础. 保定:河北大学出版社，2002.

R

rendingshengtian

人定胜天 （Man's will, not Heaven, decides）

古代多指人心安定，人类凭借自己的力量能够超越自然界；现代多指人类依靠自己的聪明才智能够战胜自然。

关于"人定胜天"的定义主要有三种看法。①在一些词典、辞典中，"人定"是指人的力量或凝聚力。"人定胜天"表明"人类依靠自己的力量，能够克服大自然的重重阻碍，改造环境"，其中重点突出了人类的聪明才智。也可指人类一定能够战胜上天（大自然）。②天，在古人眼中是至高无上、神圣不可侵犯的。"胜天"即高于"天"，重于"天"，可以理解为"重于一切"或"高于一切"。"人定"即所谓的人心安定，各司其职。由此，"人定胜天"也可表示："人心安定高于一切"或"人心安定比什么都重要"。人心安定，对个人，有利于内心的宁静、身心协调发展；对家庭，有利于家庭和谐、父慈子孝、长幼有序；对社会，有利于社会和谐、人人和睦。因此，人心安定是社会协调发展的重要条件。中国自古以来就强调，人与自然应和谐共生。即使是古代的帝王也仅以"天子"自称，丝毫不敢挑战上天的权威。人定胜天，其本意是"人定兮胜天"，不是"人兮定胜天"。③人定胜天，人入了定，就可以超越六道轮回，掌握自己的命运，超越老天。人定胜天，就是佛经上讲的"制心一处，无事不办"。

《喻世明言》第九卷："又有犯着恶相的，却因心地端正，肯积阴功，反祸为福。此是人定胜天，非相法之不灵也"。表述为"人定胜天"没有"人一定能够战胜自然"的意思，相反是指在某些情况下，人的因素比天命更重要。一些人误以为"人定胜天"是一种毁坏自然环境的不当行为。但实际而言，破坏大自然的群体只是单方面的索取、利用，根本不谈"人定胜天"的精神力量。到了现代社会，"人定胜天"主要是指掌握自然的发展规律，促使人类的生存需求进入更高的层次。人类在与自然的互动中逐渐把握了主动权，一切向着人类希望的方向发展。最重要的是了解了自然的规律之后，促使人与自然和谐共生、共同发展，人类的历史就是这样一个不断遵循规律、改造自然的过程。中国古代的"五行"、"易"、《孙子兵法》，研究的就是人掌握自然的学问，让人"胜"自然的学问，而不是穷奢极欲的学问。

（薛桂波）

rengong ziran

人工自然 （artificial nature）

又称第二自然。是人类以天然自然为基础，通过生产劳动实践对天然自然加以调节、控制、加工、创造而形成的自然。它已渗透着人的活动的因素，体现了人的意志的力量，是人的本质力量的集中体现。

主要内容 在自然观领域，天然自然与人的能动性的结合就是人工自然。作为人类劳动对象、劳动环境、劳动手段和生活环境的人工自然界，已经形成一个复杂而庞大的系统，并与天然自然形成对立统一的辩证关系。人类最基本的生存关系是人与自然的关系。科学技术是人类处理自身与自然关系的基本工具，科技能力是人类的第一劳动能力。人通过物质生产与科学技术介入自然界以后，天然自然中出现了新的领域——人工自然，它和天然自然是两类不同的自然界，有其独特的特点。

主要特点 ①人工自然是人工制造的产物，这种人工物品具有高度的规则性与高度的可重复性，它在天然自然条件下是不可能形成的。②人工自然实现的是人的目的性，是人根据自己的需要，按照自己的设计制造出来的。设计的目的是满足人的需要。人工自然物是人的创造、设计、制造的实现，因此它体现的是人的目的性。③人工自然的变化不仅要遵守自然规律，而且还要遵守人的活动规律和社会发展的规律。人工自然既然是人的活动的产物，所以其也要遵守人的活动规律。工业生产是制造人工自然的行业，人工自然物既是工业产品，又是商品、消费品，因此人工自然物的变化还要遵循社会发展的规律。但人工自然物只是在某些特定的层次上改变了物质结构，并未也不可能在所有层次上都改变物质结构。无论进化水平有多高，人工自然物的物质成分仍然是天然自然物，因而人工自然仍然不能违背自然规律，仍然要根据自然规律发生某种变化。④人工自然既是物质形态，又是文化形态，具有双重"品格"。人工自然是人的需要、欲望、目的、设计、观念、智慧、精神的物化，即是人的智力创造的物化。人工自然物是一种自然物，但其体现了人的意志和追求，其既具有"物性"，又具有"人性"，是以物的形式表现出"人性"。随着生产的发展，人制造人工自然物不仅是为了满足物质需要，同时也是为了满足精神需要（如审美需要）。所以人工自然物本身就是一种文化形态，是人类物质文化的基本组成部分。它是物质文化与精神文化的结合，并且既体现了一定的科技文化，又反映出一定的人文文化；既体现了当代的文化水平，又在一定程度上体现了传统文化的踪迹。⑤人工自然既可以是消费品，又可以是生产工具，具有双重功能。人工自然物是"属人的物""为人的物"，人制造人工自然物不仅供自己消费，还将其作用于其他天然自然物与人工自然物。人工自然物既是人的生产产品，又是人的生产工具。当人用一种自然物作用于另一种自然物来满足自己的需要时，这种自然物便成了人工自然物，便成了人的工具。⑥人的意识对人工自然而言具有超前性。先有人，然后才有各种人工自然物。人对人工自然物的认识则总有一段超前期，关于人工自然物的认识是创造论。因此，对人工自然的发展趋势及长远后果，应有更加自觉的认识。

主要观点 人工自然界的建立与发展是人类的物质文明的基本内容，它不仅充分体现了人的价值，而且解放了人的体力和智力，极大地提高了人的创造能力。劳动创造了人，人在创造人工自然界的同时，也创造和完善了自己。没有人工自然界，人就不成其为人了。但是，人工自然界的飞速发展又为人类的生存与发展提出了许多新的课题。人工自然的社会后果是多元的，既有积极的后果，这是主导的一面，又有消极的后果，就是人工自然的"反生态性"，这是不容忽视的一面。一是高消耗。所谓高消耗不是物质的毁灭，而是从可以利用的高品位的物质形态转化为难以利用的低品位的物质形态、从有效状态转化为无效状态，可利用性降低，熵增加。这种消耗有两种形态：物质原料的消耗、能源的消耗。物质原料的消耗过程中必然引起能源的消耗，使自然界的有限的有效能量在使用过程中逐级转化为无效能量。能源的消耗基本上是不可逆的过程。当人工自然刚开始发展时，物质原料的消耗不明显，所以不容易引起人们的关注。当人工自然发展到一定规模，物质原料的消耗已达到一定数量时，资源危机、能源危机就迫在眉睫了。二是高污染。人工自然物是天然自然没有也不可能有的物质形态，所以它必然来自对天然自然物的物质结构的变革，即人为地改变天然自然物的已有结构，使它转化为在天然条件下不可能出现的结构形态。新的物质形态出现又必然伴随着新的运动形态——天然自然条件下不可能出现的运动变化。在建造人工自然界过程中，同时也制造了大量天然自然界所没有的物质形态与运动形态，这些物质形态与运动形态有的存在于人工自然界之中，有的则进入天然自然界，这就会破坏原有天然自然的结构和秩序，破坏天然自然的合理性，也就造成了对环境的污染。高消耗使天然自然的可利用物质种类及总量陡减，高污染使天然自然的整体质量急剧下降。从哲学的角度来看，资源紧缺、环境污染与生态危机是人工自然与天然自然这两类自然冲突的结果。　　　　　　　　　　　（薛桂波）

推荐书目

林德宏，陈洪良.迈向新世纪的课题——人工自然研究.武汉：湖北教育出版社，2000.

renhua ziran

人化自然 （humanized nature）

人类的认识和实践活动已涉及的那部分自然。即已经进入了人的实践和认识活动的范围，成了人的实践改造对象和认识对象，与人发生了对象性关系的那部分自然。

主要内容 人化自然不仅包括已经被人们所认识并被实践所改造了的"人工自然物"，而且还包括从总星系到夸克这个范围内所有已经被人们认识到但尚未能用实践手段来加以改造的那些自然物。这一部分自然虽然还没有经过人的实践活动的作用，还没有成为人的实践改造的对象，然而，它却已经进入了人的活动范围——认识活动的范围，成了人的认识的对象、意识的对象，已经同人发生了一种特殊的对象性关系——反映与被反映的认识关系。凡是人已经认识到了的自然物，都已是人所意识到了的存在。人的意识并不是消极地、直观地反映客体的存在状态，而是经过摹写、选择、建构后对客体的能动的反映和把握。客观存在的各种自然物，一旦进入人的认识活动范围，成了人的认识对象，被反映到人的头脑中形成人的主观映象，就已经被人的头脑改造过。

主要特点 已被人类认识了的各种自然物具有一种特殊的两重性：一方面，它作为客观存在着的物质的东西，囿于还没有被人的实践活动改造过，依然保持着自己原来的状态不变。另一方面，它作为人的认识成果的观念的东西，已经被人的头脑改造过，从而消除了主观和客观外在的对立状态，具有了"人化"的特征，属于"人化自然"的范围。人化自然是以自在自然、天然自然为基础的，它随着人类不断获取的自在自然的信息而逐步拓展，这种拓展过程是由自然科学发展史来表征的。人化自然永远是有限的，因为任何时代的人们对自然的认识和实践在广度和深度上总是有限的，它始终是同时代自然科学所能达到的极限。

主要观点 在《1844年经济学哲学手稿》中，马克思提出了"人化自然"的概念，主要包括两层含义：一是指与自在自然、天然自然直接对应的概念，指的是人类的认识和实践活动已经涉及的那部分自然，即已经进入人的认识活动和实践活动的范围、成为人的认识对象和实践改造对象、与人发生了对象性关系的那部分自然。马克思认为："不仅五官感觉，而且所有精神感觉、实践感觉（意志、爱等），一句话，人的感觉、感觉的人性，都只是由于它的对象的存在，由于人化的自然界，才产生出来的。"这里的"人化的自然界"指的是作为人的认识活动和实践活动的对象的自然界，被人的认识活动和实践活动打上"印记"的那部分自然界，不是开天辟地以来就直接存在的自然界，而"是工业和社会状况的产物，是历史的产物，是世世代代活动的结果"，是人的本质力量在自然界中的确证和外化，是人的本质力量对象化的结果。二是人化的自然、人类性的自然，即符合人性的自然、与人和谐统一的自然，它是天然自然和人工自然的辩证统一，是向天然自然的辩证复归，这是人与自然关系的价值目标。在此种意义上，"人化自然"又可以看作是人类通过实践与自然相互作用的过程，即人类认识和改造自然的过程，这一过程中包含着自然和人的"异化"，人类的目标是要通过实践活动最终实现自然和人的"人化",即自然主义和人道主义的统一。在人与自然相互作用的过程中,不仅使自然界不断具有人类的"印记",而且更重要的是不断使人从动物界提升出来成为真正意义上的人,实现人的自由解放。自然界向人的生成过程会出现否定的结果,即自然的"异化"或"非人性化"。人类必须不断调整自身的认识和实践,才能不断消除自然和人的"异化"。人化自然是存在各种异化现象的社会的发展方向和目标,因为人化的自然不仅是人工创造的,而且还是合乎人性的,或至少是劳动者直接拥有的,绝对不是和人对立的,应当与人融合而成为人的无机的身体。从这种意义上来说,人化自然显然不是一个现成的结果,而是一个历史发展的过程。人通过实践与自然之间所进行的"人化自然"的过程,是在一定社会形式中并借这种社会形式而进行的,并非所有的社会形式都能够满足人的这种目的和需要。尽管人类在现实的自然界中到处留下实践和人工的痕迹,但是自然界的"人化"尚未真正成为现实,只有消除了"异化"的阶段,才能真正完成"人化自然"的历史过程。因此,直至今日,人类所创造的自然界只能说是"人工的自然",还谈不上是"人化的自然"。原始人像动物一样靠本能活动,对大自然的影响微乎其微。而从事异化劳动的现代人,通过实践活动极大地改变了自然界的原始风貌,最终必将造成大自然对人类的"报复"。因此,要真正实现自然界的人化,应保持人与自然和谐相处;并在此基础之上,还有待新的劳动形式和新人类的诞生。

(薛桂波)

推荐书目

马克思恩格斯选集:第 1 卷.北京:人民出版社,1995.

马克思恩格斯全集:第 46 卷(上册).北京:人民出版社,1979.

马克思恩格斯全集:第 42 卷.北京:人民出版社,1979.

周林东.人化自然辩证法——对马克思的自然观的解读.北京:人民出版社,2008.

人类发展指数

（human development index,HDI）　联合国开发计划署（UNDP）从 1990 年开始发布的用以衡量各国社会经济发展水平的指标。其在替代国内生产总值（GDP）作为衡量人类福祉的日益增多的可供选择的指标中处于首位,也是目前为止唯一成功挑战以经济增长为中心的思想霸权的衡量指标。该指数介于 0 到 1 之间,数值越大,表明发展水平越高。

构成　HDI 是对人类发展情况的总体衡量尺度。它从健康长寿、知识的获取以及生活水平三个人类发展的基本维度衡量一个国家取得的平均成就。《2010 人类发展报告》中对使用的指标进行了修改并沿用至今,由原来的预期寿命、成人识字率、综合入学率、实际人均 GDP 四个指标修改为预期寿命、平均受教育年限、预期受教育年限和人均国民总收入四个指标。

健康长寿　用出生时预期寿命来衡量。出生时预期寿命是在新生儿出生时的各年龄组别死亡率经其一生保持不变的情况下,该新生儿的预期寿命。

知识的获取　利用平均受教育年限（使用官方数据每种教育水平所需时间将受教育程度水平换算为 25 岁及以上年龄人口获得的平均受教育年限）取代了成人识字率,利用预期受教育年限（预期中儿童现有入学率下得到的受教育时间）取代了综合入学率。

生活水平　《2010 人类发展报告》中采用人均国民总收入（用 GDP 加上由于拥有生产要素获得的收入减去对使用国外生产要素的支出,采用购买力平价比率换算成国际美元,除以年中的总人口）取代 GDP 来评估。

计算方法　HDI 是对人类发展情况的总体衡量尺度,是衡量每个维度取得成就的标准化指数的几何平均数。《2010 人类发展报告》对 HDI 的计算做了改进,计算 HDI 有两个步骤:

第一步:建立维度指数。

设定最小值和最大值（数据范围）以将指标转变为从 0 到 1 的数值。最大值是 1980—2011 年观察到的指标的最大值。最小值可被视为最低生活标准的合适的数值。最小值被定为：预期寿命为 20 年，平均受教育年限和预期受教育年限均为零年，人均国民总收入为 100 美元。由于接近最小值经济体中存在相当数量的不可测量的基本生存标准和非市场生产，而这些在官方数据里未得到体现，因此低收入值具有合理性。

定义了最小值和最大值之后，次级指标按下式计算：

维度指数=（实际值−最小值）/（最大值−最小值）

对教育维度而言，首先将上式应用于两个次级教育指标，分别得出指数并计算其几何平均数，然后再将该几何平均数重新代入上式计算，使用 0 作为最小值，使用在考察期内的上述指数的最大几何平均数作为最大值。这与直接将上式应用于两个次级教育指标的几何平均数是等价的。

由于每个维度指数代表了相应维度的能力，从收入到能力的转换函数可能是凹函数，因此，对于收入维度，将实际最小值和最大值的自然对数作为计算用的最小值和最大值。

第二步：将次级指数合成 HDI，HDI 是三个维度指数的几何平均数。

$$HDI = \sqrt[3]{I_{寿命} \cdot I_{教育} \cdot I_{收入}}$$

编制的原则 在 HDI 的编制上，应遵循以下原则：能测量人类发展的基本内涵；只包括有限的变量以便于计算并易于管理；是一个综合指数而不是过多的独立指标；既包括经济又包括社会选择；保持指数范围和理论的灵活性；有充分可信的数据来源保证。

评价 根据 HDI 创始人之一的塞利姆·加汗（Selim Jahan）分析，1990 年以来 HDI 的应用取得了五项显著成就：①HDI 显示了收入并不是人类生活的全部，人均收入作为测量人类发展的手段有其片面性和局限性；②HDI 促使国家间展开良性的竞争，从排名上各国可以了解许多国家发展的信息，从而借鉴经验对本国的弊端进行积极的改革；③HDI 已经或正在成为各个国家所认可的强有力的公共宣传工具，由此引发的政策争论和对话将对进一步发展起到促进作用；④HDI 的产生首先需要系统和可靠的数据，在数据采集过程中，促进了数据筛选和评价方法的不断创新；⑤HDI 的不断完善过程促进了统计科学研究。

HDI 指标自推出以来就不乏批评者，反对的意见可以归纳为以下两个方面：一是发展的内涵很大，HDI 只选择有限指标来评价一国的发展水平，而这些指标只与健康、教育和生活水平有关，无法全面反映一国人文发展水平。二是认为 HDI 的计算方法存在问题，HDI 值的大小易受最大值和最小值的影响，当最大值或最小值发生变化时，即使一国的指标值不变，其 HDI 值也可能发生变化。此外，认为 HDI 没有顾及性别、基尼系数等。针对上述批评，UNDP 在 HDI 构建及各变量最大、最小值的选择上不断完善和变化。UNDP 发布的《2010 人类发展报告》中创立了不平等调整人文发展指数（IHDI）、性别不平等指数（GII）和多维贫困指数（MPI）三个创新性的度量指标。作为方法上的重大改进，三个新指数使 HDI 能更完善、准确地反映一个国家发展取得的成就和存在的问题。

（乔永平）

renlei Shawen zhuyi

人类沙文主义 （human chauvinism） 原指极端的、不合理的、过分的爱国主义，即盲目热爱自己所处的国家、团体，并经常对其他国家、民族和团体怀有恶意与仇恨。现指极端的人类中心主义，它以偏向于对人有利的方式来选择和确定那些与道德有关的标准，主张以有差别、歧视和蔑视的态度对待人类之外的成员，认为动物不值得予以尊重，并以此对自然界采取狭隘的、片面的实践态度。

沿革 沙文主义是资产阶级侵略性的民族主义，于 18 世纪末、19 世纪初产生于法国。法国士兵尼古拉·沙文（Nicolas chauvin）对拿破仑以军事力量征服其他民族的政策盲目崇拜，狂热拥护拿破仑的侵略政策，鼓吹法兰西民族是世界上最优秀的民族，主张用暴力建立法兰西帝国，沙文主义因此得名。它宣扬本民族利益高于一切，煽动民族仇恨，主张征服和奴役其他民族。在帝国主义时代，沙文主义是帝国主义侵略和压迫其他国家和民族的舆论工具，其实质是一种狭隘的民族主义。

后来沙文主义一词被广泛应用，如大国沙文主义、民族沙文主义、男人沙文主义、人类沙文主义等，在英文中，"沙文主义"更多用来指种族歧视与性别歧视。

内涵　人类沙文主义是片面的、极端的"人类中心主义"。人类沙文主义把人类作为价值和道德的唯一主体，主张人类是仅有的、唯一有资格获得道德关怀并具有价值的存在物，道德概念的定义、逻辑或意义本身就决定了道德关怀在逻辑上只能限制在人类的范围内，并把道德和价值限制在人类范围内被视为必要。人类沙文主义热衷于强调特权种属与非特权种属之间的区别——确实存在着把人类与非人类存在物（至少是健康而成熟的非人类存在物）区别开来的特征。问题在于，这些区别通常不能成为歧视的根据，而这种歧视却被说成是合理的。因此，以物种的特征为依据，对特权种属与非特权种属所作的极端的区别对待，以及把非特权种属视为纯粹的工具来对待的做法的合理性，是人类沙文主义的突出特征。

人类沙文主义包括弱式人类沙文主义和强式人类沙文主义两种形式。弱式人类沙文主义没有把非人类存在物完全排除在道德关怀与道德权益的范围之外，但是认为人类基于其种族的缘故天经地义地具有较大的价值或享有优先权，其他非人类存在物应当服务并服从于人类利益。强式人类沙文主义认为，价值和道德最终只与人有关，非人类存在物只有在能为人类的利益或目的服务时才拥有价值或成为限制人的行为的因素。强式沙文主义强调人的主体性，认为人类是迄今为止唯一具有利用、征服、改造自然能力的高等动物。它过分强调人类的中心主宰地位，认为人类可以肆无忌惮地凌驾于其他一切物种之上，人类对自然界具有支配的

地位，人是"万物之灵"，是"万物的尺度"。

澳大利亚环境伦理学的先锋人物理查德·罗特利（Lichade Luoteli）和薇尔·普鲁姆德（Ville Plumwood）认为，人类沙文主义的实质就是以有差别、歧视和蔑视的态度对待人类物种之外的其他成员。美国哲学家诺顿（B.G.Norton）认为，强式人类中心主义实质是人类主宰、征服自然的人类沙文主义。

强式人类沙文主义认为，地球及其所有非人类存在物都是为了人类的福利而存在的（或可为人类所用的），是为人类的利益服务的，因而人有权利依其意愿（根据他的利益）统治地球及其生态系统，即价值是由人类的利益决定的。所以，地球及生存于其中的非人类存在物不具有任何内在价值，至多只具有工具价值，因而对人的行为不构成直接的道德约束，非人类存在物只能为人类的利益服务。如果非人类存在物不能满足人类的利益，那么便不具有任何价值。所以，人类沙文主义暗含统治理论。

（牛庆燕　胡华强）

推荐书目

卡洛琳·麦茜特. 自然之死. 吴国盛，等译. 长春：吉林人民出版社，1999.

纳什. 大自然的权利. 杨通进，译. 青岛：青岛出版社，1999.

巴里·康芒纳. 封闭的循环——自然、人和技术. 侯文蕙，译. 长春：吉林人民出版社，1997.

霍尔姆斯·罗尔斯顿. 哲学走向荒野. 刘耳，叶平，译. 长春：吉林人民出版社，1997.

renlei zhongxin zhuyi

人类中心主义　（anthropocentrism）　又称人类中心论。是以人类利益为中心的理论。人类中心主义以人类的利益为出发点和归宿，在人与自然的价值关系中，人类的利益是价值原点和道德评价的依据，只有人类是价值判断的主体。"价值"是指"对于人的意义"，人是目的，自然是手段。

沿革　人类中心主义的发展大致经过了"早期的以人类为中心的思想""传统人类中心

主义"和"现代人类中心主义"三个阶段。

第一，早期的以人类为中心的思想。其代表思想有宇宙中心论和宗教神学的天命论。在西方，这种古代人类中心主义寄生于以天文学家托勒密（Ptolemy）为代表性人物的"地球中心论"，认为地球是宇宙的中心，人类是宇宙万物的目的，那么人类理所当然处于宇宙的中心。在中世纪的欧洲，基督教指出人类不仅在空间方位上位于宇宙的中心，而且也在目的意义上处于宇宙的中心。《圣经》中上帝创造了世界万物，并且按照自己的样子创造了人，让人"生养众多、遍满地面、治理大地，也要管理海里的龟、空中的鸟和地上各种各样的动物"。人是大自然的主人，高于其他生命形式，世界万物是上帝创造出来为人类服务的，是为了人类的利益而存在的，人对大自然的统治是绝对的、无条件的。因此，古希腊时期与基督教占统治地位的中世纪，是人类中心主义思想发展的早期阶段。直到文艺复兴时期，哥白尼（Copernic）的"太阳中心说"问世以后，"人类中心主义"才逐渐退出历史舞台。

第二，传统人类中心主义。近代工业革命推动了科学技术的迅猛发展和主体性的张扬，人类控制和利用自然不再寄希望于超人的宗教力量，转而寻求自身的理性力量。传统人类中心主义认为，人是自然界中唯一的主宰，在自然界中具有至高无上的道德地位，人类的需要和利益是第一位的，自然界应绝对服从人的利益，道德只存在于人与人之间，自然界只是满足人类生存的工具和手段。因此，人类对自然环境的污染和破坏不负有任何道德责任。传统人类中心主义也被称为强式人类中心主义，强式人类中心主义高度夸大了人类的主体性，导致人类对自然不顾后果的掠夺、征服，引发了自然对人类的报复。

第三，现代人类中心主义。20世纪80年代，随着生态学知识的发展，传统人类中心主义开始向现代人类中心主义转化，又被称为弱式人类中心主义。现代人类中心主义主张，生态环境是人类的共同财富，任何个人和团体都不能因为局部利益而破坏整体利益，不能对生态系统的平衡和稳定置之不理。但是，当人与自然的利益发生冲突时，依然要以人的利益为先。其代表人物有美国的环境伦理学家诺顿（B.Norton）和植物学家墨迪（W.Murdy）。诺顿认为，人类在利用自然资源时，应当有长远和周全的考虑，人类在表达欲望需要时必须经过谨慎理智的思考，拒斥任何破坏自然的行为，但是不必将内在价值赋予非人类存在物。墨迪认为，应当承认自然的内在价值，人类依赖自然界，应当把更多的价值赋予非人类自然物，人类对自然不仅是征服和索取的关系。因此，现代人类中心主义将人类道德延伸到非人类的动物和所有生命，并对整个自然界给予道德承认和保护。

分类 人类中心主义包括强式人类中心主义和弱式人类中心主义。

强式人类中心主义主张，人是自在的目的和最高级的存在物，人类的一切需要都是合理的，人类只要不损害他人的利益，可以把自然界看作是随意索取的资源仓库，可以为了满足人类的任何需要而破坏甚至毁灭任何自然存在物。只有人类才具有内在价值，其他自然存在物只具有为了满足人类的兴趣与利益的工具价值，不具有内在目的性。

弱式人类中心主义主张，应当在肯定自然内在价值的基础上承认人的利益，人类应当在理性思维的指导下限制某些物质需要，促进人与自然的和谐。

强式人类中心主义与弱式人类中心主义的理论归宿都是服务于人类的生存和利益需要，但是弱式人类中心主义在强调人的优越性的基础上，主张科学权衡和理性把握人类自身的利益需求，自然存在物不仅具有满足人的利益需要的工具价值，而且具有丰富人的精神世界的内在价值，人类有道德义务关爱自然世界。

理论意义 人类中心主义坚持人类的中心地位，对自然客体进行道德思考、道德关怀的出发点和落脚点是人类自身的利益，人类保护环境的责任基于人类对自身的责任，但是人类的生存和发展离不开自然生态环境，损害自然就是损害人类的利益。因此，人类出于保护自身利益的考虑，应当成为保护环境的行为主体，并以此规范当代人类对环境资源的开发、利用和保护，指导人类控制环境污染、拯救濒危物种、维护生态平衡。　　　　（牛庆燕）

推荐书目

余谋昌.生态学哲学.昆明：云南人民出版社，1991.

杨通进.走向深层的环保.成都：四川人民出版社，2000.

徐嵩龄.环境伦理学进展：评论与阐释.北京：社会科学文献出版社，1999.

何怀宏.生态伦理——精神资源与哲学基础.保定：河北大学出版社，2002.

S

熵 （entropy） 热力学系统的一个状态函数，表示变化的容量。

概念的提出 19 世纪 50 年代，科学家发现卡诺热机完成一个完整的循环过程，不仅遵守能量守恒定律，而且工作过程中物质吸收的热量 Q 与工作时的绝对温度 T（$T= t$+273.16，t 为摄氏温度）的比值之和 Σ（Q/T）始终为零（Q，T 均不为零）。根据以上这一物理量特性，德国科学家克劳修斯（Rudolph Clausius）把可逆过程中工质吸收的热量 Q 与绝对温度 T 之比值称为 entropy（熵），用符号 S 表示，标志着熵概念正式诞生。

发展 熵概念和熵增原理的提出，对在此之前就已经形成的热力学第二定律的两种表述"热不能自发从低温物体流向高温物体"（克劳修斯）和"不可能从单一热源取热，使之完全转化为有效功，而不产生其他影响"[威廉·汤姆森（William Thomson）]做出了很好的证明，有效地说明由于存在熵的增加，所以热机效率不能达到 100%。

在克劳修斯的数理分析中，熵没有像其他物理量那样通过"可观察量"进行直接定义，而是以两个等温过程中热与温度的商之和为零的结果给出了定义，熵的变化涉及了自发变化的方向，特别是它对时间方向的描述第一次包含了全域的含义，第一次将时间表达为变化的内部性质。

奥地利物理学家玻尔兹曼（Boltzmann）在研究气体分子运动过程中，基于把热理解为微观世界分子运动的观点，认为在有大量粒子（原子、分子）构成的系统中，熵就是表示粒子之间的混乱程度的物理量。当一个系统处于平衡时，系统的微观能量状态个数越多，熵也越大。

香农（Shannon）把熵作为一个随机事件的不确定性或信息量的量度引入信息论中，称为信息熵。信息熵作为一个不同于热力学熵的概念，是熵概念和熵理论在非热力学领域的泛化应用，也称为广义熵，具有更为广泛和普遍的意义。信息熵的概念奠定了现代信息论的科学理论基础，极大地促进了信息论的发展。

意义 熵的概念最初作为描写和判定热力学的一个状态参量，而后又在统计力学、非平衡态热力学和信息论等学科中根植下来，直到将它理解为表征物质系统状态的复杂程度而作为探索自然界复杂性的工具，是一个人类思维不断变革且变革又影响了熵理论探索的双重过程，无论是从自然科学领域还是整个科学范围，熵理论都产生了重要影响。20 世纪以来，熵增原理在生物学、气象学和天文学（天体物理学）等自然科学中，以及经济学、历史学、语言学、政治学、伦理学、社会学等社会科学中均得到了不同程度的广泛运用。

自然科学方面 ①熵理论在物理学领域中第一次真正触及自然界发展的不可逆性问题，热力学第二定律从另一个侧面揭示了自然界局域过程发展的单一方向性。②熵理论揭示，宇宙有一个起源。应用熵理论，从宇宙空间中的能量分布，研究构成宇宙的星系和银河系这种巨大世界，向我们提供了宇宙（至少我们所能观察到的这部分宇宙）有一个起源的确凿无疑的证据。③地球的演化本身包含着熵理论。地球整体对于熵的吸收和散发，在研究地球的演化过程中，一直被认为是解决此问题的关键。④熵理论与生命本质紧密相关。地球上所有生物都是通过破坏周围环境的秩序，从它周围的环境中不断地吸取自由能，也就是将负熵不断地吸收到自身体内而维持生存。

社会科学方面 ①熵理论在经济学领域中的应用，主要是探讨环境、资源和信息化社会等问题。以能源形式的转变这种熵理论作为基础来探讨经济规律。②熵理论在历史学研究领域中得到应用。部分历史学家认为历史也是由"能量"创造的，巨大社会变革的主要原因是能量的变革。③熵理论为伦理道德研究提供了自然科学基础。熵理论提供了一种从整体性来把握事物之间相互关系的思维方式，使传统的自然和人类分开的思维方式得到改观，促使人类同其他生物以及同整个自然界之间建立起一种崭新的伦理学观念。　　　　　（侯波）

推荐书目

杰里米·里夫金，特德·霍华德.熵：一种新的世界观.吕明，袁舟，译.上海：上海译文出版社，1987.

汤甦野.熵：一个世纪之谜的解析.合肥：中国科学技术大学出版社，2004.

shehui Da'erwen zhuyi
社会达尔文主义 （social Darwinism） 19世纪中后期形成于欧洲社会，用达尔文生物进化理论来解释人类社会发生发展的西方社会学流派。

主要内容 主张用达尔文的生存竞争与自然选择的观点来解释社会的发展规律，认为优胜劣汰、适者生存的现象普遍存在于人类社会。因此，只有强者才能在环境中更好地生存，而弱者就只能遭受灭亡的命运。社会达尔文主义最早由斯宾塞（Spencer）提

出。社会达尔文主义首先将生物生存环境与人类社会环境等同起来，认为人类社会也就是一个特殊的生物有机整体，随着社会环境的变迁而不断进化；其次，社会达尔文主义还将种族和物种等同起来，认为种族也一样符合适者生存、不适者淘汰的生物进化规律。社会达尔文主义的理论体系包括社会进化论和社会有机体论两个部分。社会进化论看到了社会的进步性，而社会有机体论则看到了社会的整体性。社会的进步在于，社会会沿着一定的进化阶梯前进，每一阶梯都比前一阶梯高级，最后达到完善的境地。在社会进步的过程中，适者生存、不适者淘汰的生物进化现象不仅必然会出现，而且具有合理性。社会的整体性在于，社会系统内部的各个部分具有相互的关联性，构成了人们赖以生存的一种综合体。所以，人类社会不仅同生物一样是一个有机体，而且也同生物有机体一样包含营养、循环、调节三个运行系统。社会的运行就是靠这三个系统相互依存、相互影响，从而使整个社会处于一种相对平衡的状态。

方法变化 社会进化论将进化作为自然界的运行的普遍规律，由于人类也是自然界的一部分，所以认为将其应用到人类社会也是合理的。社会研究往往借鉴自然科学的方法。19世纪，自然科学的方法和发现使社会研究发生了革命性的转变。在实证科学必须要改造知识的逻辑，从而改造伦理、政治和宗教的影响下，当达尔文（Darwin）的《物种起源》（1859年）出版之后，英国理论家就开始用进化和生物进化的术语来分析社会的规律。其中的代表有马尔萨斯（Malthus），他的人口研究中就审查了自然定律对社会组织的影响。提出社会达尔文主义概念的斯宾塞则立足于孔德（Comte）和生物科学的进化论陈述了他的社会与环境之间的相互适应与斗争的社会学理论。他用生物进化学说，尤其是用生存斗争、适者生存的规律来诠释或阐明人类社会的发展和结构。社会研究的方法将孔德主义和科学进化观相结合，逐步形成了社会达尔文的方法论。社会达尔文主义者

皮尔逊（Pearson）将进化论思想用于认识论，以及优生学、伦理学、历史学、社会学和其他诸多社会问题（如社会主义和妇女问题）的研究。在 19 世纪的最后几十年间，社会进化论方法在社会研究中占据了统治地位。

演变发展 社会达尔文主义本身并不具有明显的政治倾向。一部分社会达尔文主义者试图借此思想说明社会进步和变革的不可避免。然而，社会达尔文主义在之后的演变中，"优胜劣汰""适者生存"的公式被滥用到各种社会学说中，被其拥护者用来为社会不平等、种族主义和帝国主义辩护，作为其合理性的依据。进而，社会达尔文主义还与保守主义、自由竞争资本主义、法西斯主义和种族主义相结合。"适者生存"被异化为与其哲学思想相对立的东西，从而使社会达尔文主义成为被抨击的对象。

影响 社会达尔文主义借鉴了物种进化论中各物种为了生存而不停地斗争，弱小物种和种族的消亡和灭绝贯穿整个历史的观点。在特定的社会背景下，它过度地强调竞争而非合作，甚至认为一个种族为了生存必须具备侵略性。极端社会达尔文主义者甚至将其作为论证优生学和纳粹的种族学说的依据，从而对社会发展产生了极大的负面影响。　　　　　（曹昱）

shenceng shengtaixue

深层生态学 （deep ecology） 随着生态运动的开展而形成的生态中心主义流派。其代表人物是挪威生态思想家阿伦·奈斯（Arne Naess）。

深层生态学孕育于 20 世纪六七十年代，奈斯于 1972 年正式提出"深层生态学"范畴。深层生态学形成之初在较长的时间里一直处于西方哲学乃至生态哲学的边缘，并没有引起人们的重视。直到 80 年代，随着生态环境问题日益引起人们的关注，深层生态学才开始引起人们的重视。德韦尔（Deval）、塞欣斯（Sessions）、福克斯（Fox）对深层生态学做了系统论述和进一步阐发。深层生态学的代表作有德韦尔和塞欣斯合著的《深层生态学》，福克斯撰写的《超越个人的生态学》。

"深层"特征 深层生态学的"深层"特征是相对于浅层生态学而言的。1972 年 9 月，奈斯在第三届"世界未来研究大会"上作了题为"浅层与深层、长远的生态运动"的报告，首次提出了"深层生态学"概念，并将深层生态运动与浅层生态运动区别开来。

深层生态学的"深层"，主要是指通过"深层追问"的方法，反思生态环境危机的思想文化根源，超越了人类中心主义的价值立场，在世界观、价值观、生活方式、社会制度等方面，提出了迥异于浅层生态学的观念，从而将生态思想推向"深层"。具体而言，浅层生态学的思想出发点和最终依据依然是人类的经济利益，而不是生态系统的利益，深层生态学则从生态科学认识中推导出生态中心主义观念，主张以生态承受力取代经济增长观念；在世界观上，浅层生态学固守主客二分的机械论世界观，深层生态学则从生态学认识出发，赞成"过程中的统一"的整体论世界观；在价值观上，深层生态学主张克服人类中心主义价值观念，肯定非人类成员的内在价值；同时，由于将生态环境危机的根源归之于文化观念和社会制度，深层生态学认为，要从根本上解决生态环境危机，就必须进行文化观念和社会制度的根本变革。

理论结构 深层生态学理论体系由四个层次构成：一是深层生态学的终极原则或世界观，即生物圈平等主义（生态中心主义平等观）和自然界自我实现论两条最高原则；二是可以从两条最高原则推导出来的八条行动纲领；三是由八条行动纲领推导出来的较一般的原则和规范；四是人们实施决策的具体方式。

两条最高原则 生物圈平等主义强调生物圈中的一切存在物均具有自身的内在价值，因而均拥有自身生存与繁荣的平等权利。深层生态学认为，人类只是众多物种中的一员，在自然生态系统中并无优先于其他存在物的特权，因此应尊重生物圈及其自然存在物的内在价值。自然界自我实现论强调扩大自我认同的范围，主张将自我认同为更大整体的有机组成部分。深层生态学提出"生态大我"观念，将伦理关注的范围拓展到其他生命及生态系统整体，追求人与其他生命、生态系统价值的共同实现。

八条行动纲领 ①地球上人类和非人类生命的健康和繁荣有其自身的价值（内在价值、固有价值）。就人类目的而言，这些价值与非人类世界对人类的有用性无关。②生命形式的丰富性和多样性有助于这些价值的实现，并且它们自身也是有价值的。③除非满足基本需要，人类无权减少生命形态的丰富性和多样性。④人类生命与文化的繁荣、人口的不断减少不矛盾，而非人类生命的繁荣要求人口减少。⑤当代人过分干涉非人类世界，这种情况正在迅速恶化。⑥我们必须改变政策，这些政策影响着经济、技术和意识形态的基本结构，其结果将会与目前大有不同。⑦意识形态的改变主要是在评价生命平等（即生命的固有价值）方面，而不是坚持日益提高的生活标准方面。对财富数量与生活质量之间的差别应当有一种深刻的意识。⑧赞同上述观点的人都有直接或间接的义务来实现上述必要改变。

批评 深层生态学的生物圈平等主义和自然界自我实现论也受到许多学者的批评。

关于生物圈平等主义的批评参见生物圈平等主义。

关于自然界自我实现论的批评参见自然界自我实现论。　　　　　（陈红兵）

推荐书目

雷毅.深层生态学思想研究.北京：清华大学出版社，2001.

何怀宏.生态伦理——精神资源与哲学基础.保定：河北大学出版社，2002.

Bill Devall，George Sessions. Deep Ecology: Living as if Nature Mattered. Salt Lake City: Peregrine Smith Books，1985.

Fox W. Toward a Transpersonal Ecology. Boston: Shambhla Publications Inc.，1990.

shengming gongtongti
生命共同体 （life community） 所有非人类生命组成的生物群落和人类生命组成的所

有社会的共同体。它是生物共同体和人类共同体的总和。

产生 生命共同体作为一种观念意识产生于20世纪60年代的人类宇宙探险活动中。人类通过太空飞船在太空中反观地球时，在发现地球的壮观美丽的同时也愈加意识到地球是一艘承载生命的"诺亚方舟"（参见地球宇宙飞船），进而引发了人类观念史上的一次飞跃：由所谓"蓝色救生艇"的生存意识导引出"地球村"的概念，又派生出"生命共同体"的思想意识。

基本内容 1986年，美国著名生态伦理学家霍尔姆斯•罗尔斯顿（Holmes Rolston）受利奥波德大地伦理学的启示，在其代表性著作《哲学走向荒野》中提出作为生态系统的自然是一个美丽、完整与稳定的生命共同体，乃至整个地球构成了一个地球生命共同体。罗尔斯顿认为，真正爱智慧的哲学家应该关心我们生活和行动于其中的、支持着我们生存的生命之源的地球生命共同体。从此，生命共同体成为一个生态伦理学的重要概念。

在生态伦理学中，"生命共同体"被视为扬弃和超越"生物共同体"（biotic community）且更适合作为生态伦理学基础范畴的概念。奥尔多•利奥波德（Aldo Leopold）1949年在《沙乡年鉴》一书中阐述了人类伦理道德的历史发展，提出人类道德关怀的对象是不断拓展扩大的。以前的伦理范围只限于人类共同体，只重视人与人、人与社会的关系，而生态伦理把它从人类扩展到动物，再从动物扩展到植物，进而扩展至大地、岩石、河流乃至整个生态系统，即生物共同体。利奥波德还因此明确提出了生态伦理学的基本原则：当一件事情有益于保护生物共同体的完整、稳定和美丽时，它是正确的；否则，就是错误的。显然，利奥波德尝试建立一种把生物共同体置于道德视野之下的全新的伦理理论，且将是否有利于生物共同体的存在状况作为判断人的行为是否正确的伦理标准。这一做法为建构生态伦理学创设了基本前提，是富有远见卓识的。但是，生物共同体只是生物学或生态学的概念，它并不包括人类，如果把人类纳入生物共同体范畴，那么就是将生态科学概念直接用于生态伦理学，降低了人类的道德主体性，忽视了人类主体与生物主体的重要差异。生命共同体概念则可以克服这些困难。地球上所有的人类成员和非人类生命组成了整个地球生命的大家庭，它既包含作为生态伦理道德主体的人类，也包括作为道德客体的非人类生命。

生态伦理学意义 生命共同体概念对生态伦理学具有非常重大的意义。在生命共同体中，人类把道德关心对象从人类成员扩展到所有的生命主体，不仅仅只是伦理范围的简单扩展，尤其不能简单地理解为传统的人际伦理的应用，也不能把生态伦理当成是通过人与自然的关系表现出来的调节人类之间利益关系的伦理。通过生命共同体概念来理解这种道德关心对象的扩展，承担对人类的生物同伴直接的道德义务和对所有生命生存的生态环境间接的道德义务，说明人类已经不再只关心自己同类的利益，而且还关心生命共同体中所有成员的利益，关心整个生命大家庭的生存环境的健康和安全。人类已经开始超越了人类中心主义那种物种私利的道德境界，正在形成把人类生存和发展的局部利益与生命共同体的整体利益、把人类的未来与生物圈的进化前景联系在一起的新的道德境界。 （李亮）

推荐书目

奥尔多·利奥波德. 沙乡年鉴. 侯文蕙，译. 长春：吉林人民出版社，1997.

霍尔姆斯·罗尔斯顿. 哲学走向荒野. 刘耳，叶平，译. 长春：吉林人民出版社，2000.

朱贻庭. 伦理学小辞典. 上海：上海辞书出版社，2004.

shengtai beiguan zhuyi

生态悲观主义 （ecological pessimism）在生态哲学、生态保护和生态教学研究领域中存在的一种对全球性生态问题的解决悲观失望，以及由此引起的对人类未来悲观绝望的观点、情绪和态度的总和。

主要观点 生态悲观主义者认为，人类面临着物种大量灭绝、自然资源枯竭、人口爆炸、粮食危机、污染失控的生存困境，人类正在走向毁灭，而这一切都是人类盲目追求经济增长和滥用技术导致的恶果。生态悲观主义的主要论据是自然资源正在枯竭、物种正在大量灭绝、各种污染已无法控制、人口爆炸而食物减少，结论是人类正在走向毁灭。

①对生物多样性减少与物种灭绝状态感到绝望。有些学者从哲学和社会科学的角度出发，认为问题的重点不是简单地描述生物多样性的发展状况，而是针对生物多样性锐减，人们所持有的悲观的和消极的态度。

1981 年，美国环境作家保罗·埃利希（Paul Ehrlich）和安妮·埃利希（Anne Ehrlich）夫妇创作了《灭绝——物种绝迹的原因与结果》一书，其中最为引人注目的是表达了极大的不满和悲愤情绪。作者认为人类不当的行为严重破坏了大自然的自我调节机制，最终必将导致生物多样性的锐减及各种物种的灭亡。

②对于土地、能源和水资源的危机非常忧虑。生态悲观主义认为，人类对大自然大规模地进行人为的干预，如果不加以控制，地球的灭亡将指日可待，人类也会因此失去容身之所。

施里达斯·拉夫尔（S.Ralph）在《我们的家园——地球》一书中指出，长久以来，人类已养成了对自然资源任意取用的不良习惯。虽然现在人们已经意识到了这一状况，但却很难改变，这严重威胁到了人类的生存发展。

③认为人口爆炸性增长的情况无法改变。生态悲观主义认为，现代文明是建立在对资源的掠夺和对环境破坏的基础上的庞大系统，是不可持续的，随着资源的枯竭和环境破坏的日益严重，现代文明系统将走向崩溃。

1974 年，美国的卡廓尔（D. N. Cargo）和马洛克（B. F. Mallory）通过对当时的人口自然增长率的换算，得出全球人口数量将每 35 年翻一番，而且他们还换算出了全球人均占地面积。结论是：到 2075 年，全球人均占地面积仅有 1

英尺^2（1 英尺^2=9.290 304×10^{-2}米^2）；到 3545 年，全球的人口总重量将与地球重量持平。环境阻力和生物潜能之间极端不平衡的状态，最终导致地球人口爆炸性增长，即所谓的"人口爆炸"问题。许多生物学家表示担忧，如果生态系统的平衡不断遭到破坏，包括人类自身在内的所有生物将灭绝。

影响 生态悲观主义对生态思想起到了启蒙作用，促进了环境运动的兴起和环保组织的成立，推动了全球生态运动和生态教育的发展。

兴起于 20 世纪 70 年代的环境运动，如"地球日"的设立及一些发达国家纷纷成立环境社团并采取积极的活动等，都受到了最初的环境思想启蒙学者所持有的对未来的悲观主义的影响。早期环境启蒙思想家的著作具有很强的科学性，并且通俗易懂，有着很好的普及性，现在仍然作为大学环境教育课程的经典教学参考书。例如，芭芭拉·沃德（Barbara Ward）和杜博斯（R.Dubos）共同撰写的《只有一个地球》。

20 世纪 80 年代，在美国发生了目的在于保护弱势群体的环境权利的一次环境正义运动。发展至今，环境正义问题已成为各个国家平衡各阶级利益时重点关注的对象。国际社会也十分关注这个问题，环境正义日益上升为国与国之间的讨论重点。

生态悲观主义促使人类反思传统的价值取向、经济发展模式和消费模式，辩证地对待科学与技术的发展，最终树立人们的环境保护意识，逐渐养成良好的环境保护观。

评价 生态悲观主义自身的消极情绪，极大地影响到民众对未来的看法，从而使环境问题的解决更加不易。生态悲观主义者大多只看到了科学技术的不利的一面，而对科学技术的正面价值熟视无睹。这样就进一步加剧了民众对未来的悲观情绪，容易导致环境至上主义。当今世界，人口增长过快的问题日益突出。但是，人口的增长存在着内在规律性。随着经济、文化迅猛发展，人们的观念也在不断地更新。例如，20 世纪 70 年代，世界范围内人口增长率发生了明显的下滑。人们正逐渐自发地控制人口的进一步扩张。

（薛桂波）

生态捣乱行为 （monkeywrenching） 又称生态性故意破坏（ecosabotage）。是激进的环保主义者为保护动物和环境采取的破坏财物的极端行为。

受深层生态学思想的影响，激进的环保主义者主张生态中心主义，并采取各种形式的直接行动保护环境。生态捣乱行为是一种"以破坏阻挠破坏"的直接行为，这里所说的"破坏"不同于通常意义上的破坏，而是以保护生态环境为目的，以不伤害当事人人身安全为限度的"有意破坏"活动，是保护生态环境的一种较为极端的手段，其行动包括破坏大型机械以阻止在荒野地区筑路、建坝、采油、开矿，在树上钉钉以阻止伐木，凿沉捕鲸船等。

背景 20 世纪 70—80 年代，美国经济陷入"滞胀"，国际影响力有所下降，美国国内充斥着保守主义思潮，加之里根政府对环境保护的漠视，环境保护运动陷入低谷，主流的环保组织为顺应形势采取了改良措施，掀起了环境主义的第三次浪潮，强调通过谈判而不是对抗来谋求发展，主张在现有体制内开展合法斗争，主要建立在依靠环境专家（通常是律师、科学家）的原则基础上，直接与公司和政府机构谈判，在污染控制、能源政策以及其他环境问题上达成妥协。然而妥协策略没有带来生态环境的明显改善，环境保护运动本身反而走向了倒退，主流环保组织的妥协政策直接导致组织内部的激进分子对其不满，并开始脱离主流环保组织独立出来。此外，1975 年美国小说家爱德华·艾比（Edward Abbey）的小说《有意破坏帮》问世，小说讲述了主人公海都克和他的三个志同道合的朋友以有意破坏的方式阻止人们破坏生态平衡的故事，小说发表后引起了很大的争议，争论的焦点是：究竟能不能采取破坏手段来保护环境。受到小说的启发和激励，一些激进的环境保护主义者开始选择直接行动对抗环境破坏。"有意破坏者"激怒了许多人，也部分地、有限度地触犯了法律，因此常受到指控。艾比反复解释，他反对针对人的暴力行为，他提倡的仅仅是用破坏直接参与损害环境的机器和其他生产资料的方式，来惩罚那些踩躏自然的人和群体，以此引起人们对环境保护的关注。

组织和活动　在各方面的多重影响下，激进的环境保护主义者开始从主流的环境保护主义组织中独立出来，形成自己的组织，其中较早的也最出名的是地球优先！（Earth First!）。地球优先组织的口号是"保护地球母亲，决不妥协！"，成员们往往采取直接行动阻止他们认为可能造成野生生物栖息地破坏或荒野地区被破坏的各种活动。1981 年 3 月，爱德华·艾比、戴夫·福尔曼（Dave Foreman）等领导 70 多名地球优先组织成员在美国亚利桑那州的格伦峡谷大坝集会，他们在大坝上贴上了黑色塑料布，远远望去，大坝就像出现了一个巨大裂口。这次示威抗议活动给公众留下了深刻的印象。此后，地球优先组织在多个大坝开展抗议活动，要求拆除大坝，让河流自由流淌。除了表达荒野保护的愿望外，地球优先组织还采取了许多实际行动来阻止对荒野的破坏。例如，利用扳手等工具拆卸推土机、采矿车、渔具或修路设备，拔掉施工现场的勘察标桩等。为阻止砍树，他们还会选择手挽着手围住大树，或是坐在树上，或是横躺在伐木车的前面，甚至在树干上钉入钢钉，阻止机器作业。保护荒野的斗争因为获得公众的声援而取得了一些胜利，在生态捣乱行为者看来这些行为是作为荒野一分子在保护自己，是地球自卫行动，但地球优先组织在当时被美国联邦调查局认为是"隐蔽的恐怖组织"。

随着地球优先组织的不断壮大，一些具有左派分子或无政府主义者政治背景的人加入到组织中，使得他们的一些生态捣乱行为遭到媒体和舆论的批评，也引起内部成员的分化，一部分更加极端的成员于 1992 年在英国布莱顿成立了地球解放阵线（Earth Liberation Front）。地球解放阵线成立以来，策划了多起财产破坏事件。此外，地球解放阵线还协同动物解放阵线（Animal Liberation Front）开展活动。2001 年"9·11"事件发生之后，美国加大了对恐怖活动的打击力度，地球解放阵线被美国联邦调查局列为美国"国内恐怖主义"中的顶级威胁，并被划归为"生态恐怖分子"。

影响　生态捣乱行为使环保运动在舆论上赢得了更多人的支持，使生态中心主义的思想更加深入人心，同时通过给政府、企业施加压力，最终迫使政府、企业不得不放弃某些对环境有害的项目。生态捣乱行为虽然宣扬以不伤害人身安全为前提，但在一些极端的事件中仍然有人因此而受伤，部分激进活动造成了巨额的财产损失，这使得一些人对生态捣乱行为持批判的态度，生态捣乱行为应控制在何种程度值得人们思考。生态捣乱行为目前还是违反法律的，没有一部法律支持人们采取此行为，加之政府对激进组织的防范和控制，生态捣乱行为未来向何处发展也是未知数。

（王蕾）

推荐书目

杨通进.环境伦理：全球话语　中国视野.重庆：重庆出版社，2007.

王诺.生态与心态：当代欧美文学研究.南京：南京大学出版社，2007.

Benjamin Kline. First along the River: A Brief History of the U.S. Environmental Movement. San Francisco：Acada Books，2000.

Rik Scarce.Eco-warriors：Understanding the Radical Environmental Movement.Chicago：Noble Press，1990.

shengtai diguo zhuyi

生态帝国主义　（ecological imperialism）西方少数发达国家通过各种形式谋求最大利润以及向发展中国家转嫁生态危机，并借由生态环境问题来推行帝国主义强权政治和霸权主义的一种行径。其目的在于限制和制约发展中国家的发展，以最终实现其控制全球的目的。

"生态帝国主义"最早出现在美国历史学家阿尔弗雷德·克罗斯比（Alfred W. Crosby）1986年出版的《生态帝国主义：欧洲的生物扩张，900—1900》一书中。此书描述了殖民者带到殖民地的外来物种（多数是无意的）给当地生态造成的灾难。不过，克罗斯比仅仅涉及"生物扩张"（bio-logical expansion）问题，而没有直接涉及作为政治、经济现象的帝国主义，也没有涉及生态问题与处于核心地位的资本主义国家对外围国家的统治以及资本主义势力间的敌对状态的关系。而美国作家保罗·德里森（Paul Driessen）首先创造了具有目前含义的"生态帝国主义"一词。

主要表现 生态帝国主义不仅是纯粹的生态范畴，而且是一个经济、政治范畴。①生态方面。"生态帝国主义"直接表现在对发展中国家的生态资源的掠夺。②经济方面。发达国家通过直接掠夺发展中国家的土地、劳动力、自然资源等，支持本国经济的发展，以实现其全球范围内的利润最大化。③政治方面。其一，发达国家是造成全球生态环境问题的主要责任者，但却将责任推卸给发展中国家，以生态环境的日益恶化为由，指责发展中国家浪费自然资源、污染生态环境、破坏生态平衡等，并借机干涉这些国家的内政。其二，一些发达国家的环保主义者将其自身的环保观念强加于发展中国家，认为生态利益优先于人类利益，即将"生态中心主义"置于"人类中心主义"之上，不顾发展中国家落后的现实国情，以环境保护为借口来限制和制约发展中国家的发展，进而干涉这些国家的内政，以实现其特定的政治意图。

生态掠夺同16、17世纪的贩卖黑奴与18、19世纪对落后国家的商品输出和资本输出的那种掠夺在本质上是一致的。生态帝国主义实质上是帝国主义应对时代发展的一种更加隐蔽的剥削掠夺行径。只是传统意义上的帝国主义表现为发达国家掠夺发展中国家的奴隶、财富和传统资源；生态帝国主义则更多地表现为掠夺发展中国家的自然资源，破坏发展中国家的生态环境。虽然生态帝国主义更多的是以生态剥削与掠夺为表征，但这并未改变其帝国主义的本性。

后果及影响 发达国家施行的"生态帝国主义"是一种损人不利己的"恶行"，势必会给发展中国家、发达国家自身及整个人类社会带来一系列严重的后果。①造成发展中国家生态环境恶化和持续贫困。发达国家对发展中国家的生态剥削与掠夺是后者生态环境恶化的根本原因。发达国家疯狂掠夺发展中国家的自然生态资源，破坏其生态环境，大大改变了当地生态系统的结构，使得当地生态环境状况持续恶化。此外，发达国家不仅直接掠夺发展中国家的财富，还以"环保"为借口，制定各种贸易壁垒政策，限制发展中国家产品的出口等，严重阻碍和限制发展中国家的发展。一些发展中国家迫于贫困和债务等危机，对有限的资源进行掠夺性的开发，使得环境进一步恶化，由此陷入了一个环境恶化和贫困的"恶性循环"。②阻碍发达国家自身及人类社会整体的发展。全球生态环境的各个组成部分密不可分、休戚相关，形成了一个有机的生态系统。生态系统中的各要素在全球范围内是不断循环运动的，发展中国家的污染会随着这种循环到达全球的每一个角落，即环境污染和生态危机是没有国界的。发达国家通过产业转移等方式将环境污染和生态破坏转移到其他国家，以此减少对本国生态环境的破坏，而实际上发展中国家生态环境破坏所带来的生态灾难最终将由整个人类社会共同承担，由此严重影响整个人类社会的长远发展。③引发争取环境公平的斗争。发达国家无视发展中国家的利益，采取直接或间接的手段对当地的自然资源进行掠夺与破坏，加剧了国家之间的贫富分化；同时发达国家全然无视人道主义要求，凭借自身雄厚的经济实力，为维护自身的利益，无视别国发展的正当要求，进一步加剧了国际社会的不公平。由此造成各种形式的反资本主义运动和反全球化运动不断发展，越来越多的发展中国家为争取环境公平而进行的斗争将可能成为21世纪的

主要特征。　　　　　　　　（乔永平）

推荐书目

阿尔弗雷德·克罗斯比. 生态帝国主义：欧洲的生物扩张，900—1900. 张谡过，译. 北京：商务印书馆，2017.

约翰·贝拉米·福斯特. 生态危机与资本主义.耿建新，宋兴无，译. 上海：上海译文出版社，2006.

shengtai duoyangxing yu shengtai tongyixing
生态多样性与生态统一性（ecological diversity and unity of ecology）生态多样性是指生物圈中的生态环境、生物群落和生态过程等的多样性。生态统一性是生物多样性的表征。

主要内容　生态系统由大量的物种构成，具有复杂性。从生态系统水平上看，物种之间存在捕食和被捕食、寄生、互惠共生等交错的种间关系。这些物种在生态环境中直接或间接地联结在一起，形成了一个复杂的生态网络。正是生态系统的复杂性才导致生态系统结构和功能的多样性、自组织性及有序性。生态系统的统一性就是要通过复杂学（science of complexity）的原理和方法来研究生态多样性，探讨生态系统复杂化的机理及发展规律，为认识生态系统提供一条新的途径。

生态多样性体现了物种生态特征的多种多样性。一般来说，生态多样性被包括在生物多样性之中，成为和基因、物种多样性并列的部分。生物圈内生物群落的多样化以及生态系统内栖息环境的差异、生态过程变化的多样性，导致生态系统的多样化。生态系统具有一定的自我调节能力。但这种调节能力是有限的，如果外界干扰超过这个限度，生态系统就会遭到破坏。生物圈是最大的生态系统。生物圈中的生态系统有森林生态系统、草原生态系统、海洋生态系统、淡水生态系统、湿地生态系统、农田生态系统、城市生态系统等。类型多样的地貌和多样化的气候资源，为种类繁多的生物生成和繁衍提供了极为优越的环境条件。

生物圈中的生态系统多种多样，但仍构成了一个巨大的统一体。生态多样性的研究为探索生态系统的整体性、有限性、复杂性及选择性规律提供了前提。从复杂学的角度，多样性的统一体包含着自组织、自演化的结构，那么在生态环境和各个生物物种内部必然同样具有自组织、自演化结构。

相互关系　生态多样性是生态统一性的前提，而生态统一性是生态多样性的必然趋势。生态统一性表明，多样性的生态环境下的生物物种在自组织、自演化的节律中趋向和谐性存在。生态统一性就是生物多样性的表征。正是由于生物多样性的存在，围绕不同生物物种才可能构成不同的生态系统。生态统一性并非直接的同质性，而是在整体性、有限性、复杂性和选择性的综合效应中，使多样生命体和谐共荣、互惠互利，形成具有内在动力机制的自组织、自演化体系。

生态复杂性（ecological complexity）是生态学和复杂学相结合的研究领域。生态复杂性研究旨在对群落或生态系统水平的层面，通过探讨复杂性与稳定性之间的关系来获得生态系统的规律。通过借鉴生态复杂性研究的新方法，即利用复杂学的原理，形成了独特的研究视角来探讨进化和生态学问题。相关研究内容涉及生态系统内部不同层次上的结构和功能。

复杂学的研究方法对于重新认识生态系统的多样性和稳定性之间的关系具有重要的意义。在生态学和复杂学结合之前，人们认为如果生态系统中物种数越多，那么物种之间联结强度越大，从而使得生态系统越不稳定。仅从细胞自动机法分析得到的结果来看，物种之间的过多联结确实不利于稳定。然而，当物种与周围其他物种之间产生联系并相互作用，进而构成了一个和谐的系统时，即使系统中的物种数再多，也可能出现有序的稳定结构。这一结论与自然生态系统的实际情况基本吻合，因为虽然成千上万的物种之间直接或间接地发生着联系，但每个物种与其他物种直接发生的联系数是有限的。这样，按照复杂学的观点，多样性并不一定导致不稳定性。由此可见，生态学与复杂学相结合的方法对于研究成千上万有着直接或间接联系的物种所构成的多样性的统一体具有优势。　　　　　　　　　　（曹昱）

推荐书目

万以诚，万岍. 新文明的路标：人类绿色运动史上的经典文献. 长春：吉林人民出版社，2000.

shengtai faxisi zhuyi

生态法西斯主义 （ecofascism）　又称环境法西斯主义。是个体主义者对利奥波德（Leopold）整体主义大地伦理学的批判，批判者认为无论整体主义呈现怎样的形态，其主张都会对个人权利和个体动物权利构成威胁，这样一种整体主义会像希特勒的"全体主义国家"那样否定个人的尊严和自由等理念，会导致"生态法西斯主义"。

产生背景　"生态法西斯主义"最早源于德国希特勒时期的生态政策与主张。由于希特勒（Hitler）和希姆莱（Himmler）都奉行严格意义上的素食主义理念，所以在20世纪30年代纳粹执政期间，德国成为世界上最早制定了生态保护政策、建立了自然保护区的国家。因此纳粹执政结束后，对于希特勒及其绿党的生态政策与生态理念的提及，令关注环境问题的学者们感到颇为尴尬。

利奥波德的整体主义大地伦理学超越了以人类个体尊严、权利、自由和发展为核心思想的人本主义和自由主义，颠覆了长期以来被人类普遍认同的一些基本价值观，它甚至要求人们为了生态整体的利益自觉主动地限制超越生态系统的承载能力的物质欲求、经济增长和生活消费。正因为如此，利奥波德的生态整体主义思想一经出现便引起了人们的质疑，受到了相当激烈的批评，也遭到了各种各样的理论诘难，大致可以归纳为两类：一类批评沿用承袭了摩尔（Moore）以来的元伦理学的思想，认为事实与价值二分，由事实或"是"不能必然推导价值或"应该"，利奥波德用生态学的事实来推导论证环境伦理学规范，因此犯了"自然主

义谬误"；另一类批评沿用承袭了社会政治哲学中的个人主义传统，认为让个体为整体而牺牲自己是"生态法西斯主义"。批判者代表人物有汤姆·雷根（Tom Regan）、艾瑞克·卡茨（Eric Katz）等。在个体主义者看来，无论整体主义呈现怎样的形态，其主张都会对个人权利和个体动物权利构成威胁。动物权利论者雷根更是谴责利奥波德生态整体主义价值观，认为其对个体利益忽视甚至否定，批评生态整体主义与自由主义核心观念背道而驰，破坏了对个体的尊重。雷根指出，大地伦理学"包括了一种明确的期望，即为了生命共同体的更大的善，可以以'生命共同体的完整、稳定和美'的名义无视和牺牲个体的利益"。他认为"按照利奥波德所说，人'只是生命共同体中的一员'，因而与共同体中的任何其他成员拥有同样的道德地位"，这完全是"生态法西斯主义"的体现，因为在这里完全没有尊重个体权利的理念。他质疑道："如果我们对构成生物群落的个体表现出恰当的尊重，群落难道就不会得到保护吗？那难道不是更具整体性的、关注体系的环境保护主义者想要的吗？"据此，雷根得出结论：大地伦理强调整体或生命共同体，否定或抹煞了个体的道德权利，这样一种整体主义会像希特勒的"全体主义国家"那样否定个人的尊严和自由等理念，会导致"生态法西斯主义"。

争论　利奥波德大地伦理学的拥护者们也提出种种应付批评的办法，如克里考特（J.B. Callicott）借用西方古典哲学中的整体主义传统来消弭人们对大地伦理学整体主义方法的生疏感。唐·玛丽爱特（D.E. Marietta）从多元论的视角阐释和辩护，把弱化大地伦理的权威性作为代价，从而来论证大地伦理的合理性，认为大地伦理是人类行为选择时必须考虑的因素之一。琼·莫林（Jon Moline）明确区分了直接整体主义和间接整体主义的概念，用德性伦理为大地伦理学进行论证和辩护。罗尔斯顿（H.Rolston）则认为人们对利奥波德环境整体主义产生误解的根本原因是混淆了人际伦理学和大地伦理学之间的界限。我国学者卢风认为只

要辩证地理解个体与整体之间的关系，以及辩证地理解主体与客体的关系，并清醒地意识到在人类之上还有无限的大自然，便既可坚持整体主义的环境伦理立场，又不会走向"生态法西斯主义"。

因为个体利益与整体利益的关系问题始终是伦理学的基本问题，目前还没有一种能圆满解决伦理学整体主义与现代社会关于人权保护思想之间的冲突的方法，这样也就为不同的理论探索提供了可能性和必要性。同时，不管这些理论流派的理论视角多么的不同，它们都能在某些问题上达成共识，从而在道德实践层面保持某种限度的一致。探讨环境伦理学如何既能充分吸取现代生态学的重要成果又能避免"生态法西斯主义"这一具有根本重要性的理论问题也将成为未来的发展方向。　（是丽娜）

推荐书目

利奥波德.沙乡年鉴.侯文蕙，译.长春：吉林人民出版社，1997.

汤姆·雷根，卡尔·科亨.动物权利论争.杨通进，江娅，译.北京：中国政法大学出版社，2005.

shengtai gongmin

生态公民 （ecological citizen）
生活在生态文明时代、具有生态权利与生态责任意识的公民。生态公民是建设生态文明的主体。

20 世纪末期以来，人们从自由主义公民理论、共和主义公民理论以及世界主义公民理论的角度对生态公民的特征与内涵进行了持续的探讨。一般认为，生态公民具有如下四个重要特征，具有这四个特征的生态公民是生态文明的建设主体，是生态文明的制度体系得以建立并正常运转的前提条件。

第一，生态公民具有较为明显的环境人权意识。现代公民意识的本质特征之一是，强调个人权利的优先性和国家对于个人权利的保护。拥有公民身份即意味着拥有了获得某些基本权利的资格。由于现代社会的每一个人都是基本权利的合法拥有者，因而，公民的基本权利又被称为普遍人权。公民所拥有的人权的范围是逐步扩展的。第一代人权以政治权利为主体，第二代人权以社会、经济和文化权利为主体，第三代人权以生存和发展权为主体。环境人权是第三代人权的重要内容。

20 世纪 70 年代，生态环境的恶化日益威胁着人类的健康和生存质量，于是环境人权开始引起人们的注意。1970 年，在日本东京举行的"公害问题国际座谈会"发表的《东京宣言》首次建议，把"人人享有不损害其健康和福利之环境的权利"作为一种基本人权在法律体系中确定下来。1972 年，第一次联合国人类环境会议通过的《人类环境宣言》明确指出："人类有权在一种能够过着尊严和福利的生活环境中，享有自由、平等和充足的生活条件的基本权利"。次年，欧洲人权会议制定的《欧洲自然资源人权草案》也将环境权作为新的人权加以确立。1987 年，世界环境与发展委员会提交的《环境保护与可持续发展的法律原则》再次确认，"全人类对能满足其健康和福利的环境拥有基本的权利。" 20 世纪 90 年代后期以来，随着环境意识在全球范围的普遍觉醒，环境人权已经成为一项得到绝大多数人认可的道德共识，并逐渐被落实到有关环境保护的国际法以及许多国家的宪法和法律中。

作为一项全新的权利，环境人权主要由实质性的环境人权与程序性的环境人权构成。实质性的环境人权主要包含两项合理诉求，一是每个人都有权利获得能够满足其基本需要的环境善物（如清洁的空气和饮用水、有利于身心健康的居住环境等）；二是每个人都有权利不遭受危害其生存和基本健康的环境恶物（如环境污染等）的伤害。程序性的环境人权主要由环境知情权（知晓环境状况的权利）和环境参与权（参与环境保护的权利）两个部分组成。明确认可并积极保护自己和他人的这些环境人权，是生态公民的首要特征。

第二，生态公民具有较强的责任意识和良好的美德。生态公民不是只知向他人和国家要求权利的消极公民，而是主动承担并履行相关义务的积极公民。《人类环境宣言》在肯定人类对满足其基本需求的环境拥有权利的同时，也明确指出，人类"负有保护和改善这一代和将来的世世代代的环境的庄严责任"。维护公共利益（特别是生态公共利益）是生态公民的责任意识的核心。从形式上看，生态公民负有的特定义务有三类，一是遵守已经确立的环境法规，二是推动政府制定相关的环境法规，三是在公共生活与私人生活中主动实践生态文明的各项规范。从性质上看，生态公民负有的义务具有非契约性（不基于公民之间的利益博弈）、非相互性（对后代的义务不以后代的回报为前提）、差异性（那些对环境损害较大的人负有较多的义务）等特征。

生态公民是具有良好美德的公民。现代社会的环境危机与公民个人的行为密不可分。单个地看，公民的许多行为（如高消费）既不违法，也不会对环境构成伤害。但是，这些看似无害的行为累积在一起，却导致了资源的枯竭和环境的污染。公民如何约束自己的这类行为，主要取决于公民自身的道德修养。公共领域与私人领域的分离是现代社会的重要特征。但是，公民在私人领域的生活方式却会对生态环境产生影响。公民的消费方式对商家是否选择资源节约型的生产方式有着重要的导向作用。因此，对环境保护来说，公民的消费美德以及私人领域的其他美德（如节俭）都是十分重要的。此外，政府的环保措施是有限的，环保法规的制定也具有滞后性。在这种情况下，公民需要采取主动行为，积极参与环保事业。参与方式主要有两种，一是以志愿者的身份积极参与各种民间环保活动，二是推动政府加快环保立法。无论公民采取哪种方式，都离不开美德的支撑。

在创建生态文明的过程中，现代公民不仅需要具备传统公民理论所倡导的守法、宽容、正直、相互尊重、独立、勇敢等"消极美德"（不会导致对他人或环境的直接伤害的美德），还需具备现代公民理论所倡导的正义感、关怀、同情、团结、忠诚、节俭、自省等"积极美德"（能够直接导致对他人或环境的状态的改善的美德）。其中，关心全球生态系统的完整、稳定与

美丽是生态公民最重要的美德之一。生态公民的这些美德是生态文明的制度体系得以创建的前提，也是这些制度体系得以良性运行的润滑剂。公民如果不能养成与生态文明相适应的美德，生态文明即使能够建立起来也难以长久地保持下去。

第三，生态公民具有较强的世界主义理念。现代社会的环境问题大都具有全球性质。环境问题的根源具有全球性。许多国家（特别是一些弱小的发展中国家）的环境问题是由不公正的国际政治经济秩序引起的。发达国家的消费取向和外交政策往往可能对发展中国家的环境状况造成严重的负面影响。环境污染没有国界，任何一个国家都不可能单独依靠自己的力量来应对全球环境恶化所带来的挑战（如全球气候变暖）。因此，全球环境问题的解决必须采取全球治理的模式；生态文明建设必须在全球范围同步展开。对环境问题的全球治理离不开具有世界主义理念的全球公民的积极推动与大力支持。

生态公民可清醒地意识到环境问题的全球性以及生态文明建设的全球维度，不再把国家或民族的边界视为权利和责任的边界，而是在世界主义理念的引导下积极地参与全球范围的环境保护。生态公民反对狭隘的民族主义，强调人类之间的团结、平等和相互关心，凸现对全人类的认同和世界公民身份的重要性，倡导全球民主与全球正义。具有世界主义理念的生态公民不仅关心本国的环境保护和生态文明建设，而且积极地关心和维护其他国家公民的环境人权，自觉地履行自己作为世界公民的义务和责任，一方面积极推动本国政府参与全球范围的环境保护，另一方面直接参与各种全球环境非政府组织（NGO）的环保活动，致力于全球公民社会的建设。

全球环境保护运动是全球公民社会建设的一股重要推动力量。目前正在经历的全球化进程是一个不平衡、不对称的进程，政治的全球化往往落后于经济的全球化，资本的全球化给全球环境造成的破坏尚未得到全球政治的

有效控制。在这种情况下，加强全球公民社会的建设将有效地弥补全球政治的不足，并对跨国公司不关心全球环境的行为构成有效的约束。全球消费者手中的货币是引导跨国公司最重要的"选票"。强大的全球环境 NGO 是推动和引导各国政府以及跨国公司积极参与全球环境保护的重要博弈力量。因此，具有世界主义理念的生态公民在全球市场和全球政治博弈中的选择和承诺将是全球生态文明建设成功与否的关键因素。

第四，生态公民是具有生态意识的公民。健全的生态意识是准确的生态科学知识和正确的生态价值观的统一。生态科学知识是生态意识的科学基础。生态价值观是生态意识的灵魂。只有树立了正确的生态价值观，人们才会有足够的道德动力去采取行动，自觉地把生态科学知识应用于生态文明建设。生态价值观是现代环境保护运动的重要发动机和牵引器。

现代生态意识的两个重要特征是整体思维和尊重自然。整体思维要求人们从整体主义世界观的角度来理解环境问题的复杂性。环境问题不是单纯的技术问题，不能依赖单纯的技术路径。环境问题的解决离不开政治和经济的制度创新，更需要人们的价值观和生活方式的相应变革。环境问题也不是单纯的环境污染与生态破坏问题，它与贫困问题、和平问题、发展问题等密不可分。环境问题与其他社会问题构成了复杂的"问题群"，对于这些问题群，必须采取综合治理措施。环境保护所涉及的也不仅仅是人与自然关系的调整，还涉及当代人之间以及当代人与后代人之间关系的调整。只有同时调整好这三种关系，环境问题才能从根本上得到解决。整体主义世界观还要求人们充分意识到生态系统是一个有机整体，它的各部分之间保持着复杂的有机联系。人类对生态系统的整体性、变化性与复杂性的认识和了解是有限的，因此，人类在干预自然生态系统时，必须要遵循审慎和风险最小化的原则，要为后代人的选择留下足够的安全空间。

尊重自然是现代生态意识的重要内容，也

是生态文明的重要价值理念。自然是人类文明的根基，脱离自然的文明是没有前途的文明。人类依赖自然提供的空气、水、土壤和各种动植物资源而生存。自然还能抚慰人类的心灵，提升人类的精神境界，满足人类的求知欲望。对于这样一个养育了人类的自然，现代公民应怀有感激和赞美之情。

尊重自然的基本要求是尊重并维护自然的完整、稳定与美丽。尊重自然的前提是认可人与自然的平等地位，既不对自然顶礼膜拜，也不把自然视为人类的臣民和征服对象，而是把自然当作人类的合作伙伴。尊重自然的理念与环境人权并不矛盾。人们对之享有权利的对象不是自然本身，而是自然的部分构成要素以及自然提供的部分"生态服务"。作为整体的自然不是任何人的财产，不属于任何人。因此，对环境人权的强调并不意味着人类是自然的所有者。相反，人类只有首先尊重自然，保护了自然的完整、稳定和美丽，环境人权才能最终得到实现。

（杨通进）

推荐书目

Dobson A，Bell D. Environmental Citizenship. Cambridge（Mass.）：MIT Press，2006.

Dobson A. Citizenship and the Environment. Oxford：Oxford University Press，2003.

shengtaihua
生态化（ecologicalization） 人类（主体）依据自然生态平衡的规律，遵循人与自然协调发展的理念，对自然环境、自然资源、自然生态实施保护、维护和改造的全方位、系统性的优化。

1866 年德国科学家恩斯特·海克尔（E.Haeckel）提出"生态学"，最初将其界定为研究生物之间的相互关系以及生物对生态系统的影响，与它们所生活的周围环境之间相互关系的一门科学。"生态"一词近年来被广泛使用，从传统生物学等自然科学研究范畴扩展到社会科学研究范畴，如经济生态、社会生态、政治生态等的研究，并提出"生态化"概念。

生态化反映了大自然的多效应、相联系与勿干扰的生物链定律；反映了物种间的相互依赖和相互制约的食物链、相互竞争、互利共生的生态平衡规律等。它不仅是一个具有前瞻性、世代性、创新性、战略性、方向性的词汇，更重要的是它是体现人类进步的、具有系统性与规律性的社会发展诉求之必然。

生态化体现了人类对自然改造的主观能动性，其一般特征表现在生态的安全性、导向性、系统性、结构性、法制性、经济性、伦理性、规律性等方面。随着对生态文明理念的普遍认同，生态化日益成为人类社会发展的诉求和目标。运用生态化观念和方法思考、解决政治、社会、经济等问题时形成初步定式，即思维方式的生态化、发展方式的生态化和消费方式的生态化。　　　　　　　　　　（刘伯智）

推荐书目

唐代兴.生态化综合：一种新的世界观.北京：中央编译出版社，2015.

唐纳德·沃斯特.自然的经济体系：生态思想史.侯文蕙，译.北京：商务印书馆，1999.

shengtai leguan zhuyi

生态乐观主义（ecological optimism）　　在生态哲学、生态保护和生态教学研究领域中存在的一种对全球性生态问题的解决充满信心，以及由此引起的对人类未来积极乐观的观点、情绪和态度的总和。

主要观点　生态乐观主义认为生物绝种和资源匮乏等问题被故意放大了，实际上世界人口的数量正逐渐下降。他们对现实和未来社会充满希望，认为一系列的环境问题都可以通过科学技术得到解决。生态乐观主义提倡人类应相信自己足够强大，要依靠自己的力量追求美好的未来。生态乐观主义的论据是：①自然资源并没有枯竭。生态乐观主义认为，人类已经步入了生态经济的时代，资源的含义不再局限于传统的矿产资源。与此同时，自然资源并没有真正枯竭。人类需要解决的问题是应该怎样发现、开发、利用新的资源，这样更加有利于

经济的发展和环境问题的解决。②物种灭绝的危机被盲目放大。生态乐观主义认为，物种具有很强的生命力和适应力，1990—1997 年热带雨林覆盖率平均每年缩小 0.43%，比原先的统计数据少 23%，这表明热带雨林的消失速度没有人们想象得那么快。此外，农业技术的推广有效地减少了对土地面积的需求，有利于缓解生物多样性锐减的问题。③人口增长总趋势是有所放缓的。生态乐观主义认为，1950—2050 年全球人口的增长总趋势是有所减缓的。并且到2050 年，各国平均每个妇女的生育子女数量将趋于平衡。民众的物质条件和医疗卫生条件等都得到了很大的改善，这无形中有效地抑制了人口的进一步增长。研究发现，在 20 世纪 70 年代初期，人口增长达到了前所未有的顶峰状态，每年的增长率超过 2%。此后，人口的增长速度有所放缓。农业技术的发展使得土地更加多产化，不断增长的人口问题得到了一定的解决。④环境污染并不是不能治理。生态乐观主义相信科技的力量可以解决生态环境问题，认为目前所有的环境问题都能够通过科学技术的进步得到解决和治理，不能有效解决的原因主要是资金和政治问题。治理环境污染的关键是发展经济、消除贫困和加强国际合作。⑤环境问题不会造成人类文明的毁灭。生态乐观主义认为，把人类文明的毁灭简单地归因于人口的爆炸性增长、自然环境的严重破坏等是一种没有依据的结论。

佛罗里达大学的大卫·霍德尔（David Hodell）带领研究团队于 2001 年在《科学》杂志上提出，他们在墨西哥发现了一份特殊的玛雅文明时期的气候记录。通过研究发现，绝大部分的玛雅人因极端干旱的天气而死亡，可见恶劣的气候条件是玛雅文明走向毁灭的关键因素。但是，处于半原始状态的玛雅人完全没有力量造成如此重大的干旱灾害，人们由此想象到是一种超越人本身的力量造成了这一结果。因此，生态乐观主义认为，生态环境问题不会造成人类文明的终结，当前的人类社会正在不断地从传统的工业文明转向生态文明。相信在

不久的将来，人们会迎来一个人与自然和谐相处的文明社会。

评价 生态乐观主义的积极意义在于，充分相信人类自身力量的强大。生态乐观主义认为尽管人类面对非常严重的环境问题，但依然坚信人类能够掌握自己的命运。

生态乐观主义也有自身的局限性，即过分夸大了科技的作用。即使科学技术发展强大，也没有能力应对接连不断发生的新问题。生态乐观主义想象中的替代能源依旧存在着很多技术难题，短时间内无法真正实现。20 世纪 60 年代以来，世界各地不断地兴起环境保护主义运动。虽然人类投入了大量的物资和人力来解决环境问题，但收效甚微，土地荒漠化、水土流失等一系列生态环境问题依旧十分严峻。

（薛桂波）

shengtai Makesi zhuyi
生态马克思主义 （the Ecological Marxism）
又称生态学马克思主义。是将马克思主义研究与生态学研究相结合而形成的独具特色的化解生态危机的思潮。它始于以法兰克福学派为代表的西方马克思主义对资本主义生态危机的生态学关注，经由加拿大学者威廉·莱斯（William Leiss）及其追随者本·阿格尔（Ben Agger）的发展而创立，是当代西方马克思主义中最有影响的思潮之一。

"生态马克思主义"一词来源于 1979 年美国得克萨斯州立大学教授本·阿格尔所著的《西方马克思主义概论》，他在该书中第一次提出并运用了"生态马克思主义"这个概念。就本质特征而言，生态马克思主义是一种试图将现代生态学原理与坚持和发展马克思主义有机结合以化解生态危机的社会思潮，区别在于有的学者认为经典马克思主义本身就蕴含着生态学思想，通过"发现"和研究，可以形成指导化解资本主义生态危机的马克思主义生态学，如美国生态马克思主义学者霍华德·L. 帕森斯（Howard L. Parsons）、约翰·贝拉米·福斯特（John Bellamy Foster）等；有的学者则认为经典马克思主义原理中存在关于生态危机的理论"空场"，需要运用现代生态学的理论重新修正和补充马克思主义，进而建构能够化解生态危机和回应绿色思潮的生态马克思主义理论体系，如美国生态社会主义学者詹姆斯·奥康纳（James O'Connor）、乔尔·科威尔（Joel Kovel）；还有的学者认为，生态马克思主义是运用马克思主义立场、观点和方法，以研究人和自然关系为理论主题的西方马克思主义新流派，它把资本主义制度及其生产方式看作是当代生态危机的根源，揭示了资本主义制度下技术非理性运用的必然性，强调解决当代生态危机的途径在于实现社会制度和道德价值观的双重变革，实现生态社会主义社会。

产生与发展 生态马克思主义的产生有两大背景：一是对资本主义生态危机的马克思主义批判，二是马克思主义者或马克思主义的追随者对绿色思潮积极回应。生态马克思主义认为生态危机是晚期资本主义遭遇的新危机，充分暴露了资本主义的反生态性和不可持续性。因此，1968 年法国"五月风暴"结束后，西方许多进步人士积极投入生态运动（环境运动）中，成为反叛资本主义的新势力。环境运动、绿色思潮和绿党就是对资本主义生态危机的社会和政治抗议。在反思和批判资本主义生态危机的过程中，法兰克福学派的代表人物赫伯特·马尔库塞（Herbert Marcuse）、埃里希·弗洛姆（Erich Fromm）等将视线投向了生态议题，他们以马克思主义理论为基础，对生态危机的社会思想根源进行批判性反思，提出了化解资本主义生态危机的科学技术主张和政策制度建议。沿着这种理路，1972 年威廉·莱斯在《自然的控制》中进一步提出并论证了把控制自然作为资本主义和社会主义进行竞争的工具是资本主义和社会主义社会普遍面临生态环境恶化的直接原因等观点，试图以此为出发点寻求替代方案，由此为生态马克思主义的创立做出了贡献。安德烈·高兹（André Gorz）也在批判资本主义生态危机中从存在主义转向了生态马克思主义。1979 年本·阿格尔正式提出了"生态马克思主义"这一概念，标志着生态马克思主义的诞生。

20 世纪八九十年代是生态马克思主义的形成和发展时期，生态马克思主义不仅形成了不同的派别，而且各自拥有不同的政治理想、奋斗目标以及经济、政治和社会纲领，在理论上趋于成熟。其主要流派有：①英国生态马克思主义。可分为以生态中心主义为价值取向的生态马克思主义，代表人物有泰德·本顿（Ted Benton），其主要代表作有《生态学、社会主义和支配自然：与格伦德曼商榷》《马克思主义的绿色化》以及生态马克思主义的论文《马克思主义与自然的极限：一种生态批判和重建》等。以人类中心主义为价值取向的生态马克思主义，代表人物有瑞尼尔·格伦德曼（Reiner Grundmann）和戴维·佩珀（David Pepper）。瑞尼尔·格伦德曼出版了《马克思主义与生态学》，发表了《生态学对马克思主义的挑战》等论文，对本顿的生态自治主义构想提出了质疑和批判，认为马克思的生态思想能够为分析生态问题提供深刻的洞见，生态问题可以在历史唯物主义的理论框架内解决。戴维·佩珀出版了《当代环境主义的根源》一书，在分析和质疑环境主义的起源中转向了基于历史唯物主义的生态马克思主义，后来又出版了《生态社会主义：从深生态学到社会正义》，成为生态社会主义的重要代表人物。②欧洲生态马克思主义。代表人物有乔治·拉比卡（Georges Labica）、萨拉·萨卡（Saral Sarkar）等。代表作有乔治·拉比卡的《生态学与阶级斗争》、萨拉·萨卡的《生态社会主义还是生态资本主义》等。③美国生态马克思主义。可划分为从马克思文本出发的生态马克思主义、用生态学补充和发展马克思主义的生态马克思主义。前者的代表人物有保罗·伯克特（Paul Burkett）和约翰·贝拉米·福斯特。代表作有保罗·伯克特的《马克思与自然》和《马克思主义与生态经济学》；约翰·贝拉米·福斯特的《马克思的生态学》和《生态危机与资本主义》。后者的代表人物有詹姆

斯·奥康纳和乔尔·科威尔等。代表作有詹姆斯·奥康纳的《自然的理由》、乔尔·科威尔的《自然的敌人》等。

这一时期，生态马克思主义相时而动，发生了新的变化。一方面，瑞尼尔·格伦德曼、戴维·佩珀、乔治·拉比卡、詹姆斯·奥康纳等代表人物对资本主义的批判更为深刻，在政治理论上更为务实，他们的经济理论也更为现实，并且在价值取向上重返"人类中心主义"。约翰·贝拉米·福斯特提出了马克思的人类解放学说不仅是关于人类自身解放的社会学说，而且是关于解放自然的生态学说等重要思想。另一方面，生态马克思主义思潮的中心由欧洲转向美国，并影响到世界其他国家和地区。中国学术界也以译介、专题研究、个案研究等方式开始了生态马克思主义的研究，并形成了一定规模的学术研究群体，取得了一些代表性研究成果。

经过多年的演变和发展，生态马克思主义虽然仍分歧不断，但在一些基本问题上还是达成了一定共识，成为当今世界上影响广泛的思想流派之一。

评价 生态马克思主义产生于西方发达资本主义国家 20 世纪 70 年代兴起的绿色运动中，是当代西方生态运动与绿色思潮相结合的产物。生态马克思主义作为马克思主义流派之一，坚持了马克思主义的或说历史唯物主义的基本立场和基本原则，从不同的视角丰富和发展了马克思主义的哲学、政治经济学和科学社会主义，是后现代具有广泛和深远影响的马克思主义流派。

生态马克思主义坚持用生态思维对资本主义进行全面而深刻的反思和批判，其思想涉及资本主义科技、经济、政治和文化等多个领域，其理论源于马克思主义的人与自然关系理论和新马克思主义法兰克福学派的生态思想，其人道主义的研究取向、"生态合理性"的分析框架与"经济-社会-生态"相统一的解释范式，为理解未来的社会主义社会提供了新的理论视域。但生态马克思主义所理解的生态社会主义不一

定是科学社会主义。 　　　（曹顺仙　曹丛烨）

推荐书目

本·阿格尔. 西方马克思主义概论. 慎之，等译. 北京：中国人民大学出版社，1991.

刘仁胜. 生态马克思主义概论. 北京：中央编译出版社，2007.

王雨辰. 生态批判与绿色乌托邦——生态学马克思主义理论研究. 北京：人民出版社，2009.

约翰·贝米拉·福斯特. 马克思的生态学——唯物主义与自然. 刘仁胜，肖峰，译. 北京：高等教育出版社，2006.

康瑞华，等. 批判 构建 启思——福斯特生态马克思主义思想研究. 北京：中国社会科学出版社，2011.

shengtai nüxing zhuyi

生态女性主义 （ecofeminism） 女性解放运动和生态运动相结合的产物，是女权运动第三次浪潮中的一个重要流派。

沿革 女权运动经历了三次重大理论基础的转换。从 19 世纪中期到 20 世纪初女权运动主张男性和女性在社会权利和地位上的平等，到 20 世纪 60 年代主张女性和男性分属于不同的阶级，激烈而鲜明地反对男权制社会，再到 20 世纪 70 年代至 90 年代主张生态危机是男权文化的产物。三个阶段三次理论跃进和深化，从基于争取女权主导下的社会权利的平等视角，演变到对男性在社会权利上的话语主导权的挑战，再演变到从人与自然的生态视角审视男性和女性在社会权利和社会地位上不平等的全面的、深层次根源，可以看出生态女性主义对传统女权运动实践的反思和理论的扬弃，既有所保留，又不断拓展新的理论视域，将女权运动涉及领域从政治拓展延伸到文化、哲学、经济、伦理等，以认同环境问题是女性主义要解决的根本问题为最终表现。美国环境伦理学家霍尔姆斯·罗尔斯顿（Holmes Rolston）认为生态女性主义是 12 种有重大影响的理论类型之一。

生态女性主义把女性对于自然环境的养育性、保护性态度的追求及对女性权益的争取有机统一起来，强调男性对女性的压迫和人类对于自然的压迫具有直接的联系。1974 年法国女性主义学者弗朗索瓦·德·埃奥博尼（Francoise D'Faubonne）在《女性主义·毁灭》中首次阐述了“生态女性主义”概念的内涵，埃奥博尼倡导女性主导的生态运动，重塑人与自然的关系。把环境问题与女性解放结合起来契合了 20 世纪 70 年代末 80 年代初在世界范围出现了一系列生态灾难的社会现实，在理论上为当时处于困顿和迷茫中的女性运动指出了一条出路，在实践上产生了极大的现实号召力，直接推动了生态女性主义的爆发式发展，在理论界产生了巨大的影响力。这一理论具有影响力的代表人物有卡伦·J·沃伦（Karen J. Warren）、查伦·斯普瑞特耐克（Charlene Spretnak）、卡洛琳·麦茜特（Carolyn Merchant）、范达娜·席瓦（Vandana Shiva）、玛丽亚·米斯（Maria Mies）等。

基本观点 生态女性主义理论建构的基础是坚信女性孕育生命的自然生理活动和自然界演化出的万事万物具有同构性，在方法论上认为女性认知、直觉、体验和判断活动具有打通自然与人类联系的可靠而独特的价值，在目的论上强调对传统社会中占据主导地位的男性文化进行彻底解构，建构一种新的精神信仰和社会文化，最终达到将解决生态危机和女性解放运动有机结合起来的理想状态。虽然在女性与自然的同构是先天传承的还是后天社会文化塑造的、是物质的还是精神的等问题上，不同的流派和代表人物基于不同的理论视角、采用不同的方法，得到的结论不尽相同，但是在肯定两者具有同构性这一基本立场上，他们却能够超越流派的局限性达成完全的统一。生态女性主义坚持，女性必须看到这一点：在一个持续以父权一方占统治地位为根本关系模式的社会里，女性不可能有自由，环境危机也不可能得到真正的解决。

社会生态女性主义者认为女性的心理和行为特征是社会化的结果。美国环境史学家卡洛琳·麦茜特强调指出："任何显示妇女有特殊本性和素质的分析都把妇女束缚在她们的生物学命运上，这是妨碍妇女解放的可能性的。基于妇女的文化、经验和价值观的政治可以被看作是倒退的。"德国生态女性主义者玛丽亚·米斯和印度生态女性主义者范达娜·席瓦则认为自然资源是有限的，人类生产与生活实践活动必须限制在可以控制的范围和程度内，为了维护人类自身存在，必须消灭威胁毁灭地球的制度，坚决反对资本主义父权制，倡导最小限度的对自然的索取和破坏，学会过一种简单生活。

发展 伴随着女权运动在世界范围影响力的不断增大，生态女性主义者的理论反思也不断深化，以"维持生计观点"或"生态适量观点"的深层生态学为起点，不断超越地区（欧洲中心主义）、宗教（犹太教和基督教）和阶级（资本主义社会）的局限性，甚至超越性别的局限性，试图能够达成与其他社会运动的政治联盟或联合，最终创造一种以生态可持续性和全球性公正民主为基本特征的新型社会与文化。

（胡华强）

生态启蒙（ecological enlightenment） 不是一种简单的知识教育，而是一种对现代性的反思性研究，体现了一种风险意识，只有始终保持高度的环境意识和风险意识，保持对科学及其使用范围的警惕意识以化解风险，才能构建人与自然和谐相处的关系。

背景 1968 年 4 月 6 日，来自 10 个国家的科学家、教育家、经济学家、人类学家、实业家聚集在罗马山猫科学院，共同探讨关系全球人类发展前途的人口、资源、粮食、环境等一系列根本性的问题，对原有的经济发展模式提出质疑。20 世纪 70 年代起，人类逐渐认识到环境问题不仅包括污染问题，还包括生态问题、资源问题。1972 年罗马俱乐部发表的第一份研究报告《增长的极限》轰动世界，《增长的极限》是人类对高生产、高消耗、高消费、高排放的经济发展模式的首次认真反思。《增长的极限》

中提出了"如果人口增长按照现在的速度持续下去，将会产生什么后果？如果经济增长按照现在的速度持续下去，全球环境将会怎样？在地球的物理极限内，我们怎样做才能保障所有人类的发展和生存的机会？"等一系列问题，并向人类发出了全球资源日趋枯竭的警告。

由于人类面临着前所未有的生存危机，人与自然的生态矛盾已成为决定社会历史发展的基本矛盾之一。人对自然的无限掠夺，导致生态环境恶化、自然灾害的后果加重。思想家、科学家着力生态文化的研究，人类开始从现代化的发展中反思自己，生态启蒙应运而生，提出了许多新的生态理念，改变了人们一直以来的人类中心主义思想，开始倡导生态中心主义。

主要内容 生态启蒙对纯粹理性主义提出了挑战。纯粹理性主义关心的只是手段和目的，对目的本身是否合理却很少关注。另外，纯粹理性主义打压排斥人文的情感价值。而生态启蒙正好相反，它强调回归理性自然状态，是现代人人性完善的重要思想之门，是实现人与自然和谐相处的必然手段。

生态启蒙向科学万能论发起挑战。科学技术是一把双刃剑，在为人类造福的同时，也给人类的生存环境带来了不可逆转的影响。生态启蒙认为人类要想持续发展，就不能过分依赖科学，需合理利用科学，重塑人与自然和谐相处的氛围。

生态启蒙反对人类中心主义。人类中心主义认为人类主宰了自然，人类是自然的主人。生态启蒙消解了这一观点，认为自然界是有限的，其所蕴藏的资源是有限的，土地、森林、植被、水资源是有限的，石油、天然气、煤炭等资源也是有限的，因此，人类向自然的索取也应该是有限的。

生态启蒙倡导生态理性。法国思想家安德烈·高兹（André Gorz）指出："生态学有一种不同的理性：它使我们知道经济活动的效能是有限的，它依赖于经济之外的条件。尤其是，它使我们发现，超出一定的限度之后，试图克服相对匮乏的经济上的努力造成了绝对的、不

85

可克服的匮乏。但结果是消极的，生产造成的破坏比它所创造的更多。"生态理性反对无限制地追求高消费、把消费与幸福满足等同起来的传统观念，让人认识到金钱并非万能，经济理性也并非通神，主张劳动是建立人与自然和谐关系的中介，实行劳动、闲暇的统一，要求人们在劳动中寻求快乐和满足，注重提高生活质量，不仅要有物质生活，而且要注重精神生活，学会从创造性的非异化劳动中获得幸福，从而保证生态理性、经济理性和社会理性的内在统一。生态理性在人与现实、人与自然的肯定维度上体现了人的价值意义，立足于人与自然和谐的限度性，将人的生存的有限性和价值实现的无限性、经济发展速度的有限性与文化传承和历史演进的无限性相融合，从更大程度上拓宽了人的发展空间。

影响 从物质角度来看，生态启蒙有助于人类在从自然界谋取物质需要的过程中进行生态化调控，改善与调控人与自然愈发矛盾和恶化的关系，为人类的生存提供更好的平台；从精神角度来看，生态启蒙通过改变原来的主客二分的思维方式，有助于构建以先进的生态伦理思想为主导的生态文化，转变人的价值观念。

（王锋　王吉红）

shengtai qianxi

生态迁徙 （ecological migration）

动物由于繁殖、觅食、气候变化等原因而进行的一定距离的迁移，主要是指动物迁徙。包括周期性迁徙和非周期性迁徙两种。周期性迁徙是在一定区域范围内进行的；非周期性迁徙一般在栖息地生存条件恶化时发生，例如，发生严重自然灾害或动物大量繁殖后，就会引起动物大规模迁徙。

对全球而言，一年四季多种多样的动物处于活跃的扩散、迁移之中。在空中或地面，在江河或海洋，积极而频繁地活动和迁移，给南北半球各类生态系统以巨大的活力。动物是靠主动和自身习性进行扩散和移动，统称为迁徙。迁徙行为主要包括昆虫迁飞、鱼类洄游、鸟类迁徙等。

昆虫迁飞 昆虫中广泛存在着迁飞物种：蝗虫、蜻蜓、蝶类、蛾类、蚜虫、椿象、瓢虫和食蚜蝇等。迁飞是昆虫生活史中一个重要的特征。例如，黏虫属鳞翅目夜蛾科，一年中在我国主要有4次迁飞，跨度达20多个纬度。

昆虫迁飞可以概括为三种类型：从发生地迁飞到其他新的地区去，在那里产卵、繁殖，随即死亡，不返回原来的发生地，如东亚飞蝗；从发生地飞到一个适宜地点，生活一段时间，体内卵巢随之得到发育，又在同一季节内迁飞回原来的地方或另一发生地再繁殖新的一代，如某些蜻蜓；从发生地迁飞到休眠地区越冬或越夏，在那里度过成虫滞育阶段，又迁飞到发生地产卵、繁殖，如某些瓢虫。

昆虫的迁飞已进化为主要靠风运载的一种形式。研究证明，在非洲一批批蝗虫是依靠顺风飞行最终达到新的繁殖地带。顺风飞行意味着向着风的辐合带。风的辐合是降雨的必要条件。蝗虫多栖息在干旱地区，但其卵期发育则需要土壤中游离的水分。顺风飞行的行为使蝗群利用了大气环流的动能去开拓雨后短暂的植被生境，这是物种长期适应进化的结果。

从生物进化观点看，迁飞对昆虫繁殖有特殊意义。种群迁飞可防止虫口过剩和缺乏丰富的食物。迁飞到新地区比在原地的繁殖速率要快得多。迁飞是昆虫种族繁衍的特殊适应。

鱼类洄游 洄游是指一些水生动物为了繁殖、索饵或越冬的需要，定期、定向地从一个水域迁移到另一个水域的运动。洄游是鱼类对于环境的一种长期适应，能使鱼类获得更有利的生存条件，更好地繁衍后代。在实际生产生活中，掌握鱼类和其种群的洄游规律，可以提高鱼类资源的利用率和保护力度，实现其生态循环。

洄游类型 鱼类洄游根据其不同的生理需求可以归纳为三种类型：①越冬洄游。又称季节洄游或适温洄游。冬季到来导致水文环境变化，由于鱼类对水温变化十分敏感，为了保证在寒冷的冬季有适宜的栖息条件，鱼类离开索饵场或习居的场所到温度、地形适宜的越冬场而做出的集群迁徙。鳀鱼是一种生活在温带海洋中上层的小型鱼类，趋光性较强，是我国最为典型的越冬洄游鱼类。②索饵洄游。又称摄食洄游或肥育洄游，是一些性未成熟的水生动物从越冬场和产卵场到饵料生物（浮游生物）丰富的索饵场的集群迁移，在那里生长育肥，恢复体力，准备越冬和来年生殖，这是一种通过遗传而巩固下来的洄游活动，几乎所有洄游鱼类在产卵后都会进行强烈的索饵洄游，摄取大量食物。③生殖洄游。又称产卵洄游，是指鱼类性成熟临近产卵前离开越冬场或索饵场沿一定路线和方向到适宜产卵及后代生长、发育和栖息的水域的集群迁移，如由深海游向近海的小黄鱼、由海洋游向江河的刀鲚等。

并非一切洄游性鱼类都进行这三种洄游。一些鱼类只有生殖洄游和索饵洄游，但没有越冬洄游。有些鱼类的这三种洄游不能截然分开，而且有不同程度的交叉。

洄游原因 ①鱼类种或种群的遗传特性。不同的种类或种群的洄游特性存在着明显的遗传性，包括这些鱼类或种群对产卵场、索饵场和越冬场环境条件的要求及洄游的各种特点。例如，大麻哈鱼、鳗鲡的洄游特点就是代代相传的。②鱼类的洄游特点与内在的生理状况和体内渗透压的调节机制存在相关性。随着生殖腺的发育，鱼类体内形成和分泌性激素，促使鱼体生理新陈代谢发生改变，引起生殖需求而产生生殖洄游。鱼类在产卵后，体内新陈代谢机制加强，摄食需求和强度加强，由此产生鱼类的索饵洄游。③环境因素中的水温、盐度、水团、风、流、透明度和水色对鱼类的洄游都有相当程度的影响。这些因素对鱼类的洄游具有综合作用，而在某类洄游或某种特殊情况下，一种因素可能产生主导作用。例如，冬季到来导致的水温下降是主导鱼类进行越冬洄游的因素。

鸟类迁徙 迁徙并不是鸟类所专有的活动本能。但作为整个分类类群来说，鸟类的迁徙是最普遍和最引人注目的，是动物学研究的一个重要领域。

鸟类迁徙是鸟类对处于变化中的外部环境条件积极适应的一种本能。鸟类每年在繁殖区与越冬区之间进行周期性的迁居，这种迁居的特点是定期、定向和集群。鸟类迁徙大多发生在南北半球之间，少数发生在东西方向之间。

根据鸟类迁徙活动特点，鸟类可以分为留鸟和候鸟。留鸟终年留居在出生地（繁殖区），不发生迁徙，如麻雀、喜鹊等。现今所说的留鸟，有不少种类在秋冬季节具有漂泊或游荡的性质，以获得合适的食物，有人称这种鸟为漂鸟。候鸟则在春、秋两季，沿着固定路线，往来于繁殖区与越冬区域之间。我国很多常见鸟类属于候鸟。其中，夏季飞来繁殖、冬季南去的鸟类称为夏候鸟，如家燕、杜鹃；冬季飞来越冬，春季北去繁殖的鸟类称为冬候鸟，如某些野鸭、大雁。此外，夏季在我国某地以北繁殖，冬季在某地以南越冬，仅在春秋季节规律性地从某地路过的鸟类称为旅鸟或过路鸟，如极北柳莺等。

迁徙的原因 鸟类迁徙的原因比较复杂，一般认为，光照、食物、气候以及植被外貌的改变，都可以引起迁徙活动。实验证明，光照条件的改变，可以通过视觉、神经系统作用于间脑下部的睡眠中枢，引起动物处于兴奋或者抑制的状态。光刺激还会增强脑下垂体的活动、促进性腺发育和影响甲状腺分泌，增强机体的物质代谢，进一步提高鸟类对外界刺激的敏感性，从而引起迁徙。迁徙是多种条件刺激所引起的连锁性反射活动，其中物种历史所形成的遗传性是迁徙的"内因"，外界刺激是引起迁徙的"条件"。大多数鸟类学者认为，迁徙的主要原因是冬季食物缺乏，通过迁徙以寻求较为丰富的食物供应，这在以昆虫为食的鸟类中体现得最为明显。此外，有人认为，北半球夏季的长日照（昼长夜短）有利于亲鸟以更多时间捕捉昆虫喂养雏鸟。还有人从冰川运动来推测鸟类迁徙原因。新生代第四纪（约10万年前）曾发生的冰川运动，导致气候剧变、冰雪遍地，不利于鸟类生存。冰川周期性的变化，使鸟类形成了定期往返的生物遗传本能。从这种认识出发，提出两种假说：一是现今繁殖区是候鸟故乡，在冰川到来时它们被迫向南退却，遗传保守性促使这些鸟类于冰川退缩后重返故乡，如此往返，形成迁徙本能；二是现今越冬区是候鸟故乡，由于大量繁殖，它们被迫扩展分布到冰川退却后的土地上去，遗传保守性促使这些鸟类每年仍返回故乡。有人对冰川说提出异议，认为冰川期（第四纪更新世）仅占整个鸟类历史的百分之一，因而它对鸟类遗传性的影响是有限的。

迁徙的定向 迁徙最显著的特点是每一物种均有其相对固定的繁殖区和越冬区，它们之间的距离从数百公里到千余公里不等。实验证明，很多鸟类（如家燕）次年春天可返回原巢繁殖，即使是用飞机将迁徙鸟类运至远离迁徙路线的地区，释放数天之后其仍可返回原栖息地。围绕鸟类如何定位的问题，根据野外观察、环志、雷达探测、月夜望远镜监视以及各种室内实验，研究者提出了不少假说，目前比较流行的看法有：①训练和记忆。认为鸟类具有一种固有的、由遗传所决定的方向感。在幼鸟跟随亲鸟迁徙的过程中，会不断强化对迁徙路线的记忆。②视觉定向及其他定向。鸟类依靠居留及迁徙途径的地形、景观（如山脉、海岸、河流、荒漠）等作为向导，并不断在亲鸟带领的传统迁徙路线中练习。实验表明，视觉定向对于鸟类短距离的归巢，可能不是主要的。存在着视觉以外的定向机制。③天体导航。实验表明，鸟类能利用太阳和星辰的位置定向。星辰定向对于夜间迁徙的鸟类尤为重要。

（王锋 侯杨杨）

shengtai quyu zhuyi

生态区域主义 （bioregionalism） 又称生物区域主义。是在 20 世纪 70 年代中期美国西部的反文化运动当中兴起的一种生态中心主义价值观取向下的生态政治社会理论，主张在追求尊重非人世界整体性的同时，建立保证人的全面发展、合乎人性规模的、合作性的社区。

提出 生态区域主义概念最早出现在皮特·伯格（Peter Berg）和雷蒙·达斯曼（Raymond Dasmann）20 世纪 70 年代的著作《重新入住加利福尼亚》（Reinhabitating California）中。1978 年在圣·弗兰西斯科地球圆桌会议上他们提出了生态区的概念，并指出生态区是地球与文化心理的共同体，是人类社区与非人自然在特定生态系统下的统一，若干个生态区构成生物区域，由此形成了生态区域主义。80 年代，美国西部的星球乐鼓基金（Planet Drum Foundation）和美国东部的奥索卡地区共同体会议（Ozark Area Community Congress）推动了生态区域主义主张的传播；1982 年奥索卡地区共同体会议在密苏里州实施了的布瑞克斯雷地区的生态区域项目（Bioregional Project of Brixley）。这两个组织都与西方世界的绿色政治运动有着密切的联系。

代表人物 生态区域主义的早期代表人物包括加拿大的阿兰·纽柯克（Allan Van Newkirk）、美国的皮特·伯格。后来英国的爱德华·戈德史密斯（E. Goldsmith）、德国的鲁道夫·巴罗（Rudolf Bahro）和美国的科克帕特里克·塞尔（Kirkpatrick Sale）成为重要的倡导者。

基本观点 生态区域主义始于对生态上不可持续的生活方式的批评，后逐步演变为强调共同体集体参与、地方控制资源和自主的替代性生活方式。它试图通过唤醒人们对地方和区域的地域特点的尊重而实现人类共同体和自然的和谐共处。生态区域主义反对同质化的、不关怀环境的经济和消费文化，而寻求确保政治边界匹配生态边界，强调生物区的独特生态，鼓励尽可能地消费当地食物和使用当地材料，鼓励种植地区原生植物，鼓励与生物区和谐的可持续性。

生态区域主义者设置了许多关于人口规模和地理位置的规定。生态区域并不是一个民族的、人种的、行政的或完全的政治单位，而是在生态学上和生态逻辑上可持续发展的单位。生态区域主义者认为人类社会需要尊重"生态的承载能力"，人们需要"坚守其应有的定位"，而且必须是符合"生态尺度"的。爱德华·戈德史密斯主张：只有在小社群当中，男人和女人才有可能成为个体。在今天大规模的社会中，一个人只不过是一个孤立者而已。

生物区域（系统）原则和生态寺院生活准则是生态区域主义代表性范式：前者强调生态区域（系统）完整性的优先性（如美国的皮特·伯格和雷蒙·达斯曼），而后者则强调人类社区生活必需品满足的自足性（如德国的鲁道夫·巴罗和英国的爱德华·戈德史密斯等）。

（李亮）

推荐书目

戴维·佩珀. 生态社会主义：从深生态学到社会主义. 刘颖，译. 济南：山东大学出版社，2005.

刘仁胜. 生态马克思主义概论. 北京：中央编译出版社，2007.

Snyder G. The Practice of the Wild. San Francisco: North Point Press, 1990.

Andruss V, et al. Home! A Bioregional Reader. Philadelphia: New Society Publishers, 1990.

Sale K. Dwellers in the Land: The Bioregional Vision. San Francisco: Sierra Club Books, 1985.

shengtai shehui zhuyi

生态社会主义 （eco-socialism） 是以社会主义为视角对生态环境问题进行理论阐释与探究，并提出相应的实践解决方案的一个现代社会主义思潮和流派。生态社会主义从词义上由"ecological"（生态的）和"socialism"（社会主义）两词构成。

关于生态社会主义的地位学术界观点不一。有的将生态社会主义与生态马克思主义相比较在探究其与科学社会主义或经典马克思主义的关系中定位生态社会主义，认为生态社会主义既是一种理论又是一种实践，生态马克思主义则主要地是一种理论思潮。有的按地域对生态社会主义进行定位，认为欧洲的"红绿"思想是"生态社会主义"，北美的"红绿"思想是"生态马克思主义"。

生态社会主义作为一种新思潮、新学派兴起于20世纪下半叶的生态运动。在西方形形色色的生态理论中，生态社会主义独树一帜，主张以生态社会主义代替资本主义、以生态文明代替工业文明，是科学社会主义的友邻。特别是自20世纪80年代末90年代初东欧剧变以来，大批共产党员和左派人士的加入强化了生态社会主义的科学社会主义基调。生态社会主义试图把生态学同马克思主义相结合，为克服人类生存困境寻找一条既能消除生态危机，又能实现社会主义的新道路。

产生与发展 生态社会主义是西方资本主义国家绿色运动和社会主义运动相互影响而交互发展的产物。关于其产生的具体时间学者们看法不一。有学者认为生态社会主义始于20世纪50年代人们把生态问题纳入政治革命的时候。如美国经济学家和社会学家肯尼思·博尔丁（Kenneth Boulding）在其1953年出版的《组织革命》一书中，提出了"生态革命"。有学者认为，生态社会主义是20世纪70年代产生于德国的以绿党为代表的生态运动和其他左翼组织相互影响所形成的"红绿联盟"。它是"社会主义"和生态运动相结合的产物，是西方左派从生态角度对"社会主义"的理解。总之，生态社会主义产生于反思和批判资本主义的绿色运动，通过对资本主义劳动、技术、资本、市场以及制度的剖析，认为环境问题的本质是社会公平问题，最主要根源在于资本主义制度，因此，主张以生态社会主义取代资本主义，期望构建一个社会公正和生态和谐的社会。

生态社会主义的发展一般认为经历了20世纪70年代的萌芽、80年代的发展、90年代的成熟和世纪之交后的转型四个时期。也有学者认为生态社会主义的发展可划分为三个阶段，即20世纪60年代和70年代的"红色绿化"、80年代的"红绿交融"、90年代的"绿色红化"三个阶段。

就具体发展进程而言，生态社会主义从20世纪60年代末70年代初开始，在左和右的中间地带兴起了一场广泛、持久的"新社会运动"并在生态运动中产生了绿党，以鲁道夫·巴罗（Rudolf Bahro）、亚当·沙夫（Adam Schaff）为代表人物。鲁道夫·巴罗曾为民主德国共产党员，他和亚当·沙夫都由共产党转向绿党或者生态运动。绿党是"新社会运动"的产物，生态社会主义是绿党的一个流派。鲁道夫·巴罗等人从共产党转向绿党，被看作是"红色绿化"。80 年代生态社会主义理论初步形成，以威廉·莱斯（William Leiss）、本·阿格尔（Ben Agger）、安德烈·高兹（André Gorz）为主要代表人物，他们使生态社会主义从一种专家学者研究的纯学术理论变成一种与现实的生态运动相结合的实践活动，使生态社会真正从西方绿色运动中分化出来。90 年代绿色运动已走向社会主义化和共产主义化，以乔治·拉比卡（Georges Labica）、瑞尼尔·格伦德曼（Reiner Grundmann）、戴维·佩珀（David Pepper）等欧洲学者和左翼社会活动家为代表人物，结合生态学理论和当代生态问题的严重性重新探讨马克思主义，用马克思主义理论给当代生态危机指出一条出路，试图把生态运动引向社会主义。生态社会主义在 20 世纪 90 年代之前具有明显的社会民主主义特征，而 90 年代之后则具有明显的生态马克思主义特征。不过，"生态社会主义"和"生态马克思主义"这两个概念产生的条件不同，前者产生于绿色社会运动，后者则产生于学术研究。但两者的基本理论是相同的。

主要观点 生态社会主义的产生有着深刻的理论渊源，其思想基础是生态马克思主义。

在国内，郇庆治认为生态社会主义是对现代生态环境难题的社会主义政治理论分析和一种对未来绿色社会的制度设计及其实现。它的核心问题是论证现代生态环境问题的资本主义制度根源和未来社会主义社会与生态可持续性原则的内在相融性。周穗明提出生态社会主义是绿色运动发展中自然科学与人文科学相结合的产物。总体而言，国内大部分学者对生态社会主义基本立场和总体观点大致相同，将生态社会主义的理论观点概括为对生态环境问题成因的阐释、对人与自然辩证关系的阐述、对未来绿色社会的设想和关于走向绿色社会的道路四个方面。

在国外，法国的乔治·拉比卡提出生态社会主义是生态运动与工人运动相结合的产物，生态社会主义能够使世界摆脱生态危机。英国的戴维·佩珀认为生态社会主义是一种人类中心主义，他反对生态中心论，在政治上批评资本主义制度造成的社会不公正和环境退化，极力主张用生态社会主义替代资本主义；在经济上反对资本主义的过度生产和竞争，也反对稳态经济模式，主张一种把计划和市场结合起来的适度发展的经济模型。德国的萨拉·萨卡（Saral Sarkar）反对佩珀的人类中心论，他坚持生态中心主义的立场。英国的乔纳森·休斯（Jonathan Hughes）在概括生态社会主义时认为：生态社会主义主张生态环境保护需要实现生产资料的民主控制，但工业主义本身必须被改造而不仅仅是被社会化；承认生态问题对于阶级、国家、性别和种族问题的相对独立性，主张缩短工时（更短的工作周、更多的政府救济）、可持续的（没有增长的）经济、参与民主、合作社和不断强化的国际制度。

生态社会主义在对生态危机的性质、根源，克服生态危机的手段、策略以及未来前景等根本问题上虽然存在分歧，但也有基本共识：

第一，生态危机的根源是资本主义制度，解决生态危机的前途只能是先进的社会主义。

第二，生态社会主义的动力主要有两种主张：①倾向于"科学社会主义"的生态社会主义一般主张把科学技术作为实现未来理想社会的动力；②倾向于"新无政府主义"的生态社会主义则质疑科学技术而比较主张把道德作为实现理想社会的动力。两者的焦点在于如何把科学技术与科学技术的资本主义使用相区别。

第三，生态社会主义在主张超越马克思的经济危机理论，提出了"经济危机"和"生态危机"相互关联的双重危机论的同时，也不赞成马克思主义把无产阶级作为社会主义革命主体的政治主张，具有"新无政府主义"倾向的生态社会主义把"新社会运动"作为实现理想的行动主体，具有"科学社会主义"倾向的生态社会主义则坚持把第三世界和西方的工人阶级一起当作社会变革的主体，而且认为这种主体力量正在不断壮大。

第四，生态社会主义道路有两种选择：①"新无政府主义"倾向的生态社会主义虽然认为一切生态危机的总根源是资本主义生产方式，生态问题在资本主义体制内也不能得到最终解决，但不主张直接挑战资本主义政权，而倾向于实行改良，认为在道路问题上可以超越资本主义与社会主义的"二元对立"；②"科学社会主义"倾向的生态社会主义则强调阶级斗争，认为"二元对立"是不可超越的，不能绕过资本主义制度而实现生态社会主义。

评价　生态社会主义作为一种世界性思潮，是当代西方形形色色的社会主义思潮的有机组成部分，也是科学社会主义的友邻流派；生态社会主义作为一种世界性运动，在国际共产主义运动中可谓科学社会主义的盟友。生态社会主义作为一种世界性思潮和运动在绿色思潮和绿色运动中占有重要地位，具有很大影响。

在理论层面，生态社会主义内部虽然存在着"新无政府主义"和"科学社会主义"两种倾向的论争，但它们在回应生态社会主义实现的动力、主体、道路以及指导思想等方面都提出了各自的主张，共同构成了生态社会主义对现代资本主义生态环境问题的理论回应，对捍卫马克思主义或强调生态思想与马克思主义的结合具有一定的理论贡献。

在实践层面，绿党和其他左翼政党形成的"红绿联盟"一度实现了绿党或"红绿联盟"执政。这种执政的时间虽然不长，但反映了解决生态保护、社会公平等问题与社会主义前途内在相连。如何实现经济、社会和生态的协调发展，这是世界不同政党包括社会主义政党面临的共同课题。即使是 20 世纪 90 年代以来，生态社会主义的指导思想也未统一，实践命运则更是千差万别。生态社会主义只有用科学社会主义创新性地改造自我，才可能获得更强大的生命力。

（曹顺仙　杨桃红）

推荐书目

H. 马尔库塞，等. 工业社会和新左派. 任立，编译. 北京：商务印书馆，1982.

戴维·佩珀. 生态社会主义：从深生态学到社会正义. 刘颖，译. 济南：山东大学出版社，2005.

萨拉·萨卡. 生态社会主义还是生态资本主义. 张淑兰，译. 济南：山东大学出版社，2008.

时青昊. 20 世纪 90 年代以后的生态社会主义. 上海：上海人民出版社，2009.

André Gorz. Capitalism, Socialism, Ecology. London and New York：Verso，1994.

shengtai shenxüe

生态神学（ecotheology）　基督教在应对生态环境危机过程中，通过对传统基督教观念的生态反思、诠释、重构，形成的神学思想。

产生　生态神学的产生是与林恩·怀特（Lynn White）的基督教神学批判相关联的。1967年，怀特在《生态危机的历史根源》一文中指出，基督教是人类中心主义色彩最浓的宗教，是现代生态环境危机的主要思想根源。基督教以精神与物质二元对立的观念取代原始宗教的万物有灵论世界观，在人与自然的关系上，基督教认为人具有上帝的神圣形象，而自然不过是人类生存的背景和返还天国的暂时舞台。现代科学技术与基督教世界观密切相关，人类进步是与控制自然密切相关的。正是基督教的人类中心主义观念与现代科学技术的片面发展，导致了当前的生态环境危机。关于解决环境危机，怀特认为："除非我们找到一种新宗教，或者重新思考我们的旧宗教，否则，更多的科学和更多的技术将不会使我们摆脱目前的生态危机。"

代表流派　生态神学代表流派有管理派生态神学、莫尔特曼生态神学、过程生态神学、女性主义生态神学等。

管理派生态神学　是通过对基督教人与自然关系的重新诠释形成的。基督教信仰的核心阐述的是人通过耶稣基督的道成肉身获得救赎，进入上帝国度，其思想主题是围绕人与上帝的关系展开的。在人与自然万物的关系方面，传统基督教认为，人与自然万物同为上帝的造物，但人是按照上帝的形象创造的，人受命管理万物："我们要按照我们的样式造人，使他们管理海里的鱼，空中的鸟，地上的牲畜和全地，并地上所爬的一切昆虫。"传统基督教将人与自然万物的关系理解为一种统治关系，正是这种理解被怀特批判为人类中心主义观念。管理派生态神学则以"管家"模型重新诠释上帝—人—自然三者之间的关系，认为自然万物作为被造物，是上帝的财产，人则是上帝委任的管家，人对被造物的职责是看护和管理。例如，理查德·贝尔（Richard A. Baer, Jr.）建议人们把自然环境设想为上帝的公寓，将人设想为临时居住的客人，主张人在使用自然万物时应遵守基本的"礼仪原则"。管理派生态神学在美国新教环境运动中占据着主导地位。

莫尔特曼生态神学 德国神学家莫尔特曼（Juergen Moltmann）在《创造中的上帝》一书中阐述了生态学创造论，并将它和三位一体论、圣灵论、基督论、人论、末世论有机联系在一起，系统阐释了自身的生态神学思想。第一，莫尔特曼从基督教的三位一体角度阐释生态神学的世界观，在他看来，上帝并不是一个绝对的、超越的、不变的实体，而是三个位格相互作用、相互交流形成的有机统一体。上帝所创造的世界同样呈现出关系的特点，自然作为"被造物的群体"，依靠圣灵的作用，维持着一种和谐的关系。第二，莫尔特曼把圣灵视作上帝创造世界的创造性力量，是渗透到被造物之中维持被造物存在和演化的力量。被造物之间，以及上帝和被造物之间的统一性是通过圣灵的作用实现的。第三，莫尔特曼在自然的框架里阐释基督的复活，在他看来，随着耶稣重生的不止是人的重生，还有宇宙的重生。他强调："除非自然得到医治和救赎，否则人类最终也不能得到治疗和救赎，因为人类就是自然物。"第四，莫尔特曼将安息日理解为创造的完成。在他看来，最初的创造并不是创造的完成，而是容有各种可能、在时间中进化的开始，安息日则是创造的实现，所有被造物在安息日中获得自我，并展开其独特性。第五，传统基督教神学偏重于强调人的"神的形象"，莫尔特曼则将人理解为"世界的形象"和"神的形象"的统一。莫

尔特曼强调人与自然万物同属于上帝的创造物，人类和自然万物的命运紧密相连。关于人的"神的形象"，莫尔特曼强调人之所以能够管理万物，正因为人秉承有上帝的形象，能够了解上帝的意志，施行上帝的律法。

过程生态神学 是在英国哲学家怀特海（Whitehead）过程哲学基础上形成的，是对传统基督教观念的创造性诠释。过程生态神学的代表人物是约翰·科布（John B. Cobb, Jr.）。科布将基督教超验的上帝转化为一位内在于自然进程之中、与自然万物相互作用并受自然进程影响的上帝，在他看来，上帝对自然万物的引导是通过劝解而不是强制进行的，允许自然万物沿着多样化方向发展，而不迫使它们进入既定的轨道。自然万物均是具有自身创造潜力、能够创造性回应的存在。

女性主义生态神学 认为传统基督教神学是由男性书写的，充满了父权制对女性和自然的压制，认为女性有着自身的宗教经验，应该按照女性的体验来重塑基督教，甚至要求崇拜一位女性的上帝。女性主义生态神学主张基督教应该支持和参与生态运动和女权主义运动；主张应该根据女性的经验和意识来理解和阐释《圣经》。从而形成新的上帝观、基督论、创造论、人论和救赎论。女性主义生态神学从生态学和女性主义两个维度来阐释基督教信仰，相对于一般生态神学而言更为激进。

评价 生态神学是从基督教神学角度对当代生态环境危机的回应，是西方生态思想的有机组成部分，对当代生态运动的形成和发展作出了积极贡献。 （陈红兵）

推荐书目

何怀宏. 生态伦理——精神资源与哲学基础. 保定：河北大学出版社，2002.

赖品超，林宏星. 儒耶对话与生态关怀. 北京：宗教文化出版社，2006.

曹静. 一种生态时代的世界观——莫尔特曼与科布生态神学比较研究. 北京：中国社会科学出版社，2007.

生态生产力 （ecological productivity） 尊重自然生产规律，协调人与自然界物质变换关系的社会生产力。生态生产力是生态文明社会的生产力形式。

背景 传统生产力发展到近代以后，由于自然被解蔽，人不再敬畏自然了，于是生产力的主体即劳动者和人类社会成为自然的主宰，自然成为独立于社会之外的被动对象，劳动工具成为满足人类无限物质欲望的搬运工具，生产力成为属人性的力量。200年左右的实践证明，传统生产力所造成的自然和人类社会两大系统之间的冲突危及了人类可持续生存和发展，对传统生产力的性质、能力和发展方向进行调整和改变成为新型生产力发展的必然选择。生态生产力就是继原始文明生产力、农业文明生产力、工业文明生产力之后的人类社会第四种生产力形式。

分类 不同学者对传统生产力给人和自然关系所带来的各种问题和原因进行理性分析之后，对生态生产力的概念提出了不同解释和定义。

生态化的传统生产力 认为生态生产力是传统生产力发展的一个新阶段，即生态型生产力或绿色生产力。生态生产力是对传统生产力的否定和继承的统一，传统生产力必须进行观念革新和技术改造，从而保证人类社会与自然和谐一致，协同进化。生产工具是人类作用于自然的直接手段，是调节人类社会和自然之间物质输送的杠杆，所以它仍旧是生态生产力发展水平的客观标准。生态生产力的工具价值必须消弭其在传统生产力中价值的单向性和功能的一维性，实现在人类社会和自然之间双向调解和保护的功能。因此生态生产力是以高新科学技术为物质基础，以生态化生产工具为实现手段的物质变换方式。生态生产力的主体依然是人，人的生态素质是其中的关键要素。只有劳动者自身对生态价值有全面的认识，形成完整的生态保护意识，并且有生态保护的经验、知识、技术，生产过程的生态化才有实施的可能。因此劳动者应该是通晓绿色科技知识，具有环境保护意识和绿色生产技能的人。

自然生态生产力 认为生态生产力是生态系统及其中的生物的自然物质变换和能量转化的能力。它是由自然界自身活动所引起、调整和控制要素间物质和能量关系的一种自然力。其中，生态系统中动植物基于无机环境而形成的物质变换和能量转换能力是其主要形式之一。在自然状态下，生态系统中的物质和能量按照相应的比例沿着食物链或食物网传递。在进化过程中，生态系统及其中的生物在遵从自然规律及其必然性的条件下，通过相应的自然行为进行物质生产和能量转化。这一过程在维持生态系统内在功能和关系的同时，为社会生产力提供了自然的物质基础。因此，生态生产力决定社会生产力的产生和发展，两者之间是源和流的关系。

人与自然终极关系中的生态生产力 是从物质关系的角度将人类的物质变换能力限制在自然的极限之内，实现人与自然永久可持续发展的社会生产力。生态生产力中工具作用的对象依然是自然，但是这里的自然在交换能力上有自己可接受的物质变换规律，不具有无限性；超越了极限，自然就要报复人类，促逼人这个主体向自己的生态属性回归，使生产力向生态化方向转变。一定发展阶段的人类社会物质和能量需求的极限和自然生产力的极限相结合的点就是生态生产力能力的极值。在物质交换上，生态生产力对人和自然关系的极限判断和终极价值认识对人类采取正确的物质交换方式及人类的永恒存在具有重要作用。

发展趋势 生态生产力只解决人和自然之间物质和能量交换的生产性矛盾。除此之外，在由物质关系引起的人与自然冲突的原因中，还有由人类不合理的物质消费所导致的生态问题。在消费决定生产的社会环境下，社会物质消费对生态生产力的发展产生抵消作用，因此生态生产力研究应与绿色消费行为研究有机结合起来，通过绿色消费辅助实现生态生产力协调人和自然关系的作用。 （徐怀科）

shengtai weiji

生态危机 （ecological crisis） 人类盲目的生产和生活活动导致的局部甚至整个生物圈结构和功能失调，最终使人类的生存和发展受到威胁的一种现象。

产生原因 当生态系统处于稳定的状态时，整个生物圈结构和功能相对平衡，即所谓的"生态平衡"。具体是指生态系统中的各种生物和谐一致，生物与周围环境高度协调，种群结构和数量比例平衡发展；生产、消费与分解整个过程高度协调，物质的输入与输出和系统的能量循环发展趋于平衡；整个生态系统中物质的循环和能量的转化不停地变化，生物个体也不间断地更新，因而也称这种平衡是一种"动态平衡"。一般来说，当生态系统遭到他物破坏时，其自身可通过反馈机制得到调节修复，最终保持稳定的发展。但当外界的干扰作用超出了它的承受能力即所谓的"生态阈值"（ecological threshold）时，生态系统的自我调节修复机制逐渐消失。与此同时，生态系统的各个部分损伤严重趋于崩溃，功能几乎停止运行，即所谓的"生态平衡失调"。通常，处于初期阶段的生态平衡失调很难被识别出来。生态危机的潜伏性很强，但一旦大规模的生态危机爆发，就难以在短时间内恢复稳定。由此可见，生态危机不只是自然灾害，更多的是由人类不当的行为所造成的一系列影响，如生态秩序混乱、生命系统分崩离析、环境遭受严重破坏等，最终必将导致整个生物圈结构和功能的失调，甚至危及人类自身。

影响 生态危机具有全球性，已经成为全人类当前面临的困境。其主要表现是自然资源的破坏和过度消耗以及生态环境的污染和恶化。从自然资源的破坏和过度消耗来看，人类工业革命至今的经济活动，造成了世界性森林破坏、海洋生物种群锐减、野生物种加速灭绝的后果。森林的破坏、海洋生物的过度捕捞以及野生物种的加速灭绝表明，全球经济加剧扩张造成的影响已经开始超过某些地球生物系统的负载能力。矿物资源将要开采殆尽，化石燃料面临耗竭。人类社会生活需要一定的自然资源来维持，盲目地破坏自然资源预示着未来社会生活的中断和瓦解。现代社会经济的发展是以自然资源为物质基础的，其中包括生物资源、矿物资源和化石燃料资源。但是在全球范围内，由于经济的高速发展，地球的生物资源和非生物资源承受的压力正在日益增加。在世界广大地区，即将接近它们开始受到损害的临界点。从生态环境的污染和恶化来看，人类的活动引入环境的物质和能量，危害了人类及其他生物的生存并破坏了生态系统的平衡和稳态。具有全球规模的环境污染，主要表现为化学污染和物理污染。化学污染是指人类生产、消费活动的产物、废物被抛向环境，造成危害人类健康、生物生存，导致生态环境恶化的现象。物理污染是指以机器、设备装置、仪器等人造物为载体，以噪声、振动、辐射线、废热等物理运动形式散布于人类或生物的环境，其运动强度超过人类和其他生物所能忍耐的限度，造成人类或生物生理损害的现象。一个世纪以来，人口的爆炸性增长，工业和农业领域的全面发展，人类对大自然的干预不断增强等，最终导致了全球性的生态危机，如造成水土流失、土地荒漠化、水资源匮乏、气候变暖等。

争论 生态危机的产生是与许多经济、社会、意识和政治因素相联系的，有直接原因，也有间接原因，还有历史原因。关于生态危机根源的争论，主要包括以下几种观点：①有限论与无限论的争论。1972年罗马俱乐部发表的《增长的极限》认为，当代生态危机的根源在于人类经济社会无限制地盲目增长。如果世界继续维持现在的增长趋势，在未来100年中人类将面临毁灭性的灾难。美国赫德森研究所所长赫尔曼·卡恩（Herman Kahn）和进一步发展卡恩理论的朱利安·林肯·西蒙（Julian Lincoln Simon），提出与《增长的极限》相对立的无限论的观点，认为自然资源的供应是无限的，重要矿藏的潜在储量对于漫长的人类生活来讲是充足的。②人类中心论与非人类中心论的争论。以怀特（Lynn White）为代表的人类中心论认为，当代生态危机是人类所为，人类有不可推卸的责任，基督教中那种世界是为人类主宰和开发而产生的观点，以及当代西方科学技术观念中人与自然分离的倾向，都说明生态危机的宗教历史根源，即人类中心论。非人类中心论的观点以 J.帕斯莫尔（J.Passmore）和 H.J.麦克洛斯基（H.J.McCloskey）为代表，认为当代生态危机并不源于人类中心观点本身，而是那种认为自然界仅仅为了人而存在，其并没有内在价值的自然界的专制主义，所以生态危机是"主宰"自然的传统人类中心主义观念的危机，重构新的人类中心主义能为摆脱生态危机提供人类生态学基础。③人口论与技术论的争论。1971 年，美国生物学家保罗•埃利希（Paul Ehrlich）和能源教授约翰•霍尔春（John Holdren）发表《人口是引起环境恶化的根本动因》一文，认为人口与消费量是造成自然资源消耗甚至枯竭以及环境污染的根源。美国生物学家巴里•康芒纳（Barry Commoner）则认为，人口是由消费和福利保证的，消费和福利是由生产支持的，而生产又是由迅速发展的技术推动的，由此认为现代技术的失控是造成环境恶化的根源。④历史阶段论与政治制度论的争论。历史阶段论认为，人类社会在工业发展阶段，与原始资本的积累、市场发育周期以及科学技术和工业发展水平都有密切关系，在这一阶段出现生态危机是工业社会的伴生物，是不可避免的。政治制度论认为，生态危机根源于资本主义私有制，根源于资本主义私人占有与生产的无政府状态，只有到了共产主义才能消除生态危机。（薛桂波）

推荐书目

叶平.回归自然——新世纪的生态伦理.福州：福建人民出版社，2004.

shengtai wenhua

生态文化 （ecological culture） 从人统治自然过渡到人与自然和谐发展的文化，是人类文化发展的新阶段。生态文化有狭义和广义之分：狭义的理解是，以自然价值论为指导的社会意识形态、人类精神和社会制度，如生态哲学、生态伦理学、生态经济学、生态法学、生态文艺学、生态美学、生态政治制度等；广义的理解是，以自然价值论为指导的人类新的生存方式，即人与自然和谐发展的生产方式和生活方式。生态文化确立了生命和自然界有内在价值、人与自然和谐发展等价值观，抛弃了人统治自然的思想，走出人类中心主义，其最终目标是人与自然和谐相处和协同发展。

（郭兆红）

推荐书目

余谋昌.文化新世纪——生态文化的理论阐释.哈尔滨：东北林业大学出版社，1996.

余谋昌.生态文化论.石家庄：河北教育出版社，2000.

shengtai wenming

生态文明 （ecological civilization） 以"尊重自然、顺应自然、保护自然"为核心的文明形态。生态文明有狭义与广义之分。狭义的生态文明指的是与物质文明、精神文明、政治文明相对应的文明的一个方面或维度。广义的生态文明指的是原始文明、农业文明、工业文明之后的一个更为高级的文明形态。

形成与发展 作为一种全新的文明形态和发展理念，生态文明的出现与人们对工业文明的弊端（尤其是生态危机）的反思密不可分。18、19 世纪，当工业文明在西方初具规模时，一些思想家就对工业文明的弊端进行了揭露和批判。以卢梭（Rousseau）为代表的浪漫主义思想家指出了工业文明过度膨胀的工具理性侵蚀人的道德理性、破坏人与自然之和谐的可能性与危险性。马克思和恩格斯对资本主义工业文明所导致的人与人、人与自然的异化进行了深刻的批判和反思。但是，直到 20 世纪 60 年代，随着全球环境污染与生态破坏日益严重，人们才开始严肃地思考工业文明的前途问题。1962年，美国生物学家蕾切尔•卡逊（Rachel Carson）出版的《寂静的春天》一书，首次系统地揭示了杀虫剂与有毒化工产品的滥用给地球生命系统以及人类健康本身所带来的致命威胁，并对

"征服自然"这一工业文明的主流价值提出了质疑。1968年，保罗·埃利希（Paul Ehrlich）出版的《人口炸弹》一书使人们意识到了人口暴增给地球带来的压力。1968年11月，加勒特·哈丁（Garrett Hardin）在《科学》杂志上发表的《共有地悲剧》一文指出，人类的自利与人口的暴增结合在一起，将不可避免地导致地球上的资源枯竭与环境退化。1972年，罗马俱乐部发表的第一个报告《增长的极限》则宣告了工业文明无限增长神话的破产并提出了均衡发展的理念。这些文献揭示的事实和发出的警告迫使人们重新思考人类文明的根基以及人与自然的关系。

在这一背景下，人类开始思考如何克服工业文明的生态危机以及工业文明应当向什么方向发展的问题。1972年，联合国召开了第一次人类环境会议，确认了人人享有健康环境的基本权利和保护环境的基本人类义务。次年，美国未来学家丹尼尔·贝尔（Daniel Bell）发表了《后工业社会的来临》，第一次较为系统地思考了工业社会之后的社会即"后工业社会"的基本特征。此后，约翰·奈斯比特（John Naisbitt）等未来学家也对后工业社会的基本特征作出了各具特色的描绘。

世界环境与发展委员会1987年发布的研究报告《我们共同的未来》是人类建构生态文明的纲领性文件。1992年在巴西里约热内卢召开的联合国环境与发展大会，是人类建构生态文明的一座里程碑。它不仅使可持续发展思想在全球范围内得到了最广泛和最高级别的政治承诺，而且还使可持续发展思想由理论变成了各国人民的行动纲领和行动计划，为生态文明社会的建设提供了重要的制度保障。

建设生态文明，是中国人民对人类的一项重要贡献，也是中国共产党人的一项创举。中国共产党的十六大报告首次把建设生态良好的文明社会列为全面建设小康社会的四大目标之一。中国共产党的十七大报告确认了生态文明这一理念，提出要建设生态文明，使生态文明观念在全社会牢固树立。中国共产党的十八大报告明确指出，"尊重自然、顺应自然、保护自然"是生态文明的基本理念。中国共产党的十九大报告再次强调，生态文明倡导人与自然和谐共生。

自然观　作为一种试图消解工业文明之生态困境的文明形态，生态文明的自然观与工业文明的自然观存在着本质的区别。

工业文明的自然观是机械论的。它把自然理解为一座钟表似的机器。这部机器的各组成部分之间的联系是机械的，而对这部机器的总体认识是可以通过对它的各个部分的认识来实现的（还原主义的认识论）。在把自然理解为可以用数字来加以精确描述的客观事物的同时，机械论的自然观也把意义和价值驱逐出了自然界。意义和价值只存在于人类社会，更具体地说是人的灵魂之中。因此，人（灵魂或理性）与自然就变成了两类性质完全不同的存在物（价值论的二元论）。自然不是人类的家园，它与人类没有任何精神意义上的联系。人也不是自然的一部分；他是自然的异在，只有通过征服和控制自然才能确认自己的存在。这种价值论意义上的二元论割裂了人与自然之间的价值联系，导致了人文科学（其研究对象是具有价值和意义色彩的人文现象）与自然科学（其研究对象是毫无意义与价值色彩的自然现象）之间的分离和隔离。上述机械论的自然观和价值论的二元论为工业文明时代广为流行的狭隘的人类中心主义奠定了坚实的哲学基础。

生态文明的自然观即生态自然观。它包含三个重要的特征。第一，它是有机论的。在生态自然观看来，自然是一个生生不息的有机体。这并不意味着，自然是一个像动物或植物个体那样的超级有机体，而是说作为一个有机的系统，自然不仅创造出了形态众多的生命，进化出了具有高级智能和心灵的人类，而且还是这些生命的支撑和维持系统，使这些生命的繁荣和繁衍成为可能。在创造、支撑和繁衍众多生命的意义上，自然是一个生机勃勃的有机体。第二，它是整体主义的。生态自然观把自然理解为一个相互联系、变化发展的整体。自然是由多样化的生命形态、多样化的生态系统以及多样化的运动形式构成的有机整体；自然的各部分（山河、大地、植物、动物、生态系统）之间具有紧密的内在联系。人类及其文化也是自然整体的一部分；离开了自然系统的支撑，人类文明一天也维持不下去。自然不是其构成部分的简单相加；不能像拆解和组装钟表一样来拆解和组装自然。第三，它是充满价值色彩的。生态自然观把自然视为一个生机勃勃、富于创造、令人惊奇的有机系统。这个系统中的所有动物和植物都是生命的目的中心。生命的目的和价值不是由人从外部强加给自然的，而是内在于每一个动物和植物个体的。自然生态系统迄今在进化方面取得的成就足以令人叹为观止。因此，自然是具有内在价值的。

高度认可并维护自然的内在价值是生态自然观的最重要的特征之一。在生态自然观看来，人虽然是大自然进化出来的具有较高价值的存在物，但并不是自然界中唯一具有内在价值的存在物。人的价值只是自然价值的延伸和升华。作为自然的一部分，人的内在价值也不可能大于作为整体的自然的内在价值。人与自然界的其他存在物都是一个巨大的存在之链上的环节。因此，人类应珍惜并努力维护生物的多样性和价值的多样性。生态自然观还高度重视人在大自然中的独特价值和主体地位。在生态自然观看来，人的这种独特价值和主体性的一个重要方面就在于，人是大自然中唯一具有道德意识的存在物，能够认识到大自然创造、维持和促进众多生命的潜能和趋势，并能够用道德理想来约束自己对待大自然的行为，自觉地维护和促进大自然的这种潜能和趋势。因此，在生态文明时代，人们将超越工业文明时代认为保护环境只是一种权宜之计的环保观点，自觉地从"民胞物与"的道德理想出发，把维护地球的生态平衡视为实现人的价值和主体性的重要方式。生态文明将从文明重建的高度，重新确立人在大自然中的地位，重新树立人的"物种"形象，把关心其他物种的命运视为人的一项道德使命，把人与自然的协调发展视为

人的一种内在的精神需要和文明的一种新的存在方式。

建设生态文明需坚持的原则 从全球层面看，生态文明的建设刚刚起步。要使人类文明从工业文明向生态文明的转型变得更为顺利，人类就必须在地区、国家和全球层面采取更为协调的行动，并对建设生态文明的基本原则达成某些共识。虽然生态文明的建设模式会因各国具体国情而异，但以下三个重要原则已得到广泛认可。

可持续发展原则 强调发展的可持续性是生态文明的一个突出特征。可持续发展离不开可持续的生态环境和可持续的社会环境。为能将一个可持续的生态环境留给子孙后代，经济系统的运行必须控制在生态系统的承载范围之内，实现经济系统与生态系统的良性互动与协调发展。人类还应选择一种可持续的资源发展战略，通过技术创新提高资源的使用效率，保护生物的多样性，增加自然资本的储备及其在国民财富中的构成比例。应营造一个更加公正而平等的社会环境，包括建设一种能够使人们的基本权利在更大的范围内得到实现的制度文明；适度控制人口规模，提高人口质量和人们的受教育水平；倡导绿色生活方式和绿色消费。

公平原则 生态文明所理解的公平是一种广义的公平，包括人与自然之间的公平、当代人之间的公平、当代人与后代人之间的公平。人与自然之间的公平主要表现为：依据人与自然协调发展的原则，衡平考量生态系统和社会系统的需要，既维护生态系统的平衡和稳定，又使人类的生存和发展需要得到满足。代际公平是生态文明关注的一个焦点。在制订当代人的发展计划时，应依据代际公平的原则，综合考虑当代人的需要和后代人的需要，将一个可持续的生态环境和社会环境留给子孙后代。从总体上看，当代人之间的公平处于公平问题的核心。当代人之间的不公平既阻碍人与自然之间的公平的实现，使当代人之间难以就全球环保合作达成共识，也是影响代际公平的因素。留给后代人的不公平的社会环境，将增加他们

实现彼此间的公平以及与自然的公平的难度。因此，实现当代人之间的公平是确保公平原则得以实现的关键。此外，公平的实现离不开和平的社会环境。若在一个战争与暴力被视为解决人们之间的冲突的合理手段的时代，公平原则根本没有用武之地。战争不仅使人类的生命和地球上的其他生命被大肆伤害和毁灭，而且还使局部生态环境遭到巨大的破坏。

整体原则 地球上的所有生命都是地球大家庭的成员，各种生命之间不仅相互影响，还与地球构成了一个密不可分的有机整体。作为这个地球大家庭中一个晚到的成员，人类虽然依靠自己的聪明才智获得了巨大的生存空间，但人类的生存仍然离不开生态系统和其他生命的支撑。随着人类活动越来越深入地渗透到地球的各个角落，人类的命运与地球大家庭中其他成员的命运实际上已经紧密地联系在一起。整体原则不仅强调人类与自然的有机联系，还揭示了人类作为一个整体共同面对环境危机的必要性和可能性。随着全球化进程的加速，全人类的命运越来越紧密地联系在一起。环境污染没有国界，任何一个国家都不可能单独解决人类所面临的全球环境问题。因此，在建设生态文明时，我们应在更深的层次和更广的范围内采取协调行动，共同应对全球环境问题的挑战。在国际层面，应致力于建立一个更加公正合理的国际政治经济秩序；通过国际层面的制度创新，建立一个更加有效的国际环保立法和执法体系。在制定发展战略时，要依据整体协调原则，用可持续发展理念把 20 世纪人类最重要的三个主题——和平、发展与环保有机地整合在一起，使维护和平、发展经济、保护环境的目标能够同时得到实现。 （杨通进）

推荐书目

丹尼斯·米都斯，等. 增长的极限. 李宝恒，译. 长春：吉林人民出版社，1997.

世界环境与发展委员会. 我们共同的未来. 王之佳，柯金良，等译. 长春：吉林人民出版社，1997.

布赖恩·巴克斯特. 生态主义导论. 曾建平，译. 重庆：重庆出版社，2007.

生态现象学 （environmental phenomenology）试图用现象学方法来研究现代生态哲学问题的一种哲学思潮。现象学是现代西方哲学的一个重要流派，由于其突破了西方主流哲学割裂现象与本质、主体与客体、人与自然、身体与心灵等的思维方式，从而为当代西方的环境哲学提供了重要的思想灵感。

较早从现象学角度探讨生态哲学问题的论文出现于 20 世纪 80 年代中期。90 年代以来，挖掘经典现象学家[如胡塞尔（Edmund Husserl）、海德格尔（Martin Heidegger）、梅洛-庞蒂（Merleau-Ponty）、列维纳斯（Emmanuel Levinas）和作为现象学家的尼采（Friedrich Nietzsche）]的生态哲学思想的论文大量涌现，相关的专著和文集也陆续出版。据布朗（Charles Brown）与托德文（Ted Toadvine）主编的《生态现象学》一书的附录"生态现象学文献目录"提供的数据，到 2001 年为止，英语世界研究生态现象学的重要文献目录达 160 多条；此后，关于这一主题的文献迅速增加。《环境哲学》杂志发表了许多研究生态现象学的论文。生态现象学也是国际环境哲学学会的重要主题之一。

特征 现象学强调"面对事物本身"，把回到"事物"或"事情"本身，即我们所经验到的世界，作为自己的出发点。现象学家对科学主义的自然主义持批评和拒斥的态度，认为后者遗忘了经验根源。这种遗忘的后果是，人们所经验的实在被某种抽象的实在模型所取代。在其整个发展过程中，现象学承诺的方法论路径展现的是一种不同的"自然"概念，这种路径既能避免思辨的形而上学的先验特征，又能避免科学主义的自然主义的还原论。当代的环境主义者认为，现象学拥有这样一种独特的能力：使人类与自然的关系，以及根植于这种关系中的价值经验得到表达。对环境哲学家来说，现象学给人们提供了一种新的选择，这种选择使得人们能够超越那些限制了当代人的视野的许多根深蒂固的倾向：对客观性的沉迷，人类中心主义的价值概念，以及笛卡尔二元论的其他遗产。

基本观点 在当代环境哲学中，生态现象学提出了以下几个比较独特的观点。

①现代科学的实证主义、客观主义和自然主义对于西方的生态危机负有重要责任。德国学者梅勒（Ullrich Melle）指出，现代科学研究方式的科学性程度取决于其数学化的程度。数学的物理学成了精确科学的范式。作为自然主义之极端形式的物理主义把所有存在者（包括有生命的存在者、有意识乃至自我意识的存在者）都还原为物理事实以及物质和能量层面上的运动形式。为现代科学奠基的立场是纯粹认识主体的立场——这个主体为了便于接受纯净的客观真理而清洗了自己，以便在它的认识工作中清除全部有机体的需求以及生命实践的利益，清除感情需要和道德感，以及尽可能远地脱离感性经验。因此，现代科学和技术包含着一种反对其自然基础因而也反对它们自身的精神。

现代工业对自然的巨大干预正是建立在现代自然科学及其机械论自然观的基础之上的。机械论自然观对自然的理解包含着一种使自然极端对象化（把自然还原为物理的量值和化学的结合）的倾向，这种倾向使得那种单纯的工具主义态度成为可能，而这种工具主义的态度正是工业性的自然利用的基础。根据机械自然观，自然作为整体不过是纯粹的外在性，它的秘密不过是至今尚未被解决的计算任务。自然变成了纯粹的客体、物质基础和基本原料。除了根据人的目的来利用它之外，人们不可能用其他的方式来对待如此这般的一个自然。面对如此这般的一个自然，人们只能把它当作工具。接受机械自然观的人很难去热爱原子，不会去同情分子组合或细胞核，也不可能从道德上尊重神经元或基因。

②现象学对实在、自然、主体等概念的全新理解避免了主观主义的价值概念和虚无主义的自然概念，为"自然的内在价值"这一概念提供了重要的依据。在梅洛-庞蒂看来，实存从本质上说是充满了意义的。实存决不限于人类

的存在。一切生物都是某种形式的实存。根据对实存的这种理解，主体性呈现为"世界的基本属性"。因此，这个世界是与主体不可分离的，而主体也是与世界不可分离的。世界全部在我们之中，而我们则完全在我们自身之外。对主体与客体相互依赖的这种认可，使得人们能够走出近现代西方关于主体与客体之二元分离的毫无希望的困境。根据对实存和主体的这种理解，梅洛-庞蒂还把整个自然都看作是某种类似于身体的东西，并用"肉"（chair）这一充满感性和活力的概念来表达。在他看来，本己身体的肉、他人的肉、世界之肉是完全同质的。正是借助于"肉"这一概念，一切存在都被重新纳入了自然的范畴之中。自然不仅与植物、与出生、与存活等概念联系在一起，而且与意义和价值联系在一起。梅洛-庞蒂关于世界的物质性与肉体性的论述，克服了西方哲学在人与自然、价值与事实问题上的二元论观点，为某种尊重事物变动性的、非二元论的本体论提供了希望。富尔茨（Bruce Foltz）在《栖息于地球》一书中也系统地阐述了海德格尔把自然理解为自我呈现、本质、生命、规范与创造的思想，认为对自然的这种理解使得诗意的栖息成为可能，并为一种真正的环境伦理学提供了基础。

现象学的反思表明，价值存在于经验世界之中，自然的价值论属性既是内在固有的，又是不可消除的。这一洞见不仅取代了西方文化中关于自然的虚无主义观念，克服了传统的价值思维中存在的"是/应当"的困境，还为一种新的价值理性概念铺平了道路——这种价值理性概念承认自然的神性（goodness）与价值。对价值理性的这种理解为某种最低限度的形而上学整体主义提供了支持。对这样一个本质上是充满意义且值得尊重的自然的重新发现，有助于克服西方文化与自然之间的疏离。摆脱了对待自然的虚无主义态度的这种新的自然观，还使得人们能够发展出某种恰当的自然哲学——现象学的自然主义，它能克服自然内在价值与人类中心主义之间不可消解的死结。因为，长期以来，人类都把自己理解为自然的某种异在；

世界上的许多宗教和道德都建立在对自然存在的反叛的基础之上。通过把人建构成自然的对立面，人们接受了那些威胁着地球自身的价值观和目标。生态现象学的力量和期许在于：通过重建人与自然之间的联系，使人们重新理解人类在自然中的位置与角色，进而阻止人类的文化与人的自然本性、与人们的存在源泉之间的悲剧性的断裂。

③生态现象学的方法论强调对经验、感性和知觉的重视。在现象学看来，西方哲学中关于心灵/世界的二元论把一个毫无意义的客观领域与一个自我确证的认知主体割裂开来，因而在认识论的意义上歪曲了人们的日常经验，认识不到人们的自我与世界是相互交织在一起的；而自我与世界相互交织的这种经验正是人们认识并介入世界的基础。因此，现象学的描述要求人们关注"前—理论层面"的、尚未把自我与世界分离开来的经验。胡塞尔的"生活世界"、海德格尔的"世界中的存在"、梅洛-庞蒂的"原初的意向性"、列维纳斯的 "深不可测的存在"等概念强调的就是心灵与世界的相互交织与统一。在许多学者看来，生态现象学能够在自然界与人们的生活世界之间架起一座方法论的桥梁，这座桥梁能够弥合主体与客体、事实与价值、心灵与世界的鸿沟，能够使人们找到一种更好的方式来表达人们与自然之间的复杂关系——这种关系既不能还原成毫无疑义色彩的、运动中的物质之间的因果性关系，也不能还原成纯粹的意向性关系。它能够以这样一种方式来陈述体现于自然中的意义——这种方式既不指向意义与自然之间的形而上学的断裂，又能抵抗那种试图把一方还原成另一方的种种诱惑。

评价 许多学者指出，生态现象学仍然处于起步阶段，并不存在某种体系完整的、单一的生态现象学。不同的学者往往从不同的角度来解读传统现象学的生态哲学含义。例如，在新墨西哥大学哲学系的托马森（Iain Thomson）教授看来，至少存在着两种不同的生态现象学运动，即追随尼采和胡塞尔的自然主义的伦理实在论（naturalistic ethical realism）以及追随海德格尔和列维纳斯的超验主义的伦理实在论（transcendental ethical realism）。在自然主义的伦理实在论看来，善与恶在终极的意义上属于事实范畴，价值与价值观都应建立在这些"前—理论"的事实的基础之上。在超验主义的伦理实在论看来，当人的心灵恰当地向自然敞开时，人们所发现的其实只是那些与人真正有关的事物。换言之，人们所发现的既不是事实也不是价值，而是海德格尔意义上的"此在"（being as such），即意义的超验根源，这个根源不能还原成事实、价值或任何种类的实体。这两种完全不同的生态现象学进路导致的是两种不同的伦理向善论（ethical perfectionism）。自然主义的伦理实在论主张的是生态中心的向善论，它强调的是所有生命的繁荣与实现。超验主义的伦理实在论主张的是人文主义的向善论，它要求培育并发展属于此在（人）的那些独特的品质与能力。

总的来看，生态现象学既需要借助现代环境主义的某些理念来缓解甚至消除传统现象学运动的某些消极因素（如人类中心主义、男性中心主义和伦理虚无主义的因素），又需要借助现象学来抵制某些激进的环境主义所体现出来的某些危险倾向（如厌人类癖，把人和自然都融入某种可预见的、连续的和同质的存在单元之中）。　　　　　　　　　（杨通进）

推荐书目

Bruce Foltz. Inhabiting the Earth：Heidegger, Environmental Ethics，and the Metaphysics of Nature. Atlantic Highlands，N.J.：Humanities Press，1995.

Charles Brown，Ted Toadvine. Eco-Phenomenology：Back to the Earth Itself. Albany：SUNY Press，2003.

shengtai xuyao

生态需要 （ecological needs） 人类在发展过程中对人与外部环境以及人与自身的生态平衡关系的需要。

背景 生态需要问题是在人类社会发展过

程中，自然与社会问题日益突出引发人类对发展观的反思的背景下提出的。

20 世纪中后期，全球经济的发展进入加速状态，在人类中心主义价值观影响下人们的物质需求极速膨胀。随着人类对自然的改造与控制能力日趋强大，在人类对自然的改造过程中，产生了严重的环境问题，造成了人与自然的尖锐矛盾，影响到人类的生存。人们开始反思人与自然环境关系的本质。人在改造自然、满足自身需要的过程中，究竟要不要考虑生态环境问题以及人类如何处理与生态环境的关系等引起了学界的关注。同时，随着社会生产能力的发展，人们的物质生活水平日渐提高，特别是在发达国家，居民基本生活条件得到了较好的保障，基本生存需要得到了很好的满足，甚至较好地实现了享受需要。但是，生态环境的日益恶化，反过来又威胁到人类自身的生存需要，导致人类需要链的脱节。人类在自身需要得到较充分满足的同时，又出现了极大的隐患，即可能导致满足需要基础的崩溃。因此，人们在反思人类实践行为时，自然想到，人们除了传统意义上的物质与精神需要外，还存在生态需要。在满足自身的物质与精神需要的前提下，人类应自觉遵守生态规律、正确处理人与自然的关系，这样才能使人类生活得更美好，也才能使自身的需要得到长期的满足。

提出 据考证，"生态需要"概念在国外源于俄文，最早出现在苏联高等院校经济学教科书《政治经济学》（1988 年修订版）。但国外学术界一直没有对"生态需要"概念的内涵进行科学界定与深入研究。在国内，早在 20 世纪 70 年代生态经济学界已经涉及生态需要方面的问题，叶谦吉在 1987 年发表的《生态需要与生态文明建设》一文中，首次指出了"生态需要"的四个理论依据与生态文明建设，但没有对"生态需要"这一概念进行明确的定义。

近年来国内外学术界已将该主题的讨论作了一定的扩展，但从现有的讨论来看尚未能取得突破性进展。

结构及特征 对于需要的结构，传统上一般分为物质需要与精神需要。随着生态环境的恶化与人类需要结构的丰富，学术界提出加入生态需要，认为人们在物质需要得到较好满足的前提下，出现了精神空虚的现象。环境问题、食品问题的凸现，又引发了人们对"生态危机"的恐慌，对衣、食、住、行、用的产品安全问题等的忧虑。因此，生态需要作为一种高级需要，不仅能提高人们的物质文化生活质量，还能从生态学的意义上改善人类的需要结构，使人类需要更加合理化。生态需要不仅是人类最基本、最重要的生存需要，也是人类的享受和发展需要的重要组成部分。优美的生态环境，不仅使人享受到大自然的恩赐，开阔胸襟，陶冶情操，而且能使人拓宽视野，发展自身的智力与体力，有利于人的身心健康和全面发展。

生态需要与物质需要、精神需要的关系是相互联系的。生态需要是人类生存的物质需要，又是维持人的心理健康的必要条件，属于精神消费的范畴。生态需要具有典型的二重性特征，一方面，生态需要具有物质需要的属性，生态需要的满足要反映在人对生态需要的物质拥有上；另一方面，生态需要又具有精神需要的属性，人的生态需要包含着精神的愉悦。生态需要是人的物质需要和精神需要的统一。

在人类需要体系中的地位 生态需要贯穿人的需要的各个层次，作为人类最基本和最直接的需要之一，生态需要是一种较低级的需要；作为高级层次的需要，生态需要又关涉人们的享受体验与发展程度。在人的需要体系的等级序列中，生态需要既是人类生存的基本需要之一，又是人类高层次的需要。因而它又是人类基本需要与高级需要的统一体。

研究的特点 ①生态需要问题在学术界还是一个新问题。目前对生态需要问题的研究主要是从经济学的视角进行，取得的成果大多与经济学相关，虽然其他领域的学者对生态需要问题也有所涉及，但没有展开深入的探讨。由于生态需要问题涉及的学科领域较多，如生态学、哲学、经济学、社会学等，在一定程度上增加了研究的难度及成果产生的周期。对生态需要内涵的界定，还没有一个权威的、被大家广泛接受的定义。因此，对生态需要问题的研究，无论是研究的领域还是研究的深度都需要进一步拓展。②目前对生态需要问题的研究成果，主要针对的是人的生态需要，还没有明确界定生态需要是否包括除人之外其他生物的生态需要，而对于人的生态需要与动物乃至生物的需要或生态需要的探讨，还是一片空白。③对生态需要的研究应从多方面进行，只有在生态哲学、生态学、经济学、社会学等方面研究的基础上，才能对生态需要问题有较为科学、全面、准确的把握，从而在指导人们满足生态需要的实践中发挥作用。　　　　（王全权）

shengtaixue fangfa

生态学方法（ecological method）　　用生态学观点说明与生命有关的现象及其发展变化，揭示各种现象的相互关系和规律性，认识和解决与生命现象有关的问题的方法。生态学方法的目的是揭示和研究某一科学研究对象与它的环境之间存在的联系。把生态学作为一种观点或一种特殊的方法，是科学认识的生态学途径，或科学的生态学思维。

　　产生背景　进入 20 世纪以后，科学思维方式发生了引人瞩目的变化，经历了这场科学思维方式的变革运动，生态科学走出了传统物理学和生物学思维方式的圈子，逐步形成以有机论为特征、强调人与自然之间的相互依赖和作用的生态思维方式。这种独特的生态思维方式具有鲜明的时代特征和哲学意义上的整体转换，表现为自然属性与社会属性的双重交叉、传统方法与现代方法的吸纳融合、协调生物与环境关系的特殊使命、生态学思维与辩证思维的内在契合等特质。

　　生态学发展的历史表明，现代生态学已经不是就自然环境而研究自然环境，而是把人与自然的相互关系作为其研究的基本内容，重点研究人、社会和自然界的相互联系、相互作用和相互协调。当生态学深入到人和自然普遍的相互作用的研究时，即已具备了哲学意义的品

性和资格，成为人们认识世界的理论视角和思维方式，形成了一种全新的生态世界观。现代生态学既是一门科学，更是一种方法论，它包含对整个世界（自然、人类社会和思维）的看法。用生态学的观点去观察解释现实世界，它又是一种具有普遍意义的方法论。

　　主要观点　由于生态学研究的"关系"是一个哲学命题，其方法论的许多原理与哲学思想中整体与部分、事物相互间普遍关联等辩证唯物论有关，这使生态学的研究方法始终体现了以下几个观点。①层次观。生态学研究机体以上的宏观层次，研究高级层次的宏观现象需要以了解低级层次的结构功能及运动规律为基础，而从低级层次的结构功能动态中可以加深对高级层次宏观现象及其规律的理解。宏观层次的研究方向主要有景观生态和全球生态，主要解决全球性的环境变化问题。在生态学研究中，归纳分析不同层次构成的系统称为层次分析方法。②整体观。每一高级层次都具有其下级层次单元不具有的某些特征，这些特征不是低级层次单元特性的简单叠加，而是由低层次单元以某种特定方式组建在一起产生的一些新整体特征。由多个低层次单元构成的高层次单元实际上是高一级的新的整体。整体论就是始终把处于不同层次的研究对象作为一个生态整体，注意其整体的生态特征。③系统观。在生态学中，系统观点与层次观和整体论是统一和密不可分的。通过系统分析既分解出系统的各组成要素，研究它们的相互关系和动态变化发展规律，同时又综合分析各组成要素的行为，探讨整个系统的整体表现。系统研究还必须探究各组成要素间作用与反馈的调控，以指导实际系统的科学管理。④协同进化观。各种生命层次及各层次的整体特性和系统功能都是生物与环境长期协同进化的产物。协同进化是普遍存在的。协同进化的观点应是生态学研究中的指导原则，贯穿由设计方案到解释结果的全过程。⑤综合观。单一学科常受自身学科的定界限制，综合观面临的是"问题"和"对象"，而不局限于一定的学科界限。生态学既包含了许

多科学的内容，又与一些基础学科相互交叉，同时还大量地利用了多个学科的研究方法和测量技术。现代生态学家还广泛地吸收了系统论、控制论、信息论、协同论、突变论、耗散结构理论的新概念和新方法，应用于生态系统的结构和功能的研究。

发展动向　纵观生态哲学与环境伦理学的发展历程，从利奥波德（Leopold）的大地伦理学，施韦泽（Schweitzer）的敬畏生命伦理学，到萨克塞（Sachsse）的生态哲学，罗尔斯顿（Rolston）的环境伦理学，生态学已经成为生态哲学与环境伦理学赖以生存的肥沃土壤。我国生态哲学家余谋昌指出："生态学的发展为新的世界观提供了基本的哲学框架。"由此显见，生态学的世界观也就是生态环境哲学的世界观，生态学的方法与观点也可成为生态环境哲学的方法与观点，或为生态环境哲学所吸收和转换。

现代生态思维方式作为一种特定的思维范式，来源于人类处理与自然关系的实践过程，来源于生态科学的历史发展进程，但其真正作为一种具有普遍意义的思维样式，还有待于对生态科学活动进行反思、概括和哲学提升。它要求我们对现代生态科学的研究成果从哲学上进行概括，提供新观念和新方法来解决困扰当今人类的诸多重大环境问题，推动建立一种以保护地球和人类的持续生存和发展为标志的人类新文明。　　　　　　　　　　（是丽娜）

推荐书目

曹凑贵.生态学概论.北京：高等教育出版社，2002.

张文军.生态学研究方法.广州：中山大学出版社，2007.

大卫·福特.生态学研究的科学方法.肖显静，林祥磊，译.北京：中国环境科学出版社，2012.

shengtai zaibian

生态灾变　（ecological catastrophism）　自然或人为原因导致的生态环境恶化、物种灭绝加速、生物多样性迅速丧失的灾害性生态变化。

背景　生态灾变论源自法国地质学家、古生物学家居维叶（Georges Cuvier）于1821年提出的灾变理论。18世纪末到19世纪初，大量化石研究表明，地球历史上绝大多数变化是突然、迅速和灾难性的，并因此发生多次大规模物种灭绝事件。在莱布尼茨（Gottfried Wilhelm Leibniz）、布丰（Georges Louis Leclere de Buffon）等灾变假说的基础上，居维叶在以大量古生物化石、岩层性质及地质构造调查为证据的基础上发展了灾变理论，成为"灾变论"最有影响的代表。该理论由居维叶的学生欧文（Richard Owen）及阿加西斯（Louis Agassiz）、杜宾尼（Alcide d'Orbigny）等继承并不断发展，进而走向了后来的极端化和神秘化。据居维叶推断，地球生态已发生过4次灾害性的变化，这与后来的科学研究结果基本一致。据已有研究证实，自寒武纪以来，自然原因引起的明显的生态灾变共发生了15次，其中重大集群灭绝事件发生了5次。按地质年代和相关生物的灭绝情况，依次划分为奥陶纪至志留纪期间的大灭绝，27%的科与57%的属灭种；泥盆纪大灭绝，19%的科与50%的属灭种；二叠纪大灭绝，57%的科与83%的属灭种；三叠纪至侏罗纪的大灭绝，23%的科与48%的属灭种；距今最近的发生于6500万年前后导致恐龙、蛇颈龙、沧龙、翼龙和菊石灭绝的白垩纪大灭绝，17%的科与50%的属灭种。每次灾变都使地球上的生物几乎荡尽，然后自然又重新创造出各类新物种。受法国生物学家拉马克（Jean-Baptiste Lamarck）以及英国博物学家、生物学家查尔斯·罗伯特·达尔文（Charles Robert Darwin）生物进化论的影响，英国著名地质学家赖尔（Charles Lyell）提出"均变论"的主张，反对灾变论，形成了灾变论和均变论两种学派。灾变论和均变论都属于古生物学领域。

产生原因　导致生态灾变的原因主要来自两个方面，即自然原因和人为原因。①自然原因引起的生态灾变。前五次生态灾变的具体原因，有外星撞击论、火山爆发论、全球性海平面上升论等。对此，科学界目前没有统一的结论，但都认为是由自然原因引起的生态环境恶化而产生的,其中由它们引起的气候变化作为直接原因已是定论。②人为原因引起的生态灾变。由于对自然内在价值认识的破缺,人类中心主义有了生根之处。在生物进化的自然竞争中,人类通过非理性的科技创新和应用使自己以类的形式脱离了自然的整体性和内在性,成为自然的唯一尺度。人类的物质变换活动导致环境污染、温室效应、土地荒漠化、臭氧层破坏等全球性环境问题,造成生境的丧失或破碎化、外来物种的入侵、环境污染、生物和环境资源的过度利用。人类对自然界物质索取的量及在生产和生活过程中对环境的破坏程度超越了自然界的恢复和自净能力同样是物种灭绝的原因。统计显示,由于人类的活动,过去 500 年间至少有 5 570 种生物灭绝,其灭绝速度超过前五次物种灭绝中的任意一次。在种群未来的延续能力上,目前已被列入或正在被列入的极危物种、濒危物种和脆弱物种的个体将变得不易存活,即面临"阿利效应"(Allee effect),也就是说它们多数将是易灭绝物种。据此,在未来 300 年,第六次大规模物种灭绝将到来。这次生态灾变发生的直接原因是人类非生态性物质活动的结果,科学界称之为人类纪生态灾变。

特征 ①一些高级分类单位,如科、目和纲等在比较短的时期内突然灭亡,大量物种消失,致使种的绝灭速率大大超过常规的绝灭速率。②物种大量死亡,造成生物的分异度在一定时期内下降。③由于大量生物灭绝,生态系统或地球生物圈生态功能衰退或瓦解。

措施 自然原因引起的生态灾变由自然界自身去补救。地质历史证明,在这种情况下,环境每次对生物的创造都是成功的,都能再造一个生机勃勃而井然有序的自然界。人为原因造成的生态灾变应由人类自身去救赎,主要在于预防。目前,理论上主要有以下几种认识逻辑和补救方式:①自然的内在价值观。生态系统是包括人类在内的所有生物及其生存环境的共同体,其中存在一个内在价值体系。生态主义就是这种自然生态价值意识的主要代表。

②文化救赎观。文化所造就的人类的物质需求是人与自然产生冲突的催化剂,因此借助文化改变人类对生态系统价值的认识和利用方式成为化解生态灾变的对策之一。③伦理救赎观。生态伦理认为所有生物都拥有"生存意志"。阿尔贝特·施韦泽(Albert Schweitzer)说:人要敬畏一切生命。基于此,人类应将其道德关怀从社会延伸到非人类的自然存在物或自然环境,把人与自然的关系确立为一种道德关系,从而实现人的道德与自然的统一。生态伦理分为浅层生态伦理和深层生态伦理两种基本发展方向,而以阿伦·奈斯(Arne Naess)非人类中心的深层生态伦理研究更受关注,近来又出现了各种分化趋势。生态伦理成为人类走出人类中心主义和生态危机的指向标和基本路径。④技术救赎观。人类对自然资源的不合理利用是人为原因引起生态灾变的直接原因。在这一过程中,作为物质变换工具的非生态性技术是造成人类纪生态灾变的关键因素,所以人们寄希望于实现技术性质的改变来解决人类与自然的冲突,消解生态灾变。其中绿色技术,即"环境无害技术"(environmentally sound technology, EST)将是缓解或消除生态灾变的必然选择。为了避免第六次生态灾变所带来的灾难,人类必须建立一种新的文明形态,即生态文明。

(徐怀科)

推荐书目

伊丽莎白·科尔伯特.大灭绝时代——一部反常的自然史. 叶盛,译.上海:上海译文出版社,2015.

埃罗尔·富勒.消失的动物:灭绝动物的最后影像. 何兵,译. 重庆:重庆大学出版社,2018.

shengtai zhexue

生态哲学 (eco-philosophy) 人们面临环境破坏和生态危机而产生的、依据现代生态科学的观点和方法对人类社会、生态系统及二者关系进行深层哲学反思的理论领域。

产生背景 20 世纪六七十年代,西方发达国家的环境破坏和生态危机导致了席卷全球的现代生态运动。民众、科学家、非政府组织和媒体纷纷加入了这场声势浩大的环境运动，推动了生态哲学的产生。

现代生态科学突破传统物理学和生物学的思维方式，为生态哲学提供了一种整体主义的、有机论的世界图景，而且在这种生态世界观的内部孕育了一种强调生态的工具与内在价值同在的价值观，为生态哲学提供了自然科学基础。

基于现代生态运动和生态科学发展的推动，较少关注人与自然关系问题的西方传统道德哲学开始思考自然客体和动物的内在价值与道德地位，对现代生态环境问题进行了深层反思。西方哲学出现了继语言学转向之后的一种新的转向——生态转向。

发展初期大事件 1971 年，美国乔治亚大学哲学教授布莱克斯通（Blackstone）组织了关于环境问题的第一次哲学会议，并出版了哲学家最早关注环境问题的会议文集《哲学与环境危机》。同年，古德洛维奇（Godlovitch）和哈里斯（Harris）编辑出版了第一本用哲学语言讨论动物权利问题的现代著作《动物、人与道德：论对非人类动物的虐待》。1980 年，美国深层生态学家塞欣斯（Sessions）编制完成的生态哲学领域的文献目录达 71 页。1989 年，美国成立了环境哲学中心，由北得克萨斯大学教授哈格洛夫（Eugene Hargrove）担任主任。

1984 年，美因茨大学汉斯·萨克塞（Hans Sachsse）发表了专著《生态哲学》。此书基于生态科学相互关联、整体主义的方法对自然—技术—社会三者之间的关联进行了考察，提出生态哲学研究的目的就是指导人类在这一关联中懂得明智行动，争取建立人际相理解的新基础和人与自然共同体和谐共存。

研究内容 澳大利亚学者安德鲁·布雷南（Andrew Brennan）指出，生态哲学研究由四部分构成：一是关于自然的理论，自然包含哪些种类的客体和过程；二是关于人类的理论，为人类生活以及生活在其中的背景关联和所面临的问题提供某种总体性的观点；三是关于价值的理论和人类行为评价的理由；四是关于方法

的理论，在被检验、确证和拒斥的总体理论范围内，表明所要求的标准。布雷南关于生态哲学研究内容的观点与我国学者包庆德的观点大体上是相互契合的。包庆德认为，生态哲学的理论体系由生态本体论、生态认识论、生态价值论和生态方法论构成。

主要流派 按照澳大利亚学者艾克斯利（Robyn Eckersley）的划分，生态哲学的研究主要基于人类中心主义和非人类中心主义两类视角；或者按照德赖泽克（Dryzeck）的划分，生态哲学的研究可以被归入保守的环境话语和激进的环境话语两大阵营。

生态哲学研究发展出了以下理论流派：①动物解放论/动物权利论。动物解放论代表人物彼得·辛格（Peter Singer）基于动物具有感受痛苦和快乐的能力而主张动物和人类一样应当受到人类道德的关怀。动物权利论代表人物汤姆·雷根（Tom Regan）认为能够成为生活主体和拥有内在价值的并不只限于人类，动物也是生活的主体，也和人一样拥有内在价值。承认动物自身拥有内在价值，也就是承认动物具有不被伤害和侵犯的权利。②生命中心论。由阿尔贝特·施韦泽（Albert Schweitzer）奠基、保罗·泰勒（Paul Taylor）加以发展的生命中心论，将价值的视野扩展到了动物之外的所有生命，主张所有生命都是平等的，它们拥有同等的内在价值，要求对动物、植物等所有有生命的存在予以道德上的关怀。③深层生态学。由阿伦·奈斯（Arne Naess）提出。这一流派认为，浅层生态学是人类中心主义的，只关心人类的利益；深层生态学是非人类中心主义和整体主义的，关心的是整个自然界的利益。④自然价值论。在《环境伦理学》一书中，霍尔姆斯·罗尔斯顿（Holmes Rolston）系统论述了自然价值论，罗尔斯顿承认自然具有以人类主体为评价尺度的工具价值，但更强调自然具有以自身为尺度的内在价值以及生态系统层面上的系统价值。⑤社会生态学。起始于对支配自然的批评，其代表人物默里·布克钦（Murray Bookchin）认为人类对自然的支配根源于人类社会自身的等级制和支配，因

而社会生态学主要关注人类社会。⑥生态马克思主义。运用马克思主义的基本原理和观点对资本主义生态危机产生的原因和对策进行研究，代表人物有莱斯（Leiss）、阿格尔（Agger）、奥康纳（O'Connor）、福斯特（Foster）等人。

生态哲学在中国的发展 从20世纪80年代开始，中国学者开始译介和研究生态哲学。与西方生态哲学相比较，中国生态哲学研究呈现出了自身的特点。第一，对中国传统思想的生态哲学资源进行挖掘和重建。在中国传统思想中，儒、释、道三家通过"天人合一"观念表达出的关于人与自然关系的思想蕴含着丰富的生态哲学资源。例如，儒家"赞天地之化育""民胞物与"等体现的环境伦理意识；佛学"依正不二"的自然观和"不杀生"戒律对生命的尊重；道家"道法自然""物无贵贱"等包含的生态智慧。第二，重视生态马克思主义研究。生态马克思主义研究在生态哲学领域受到越来越多的关注。马克思恩格斯的自然观及其生态哲学思想意蕴，莱斯和阿格尔的生态危机理论，奥康纳的双重危机理论，克沃尔（Joel Kovel）的生态社会主义革命和建设理论，福斯特和伯克特（Burkett）关于马克思的生态学理论等都是中国生态哲学研究的重要议题。第三，生态哲学关注中国现实与实践，主要体现在生态哲学议题自觉地与社会主义市场经济、生态文明建设的实际结合。 　　　　（王国聘　李亮）

推荐书目

约翰·德赖泽克.地球政治学：环境话语.蔺雪春，郭晨星，译.济南：山东大学出版社，2008.

余谋昌.生态哲学.西安：陕西人民出版社，2005.

佘正荣.中国生态伦理传统的诠释与重建.北京：人民出版社，2002.

曹孟勤，卢风.中国环境哲学20年.南京：南京师范大学出版社，2012.

shengtai zhengti zhuyi

生态整体主义 （eco-holism） 将生态系统看作一个整体，赋予其道德伦理地位，认为生态系统中的万事万物相互联系、互相依存，人是这个系统的一员，对这个系统负有直接的道德义务，是一种整体主义的伦理学。

生态整体主义的核心思想是把人类的道德关怀扩展到整个生态系统，把生态系统的整体利益作为最高价值而不是把人类的利益作为最高价值，把是否有利于维持和保护生态系统的完整、和谐、稳定、平衡和持续存在作为衡量一切事物的根本尺度，作为评判人类生活方式、科技进步、经济增长和社会发展的终极标准。

背景 20世纪30年代，随着现代生态学的发展，人们开始借用生态学的理论和方法重新反思人与自然的关系，将整个生态环境视为一个统一的、独立的整体，并开始改变传统的价值观。最早有所成就的是奥尔多·利奥波德（Aldo Leopold）提出的土地伦理理论。20世纪中叶以后世界各国走上了工业化道路，环境污染和生态平衡的破坏日益严重，不少学者的理论吸收了土地伦理理论的精华，其中比较有影响力的有霍尔姆斯·罗尔斯顿（Holmes Rolston）的自然价值论、阿伦·奈斯（Arne Naess）的深层生态学理论，土地伦理理论、自然价值论和深层生态学理论成为生态整体主义的三大代表思想。

土地伦理理论 奥尔多·利奥波德在1949年出版的《沙乡年鉴》一书中运用生态学的理论，创立了大地伦理学思想，这是生态整体主义的环境伦理学的最早形态。土地伦理理论主张人类应该把伦理共同体的范围扩大到土壤、水、植物和动物，或它们的总体——大地，使伦理共同体与大地共同体统一，使人类的角色由大地的统治者变为大地共同体的一个平等的一员和普通公民，它蕴含着对每个成员的尊重，也包括对这个共同体本身的尊重。

奥尔多·利奥波德在《沙乡年鉴》"土地伦理"一章中指出："一件事情，当它有助于保护生命共同体的和谐、稳定和美丽时，它就是正确的，反之，它就是错误的。"这成为生态整体主义的一项基本原则和价值标准。

自然价值论 1975年霍尔姆斯·罗尔斯顿

发表了第一篇学术论文——《存在着一种生态伦理吗》，此后又陆续撰写了 70 多篇学术论文和 6 本专著，主要围绕他提出的自然价值论进行论证，指出大自然具有自身的内在价值，人类应当承担对大自然的道德义务，并借助现代生态学系统地论证了生态整体主义。

自然价值论认为价值是事物的某种属性，价值最显著的特征是创造性，自然系统的创造性是价值之母。任何一个有机体都具有自己完整的内在价值，同时具有外在的工具价值，生态系统同样如此，不仅仅是对于人类而言的工具价值和内在价值，它更拥有系统价值，这种价值并不完全浓缩在个体身上，也不是部分价值的总和，它弥漫在整个生态系统中，有机体的价值是系统价值的一部分。人类既对共同体中具有内在价值的个体负有义务，又对这个创造并维持生命、具有系统价值的生态系统负有义务。自然价值论认为人应当是完美的道德监护者，道德不仅仅用来维护人的权利，还用来维护其他生命及生态系统的权利，具有这种终极的利他主义精神的人才是真正的道德境界高尚的人。

深层生态学理论 1973 年阿伦·奈斯发表了《浅层生态运动和深层、长期生态运动论纲》，从而逐渐建立起了他称之为"生存智慧"的深层生态学哲学。深层生态学理论提出了与浅层生态学理论针锋相对的观点，指出人是自然的一部分，应尊重和保护自然，并服从其规律；将自然的内在价值等同于人类的价值是极大的偏见；减少污染应当优先于经济增长等。要求人们为了生态整体的利益而不只是人类自身的利益自觉主动地限制超越生态系统承载能力的行为。深层生态学的基本规范是生物圈平等主义，主张每种生命形式都拥有生存和发展的权利，若无充足理由，人类没有权力毁灭它们的生命。深层生态学理论的另一理论贡献是自然界自我实现论，深层生态学的自我是超越了社会学意义的自我，是与自然融为一体的大我，自我实现的过程也是自我认同对象的范围逐步扩大的过程。深层生态学认为随着人类的

成熟，人类能够与其他生命同甘共苦，并且认为生物圈平等主义与自我实现密不可分，即如果我们伤害了自然界的其他存在物，也就伤害了人类自己。

影响 生态整体主义的产生，代表着人们在环境意识形态领域对人类中心主义的一种激进的反思。作为一种整体主义的哲学，其超越了以人类利益为根本尺度的人类中心主义，超越了以人类个体为核心的人本主义和自由主义，给人们提出了更高的道德要求。

批评 对生态整体主义的批评主要有：与自由主义核心观念背道而驰、侵犯了人类生活的最私人化的方面、颠覆了最基本的个人自由、为了更大的生态的善而牺牲个体、破坏了对个体的尊重、缺乏对在人类内部公平正义前提下如何维护生态系统和谐的论述等。生态整体主义因而也被称之为"生态极权主义"和"环境法西斯主义"。

对于这些批评，生态整体主义者给予了回应和反驳：生态整体主义并不否定人类的生存权和不逾越生态承受能力、不危及整个生态系统的发展权，生态整体主义强调的是把人类的物质欲望、经济的增长、对自然的改造和扰乱限制在生态系统所能承受的范围内。正是人们没有节制地向自然索取才导致生态环境遭到不可逆的破坏，在这种背景下还要奢谈人类作为自然整体之一类个体的个体利益——很大程度上是用来填充其无限欲壑的所谓利益是非常有害的。

在众多的对生态整体主义的批评中，最严重的批评是指责生态整体主义在泛论生态危机和强调生态整体利益时，对如何在公平正义的前提下进行生态保护领域里的全球合作缺乏具体论述，对如何通过推动人类社会内部的公平公正来保障生态整体内部的和谐关系，进而真正做到维护生态整体利益也没有给予突出的强调。然而，如果抛开人类社会内部的公正、民主、良知与和谐秩序，孤立地讨论生态整体利益，很容易导致对生态危机的思想、文化、社会等深层原因的忽视，导致对造成生态危机的

最大责任者的放任，导致对现存不公平、非公正的社会弊端的维护并进一步创造新的生态不公正，最后也必然导致生态整体的利益得不到维护、生态平衡无法真正恢复或重建。

（王蕾）

推荐书目

霍尔姆斯·罗尔斯顿.哲学走向荒野.刘耳,叶平,译.长春：吉林人民出版社,2000.

奥尔多·利奥波德.沙乡年鉴.侯文蕙,译.长春：吉林人民出版社,1997.

杨通进.走向深层的环保.成都:四川人民出版社,2000.

雷毅.深层生态学思想研究.北京:清华大学出版社,2001.

shengtai zhuti yu shengtai keti

生态主体与生态客体 （ecological subject and ecological object） 生态主体是指人，生态客体是指人所面对的自然与社会环境。生态主体与生态客体是对哲学上主体与客体内涵的延伸。

主体与客体是哲学上用以说明人的实践活动和认识活动的一对哲学范畴。主体是与客体相对应的存在，指对客体有认识和实践能力的人，是客体的存在意义的决定者。

主体及客体的概念在认识论上的运用是从17世纪开始的。主体是指实践活动和认识活动的承担者，客体则是主体实践与认识活动所指向的对象。马克思主义哲学第一次以社会实践为基础，科学地阐明了主体、客体及主客体之间的相互关系。主体与客体的关系主要表现为实践关系和认识关系。实践关系是主体与客体之间改造和被改造的关系。认识关系是主客体在实践关系的基础上发生的，主体在观念上掌握和反映客体以及客体在观念上被掌握、被反映的关系。主体和客体相互联系、相互制约，它们之间是既对立又统一的关系，并且在一定条件下相互转化。主体在改造世界的实践活动中，实现自己的目的和愿望，并使客观世界的状况发生改变，即变为客体；反之，在主体认识和改造客体的过程中，客体也反映到人脑中，通过一定的机理成为人的思想、知识，或者在主体反映客体的过程中，使自然物成为人的工具，直接从属于主体。

生态主体与生态客体范畴，是随着生态学学科的兴起与发展而出现的。1886年，德国学者艾伦斯特·赫克尔（Ernst Haeckel）提出了"生态学"这一概念，认为生态学是关于生物有机体与其周围外部世界之间相互关系的科学。他认为，我们可以把生态学理解为关于生物有机体与周围外部世界的关系的一般学科，而外部世界是广义的生存条件。

生态主体与生态客体的内涵随着"生态"内涵的发展经历了不同的发展阶段。

第一阶段，生态主体是指生物有机体，生态客体是指生物有机体周围的外部世界与环境。20世纪20年代以前，人们对"生态"内涵的理解是"生物有机体与周围外部世界的关系"，因此，生态主体是除人之外的生物有机体，生态客体则是生物有机体周围的外部世界与环境，包括生物环境与非生物环境。

第二阶段，生态主体是指人类，生态客体是指人所面对的自然环境。进入20世纪20年代，生态主体逐渐扩展到人类。巴洛斯（Borrows）与波尔克（R.Park）等学者提出，"生态"的内涵应当是人与周围外部世界的关系，即人类与自然环境的关系，这一关系应当分为两部分，一部分是人类与其他生物之间的关系，另一部分是人类与非生物环境之间的关系。生态客体则是人类所面对的生物环境与非生物环境。大地伦理思想的提出，使人们对生态客体的内涵也开始了重新审视。大地伦理学创始人奥尔多·利奥波德（Aldo Leopold）认为，按照生态系统的原理，地球上的任何生物都离不开其他生物以及非生物环境，从这一角度来看，人类与其他生物之间确实是平等的关系。大地伦理学改变了传统的人类中心主义的价值观，认为人类同其他生物与非生物环境之间的关系是平等的。人类从自然的征服者转变为地球生物中普通的一员，人类应当尊重他的生物同伴。

第三阶段，生态主体是指人类，生态客体是指人所面对的自然与社会环境。20 世纪 60—70 年代以来，人类的生存环境出现了进一步恶化的趋势，环境恶化不仅呈现全球性趋势，而且与人类的行为密切相关，环境问题越来越表现出全球化特征，如温室效应、臭氧层危机等都是威胁整个人类的环境问题，而它的背后是复杂的人与人的关系，以及在此基础上的深刻的经济、社会与文化动因。环境问题表象上看是人与自然界的关系，实质上是人与人之间的关系。环境问题不仅意味着人类同其他生物与非生物环境之间的失衡，更意味着包括群体之间、地区之间、国家之间关系在内的人与人之间关系的失衡。因此，生态学学科也由自然科学向着自然科学与人文科学融合的方向发展，生态主体与生态客体的内涵也进一步深化与拓展。

目前，对生态主体的内涵也存在着争议，即生态主体是人还是生物甚至自然。一部分学者认为，人并不是最高主体，更不是绝对主体，自然才是最高主体，甚至是绝对主体。而另一部分学者则认为，只有人才是生态主体。自然作为生态系统是生物与环境相互作用的有机整体，人是自然的有机组成部分。但人作为自然属性与社会属性统一的生命有机体，其本质属性还是社会属性。从认识论角度讲，认识主体是从事着生态—社会认识和实践活动的人，认识客体是进入生态认识主体认识和实践领域中的生态系统和生态过程（包括作为认识客体或对象存在着的人及其社会）。从实践角度而言，对生态客体的利用和改造，既是人的基本能力，又是人的本质特征的体现。因此，生态哲学研究中，只有人（类）是生态主体。将生物或自然界作为生态主体，把生物或自然人格化，把自然生物拔高到与人平等的地位，表面上看似乎是一种理论创新，实质上是把自然现象等同于社会现象，表现为泛主体主义的倾向，并把人降低到自然生物水平。

主体并不是独立自存的东西，所谓主体总是相对于客体而言的，正是因为有客体作为对象存在，主体才成其为主体。马克思指出："一个存在物如果在自身之外没有对象，就不是对象性存在物。……它没有对象性的关系，它的存在就不是对象性的存在"；而"非对象性的存在物是非存在物"，或者说"是一种非现实的、非感性的、只是思想上的即只是虚构出来的存在物，是抽象的东西。"必须把生态主体与生态客体联系在一起，才能正确理解生态主体与生态客体。主体是与客体是相对应的存在。离开主体不能正确理解客体，反之亦然。

（王全权）

生态自治主义（eco-communalism）基于生态中心主义的哲学价值与伦理观主张人类社会应依据生物区域进行地方自治且在政治上推崇符合生态规模的人类社会形态的一种环境社会政治理论。

在威廉·莫里斯（William Morris）对工业化的批评理论、19 世纪的社会乌托邦理想、20 世纪舒马赫（Schumacher）"小即是美"的哲学以及甘地（Gandhi）的传统主义追求当中，就已经具有生态自治主义的萌芽。但是直到 2002 年，生态自治主义才作为一个概念由全球情景模拟小组在其对地球未来情景的系列报告当中首次提出。

代表人物与观点　代表人物有本顿（Benton）、西奥多·罗斯扎克（Theodore Rosezac）、科克帕里科·塞尔（Kirkpatric Sale）等。生态自治主义以简单生活、自给自足、可持续性以及当地经济为理想。内在价值理论、超越个体生态学、动物解放与权利说、生物中心主义、大地伦理学和深层生态学、生态女权主义等确立了它的哲学基础。基于这种哲学基础的生态自治主义关心的不仅是生态现状的维护或修复，还将生态学原则运用于人与自然及人与人的关系中，强调世界统一成一个有机整体，无须对各组成部分划分主次，主要是承认各组成部分的相互平等和独立价值。因此，生态自治主义被认为是生态中心主义生态政治学的主要代表。生态自治主义是西方绿色阵营中的激进派，尽管它的内部支派之间存在着众多歧异和冲突之处，但也有许多相近的基本理论立场和主张。

关于生态问题根源的看法 生态自治主义对生态环境问题成因的基本看法是，它不是由某一种社会生产关系的性质或缺陷造成的，而是源于人类历史发展过程中逐渐形成的一种统治型的社会结构与文化意识，必然导致对自然环境的破坏。正是各种形式的社会机构和人类根深蒂固的统治意识导致了对自然的征服式统治，现代社会在这两个方面的急剧膨胀则造成了自然环境的迅速恶化。

关于未来绿色社会的设想 生态自治主义通过对在工业化基础上发展起来的现代社会的批评，逐步形成了要求建立一个以生态原则和地方自治为基础的、超越现代民族国家的、人与自然和谐共处的后现代社会的主张。在生态自治主义者看来，这将是一个在人与自然和人与人关系上都消灭了统治、征服与压抑的绿色社会。具体表现在：①在政治价值上追求社会正义。把社会正义作为一种责任，以此维护人与自然、人与人之间的平等和谐关系。人与非人类不存在物间剥削、掠夺、压迫。②强调政治民主、建设生态社会需要全民参加，由公民直接参与公共决策、公共事务，推进对环境和社会人人负责的生活方式。③反对集权制、官僚制，在国际政治上淡化主权，在国内政治上淡化权力至上的旧的统治方式。

关于实现绿色未来的途径 生态自治主义者不相信群众革命，认为群众革命包含着暴力和压迫，也不相信政党政治，认为政治家追求政治权力必然产生腐败，而政党总是在观念上妥协，因而集体的行动是不可能的。未来新社会的共同体只能建立在个体间的相互关爱、家庭关系以及共同体成员身份认同的社会关系基础上，人们在亲密的、直接的人际交往中形成集合的共同体感。走向这样一个绿色的共同体社会，无须暴力的革命，而只要温和的"预示性的"教育就够了，在生态自治主义者看来，

环境教育是人们了解自然法则最好的办法，也是解决生态问题最好的方法。生态自治主义所走的变革路径是从观念的变革到现实的社会变革。

与无政府主义的关系 尽管很多生态自治主义者不愿承认与无政府主义的关系，但生态自治主义深深植根于无政府主义的原则之中，有人甚至认为生态自治主义是现代无政府主义的一个分支。但也有人认为，生态自治主义首先是生态政治学在生态科学和绿色运动基础上的时代发展，不能简单理解为无政府主义的一个现代变种。

与生态社会主义的异同 首先，二者在反对现代工业社会的恶果，如生态破坏、资本集中化、社会不公正加剧等方面有着共同点，但生态社会主义所反对的是造成这些后果的资本主义生产关系，而生态自治主义所反对的却是现代化大规模的机器化生产以及与之相应的社会经济政治结构和文化意识。其次，在哲学价值取向上，二者的差异表现为生态自治主义的生态中心主义与生态社会主义的人类中心主义的区别。最后，在社会政治实践上，二者的差异表现为生态自治主义的改良主义和生态社会主义的激进主义的不同。　　　　　　（李亮）

推荐书目

倪瑞华. 英国生态学马克思主义研究. 北京：人民出版社，2011.

郇庆治. 欧洲绿党研究. 济南：山东人民出版社，2000.

戴维·佩珀. 生态社会主义：从深生态学到社会主义. 刘颖，译. 济南：山东大学出版社，2005.

shengwu duoyangxing yu wenhua duoyangxing
生物多样性与文化多样性 （biodiversity and cultural diversity） 生物多样性是指地球上所有生物种类、种内遗传变异以及它们与生存环境构成的生态系统的总称。文化多样性是指各群体和社会借以表现其文化的多种不同形式。这些表现形式在它们内部或之间传承。

主要内容 20世纪80年代初，自然保护刊物上出现了"生物多样性"一词，旨在表明在陆地、海洋和其他水生生态系统及其所构成的生态综合体中生存的生物体所具有的变异性，包括物种内、物种之间和生态系统的多样性。1995年，联合国环境规划署发表的《全球生物多样性评估》（GBA）中将"生物多样性"定义为"生物和它们组成的系统的总体多样性和变异性"。生物多样性是指一定范围内多种多样活的有机体（动物、植物、微生物）通过有规律的结合所构成的稳定的生态综合体。这种多样性包括动物、植物、微生物的物种多样性，物种的遗传与变异的多样性及生态系统的多样性。在1992年通过的《生物多样性公约》中，生物多样性被用来描述各种来源的形形色色的生物体，包括陆地、海洋和其他水生生态系统及其所构成的生态综合体；包括物种内部、物种之间和生态系统的多样性。生物多样性作为生命体、生物物种、生物群落存在的根本条件，是生态系统结构性存在的前提，也是人类生态生存的基础和保障。多样存在的生命体及生命的种群之间的和谐关系起因于生命的多样性，体现了多样存在的生命有机体及种群之间的生态化组合关系。从广义上来讲，生物多样性包括遗传多样性、物种多样性、生态系统多样性与景观多样性。从狭义上来讲，生物多样性反映了自然生物系统整体性的存在及关系化的复杂程度。生物多样性产生了生命存在的多样性结构，进而促使生态系统构成有机性、复杂性、复合性的结构成为可能。生物多样性由地球上所有的植、动物和微生物所拥有的全部基因以及各种各样的生态系统共同构成，体现了地球生态圈的完整、平衡与连续。生物多样性是地球生命体系稳态延续的基本前提，从根本上说乃是自然生态系统由简单向复杂不断演化的结果。生物多样性程度越高，生命系统整体性及关系的复杂程度就越高。生物多样性还具有广泛的外延，其衍生的含义可以扩展到人类生活和活动的所有方面。生物多样性主要具有两方面的意义和价值：一

是对于生物物种的意义；二是对于人类生存的意义。生物多样性在基因、物种、生态系统内部所形成的多元互补关系，以扬长补短式的互补结构，使得生物基因和物种能够全息性地应对威胁其生存的外部环境，有助于物种的保存和优化。由于生物多样性与人类生存休戚相关，所以保护生物多样性就是保护地球生态圈、保护生态系统的均衡和持续，也是保护包括人类在内的所有生命的家园，就是保护人类自己。

文化多样性阐释了文化随时间和空间的转变而具有多种不同的表现形式。不同的文化群体或社群用不同的方式表达自身的文化内容，并在社群内部及社群之间通过传承与相互作用构成一个有机的文化整体。文化多样性的形成一方面在于人类文化遗产通过丰富多彩的文化表现形式得以表达、弘扬和传承，另一方面也在于文化可以借助各种方式和技术进行创造、生产、传播、销售和消费。文化多样性所包含的不同文化之间的多层次和多维度的关系使得各种文化之间可以保持一定的张力结构。而不同文化之间的张力又反过来为人类文化体系内部的发展提供了不竭的内在动力。所以，文化多样性既是人类社会的基本特征，也是人类文明进步的重要动力。

相互关系 ①生物多样性造就、决定文化多样性，也就是说文化多样性以生物多样性为基础、源泉。生物多样性在很大程度上影响着人类的生活、生产方式和文化形成的内涵。文化是人与环境关系的集中表现。②文化多样性塑造生物多样性，对生物多样性有着巨大的影响。从某种意义上说，文化是千百年来人类对包括生物多样性在内的各种环境资源所进行的多种活动的历史。③文化多样性是保护生物多样性的途径之一。④生物多样性的恢复必将带来文化多样性的重建，而文化多样性的发展也将促进生物多样性的恢复。

生物多样性与文化多样性具有不可分割的关联性，两者相互依存。生物多样性为文化多样性提供了基础和可能。一方面，生物多样性

为人类不同的生活方式提供了多种可能性的物质生活资料；另一方面，人类通过各种生产活动和实践，改变了生物多样性的时空分布规律和结构组成。在一定意义上，可以认为生物多样性决定了文化多样性，而多样的文化就是生物多样性的生动体现。生物多样性是地球上所有生物都必须受其支配的进化规律，人类作为一种"社会化的动物"，不仅受到社会发展规律的支配，也受到生物多样性规律的支配。在人类的早期，生活在不同区域的人们，由于受到其长期赖以生存的自然与社会环境的影响，形成了富有独特性的各种文化形态。但人类多样性的文化实践对于环境中的生物多样性并没有产生不利影响，相反，正是多样的文化形成了利用环境生物资源的不同方式，从而保护了生物多样性。

　　生物多样性与文化多样性具有协同进化的关系。文化多样性依赖基因、物种和生态系统的持续性。生物多样性的加速损失不仅意味着基因、物种和生态系统的损失，而且还破坏了人类文化的多样性和特殊的结构。所以，只有两者协同进化才可能从根本上保持多样性。人类已经达成一个普遍的共识，即人类要体验与保护生物多样性，就必须构建文化多样性。多样性的文化和实践一旦消亡，社会就会永久失去几千年积累下来的巨大知识宝库，积累扩大后，最终会影响到地球生命体系的生物多样性。生物多样性和文化多样性相互之间的依存关系为我们提供了一个认识的方法，即生物多样性同样可以成为我们认识、把握文化多样性的思维基础，文化多样性也能够成为一种系统，并且是生态性的系统结构。　　　　　　（曹昱）

推荐书目

米夏埃尔·兰德曼. 哲学人类学. 张乐天, 译. 上海：上海译文出版社, 1988.

　　K.V.克里施纳默西. 生物多样性教程. 张正旺, 译. 北京：化学工业出版社, 2006.

　　万以诚, 万岍. 新文明的路标：人类绿色运动史上的经典文献. 长春：吉林人民出版社, 2000.

生物圈平等主义 （biocentric egalitarianism）
又称生态中心主义平等观。针对人类中心主义只肯定自然存在物具有对人的工具价值的观念，强调生物圈中的一切存在物均具有自身的内在价值，因而均拥有自身生存与繁荣的平等权利，主张人类应尊重生物圈及其自然存在物的内在价值的生态伦理准则。生物圈平等主义是深层生态学的两条最高准则之一。

　　生物圈平等主义与生态世界观　深层生态学的生物圈平等主义是与其生态世界观内在关联的，它建立在生态学认识基础上。福克斯（Fox）对深层生态学世界观做了较全面的表述。福克斯认为，深层生态学世界观是对现代文化世界观的"范式的转折"。现代文化世界观是一种"原子论的、可分的、孤立的、静止的、互不关联的，通过还原论可以理解"的机械论世界观；而深层生态学的世界观则"基本上是动态的、易变的、暂短的、整体的、相互关联的、相互依赖的、无基础的、自我一致的、空洞的、似是而非的、或然的……而且与观察者的意识有着无法分割的联系"的世界观。福克斯将深层生态学世界观称为"过程中的统一"的世界观。它超越了西方传统哲学主客二分立场，突出事物之间、人与自然环境之间的关联，是一种整体论的世界观。在他看来，世界不能分为各自独立存在的主体与客体，人类与生物圈中的其他存在物之间并没有划不同的界限，生物圈整体是由事物与事物之间、人与自然万物之间的关系组成的。在人与自然环境的关系上，深层生态学强调"人不是在自然之上或之外……而是创造活动的组成部分"。在关于具体事物存在的看法上，推翻了那种认为世界是由分离的、封闭的、孤立的"事物"组成的观念，而将"事物"看作统一过程中涌现的现象，看作相互关联的"生物网的网结"。

　　价值观　生物圈平等主义体现的是深层生态学的生态价值观。生物圈平等主义批判那种将人视作一切价值的源泉、只承认自然存在物对人的工具价值的人类中心主义价值观念，它肯定自然存在物具有独立于人的内在价值。深层生态学认为，生物圈中一切存在物具有自身的内在价值，可以通过人的直觉认识到。因此，生物圈中所有存在物均具有自身生存与繁荣的平等权利，拥有在"生态大我"范围内使自身存在得以展现和自我价值得以实现的权利。不过深层生态学家在内在价值是否是平均地分配给每一个存在物的问题上存在不同看法，如阿伦·奈斯（Arne Naess）认为，当人的利益与其他存在物的利益发生冲突时，可用两条原则来解决：一是根本需要原则，即根本需要优先于非根本需要，不管需要的主体是人还是其他存在物，这意味着人不能随意侵犯其他存在物的根本需要。二是亲近性原则，即当相同的利益或义务发生冲突时，那些与我们相同的存在物的利益具有优先性。福克斯也认为深层生态学的直觉并不包含这样一种观点，即"内在价值是平均地分配给生态社会的每一个成员的"。但德韦尔（Deval）和塞欣斯（Sessions）则认为，生物圈中的所有有机体和实体，作为相互联系的整体的一部分，拥有相等的内在价值。

关于人的价值，深层生态学认为，人类是众多物种中的一员，在自然生态系统中并无优先于其他存在物的特权。例如，希德（J.Seed）说："当我认识到，我不具有独立的存在，我只是食物链的一部分时，那么，在某种意义上，我的重要性与地球的重要性就是密不可分的。我觉得，这是我能接受的最好的观点——认识到自己与地球的同一性。'我的自我'现在包括了热带雨林，包括了清洁的空气和水。"从生物圈平等主义观念出发，深层生态学主张尊重生物圈及其自然存在物的内在价值，除非满足基本需要，人类无权减少生命形态的丰富性和多样性。

人生观 生物圈平等主义价值观要求人们重新理解人生的意义和价值，改变自己的生活方式，在选择自身生活方式时注意尊重生物圈中其他存在物的内在价值及生存与繁荣的平等权利。在人生价值取向上，深层生态学一方面肯定人类对于食物、水和住所等生活必需品的根本需要，另一方面反对片面追求物质欲求的满足，反对当代社会出于增加商品生产和消费的需要，通过各种产品宣传激发人们虚假需要和贪欲的现状及趋势，主张注重人自身对爱、创造性表现自我、与他人及自然保持亲密关系，以及精神成长的需要。

深层生态学的生物圈平等主义观是与其自我实现论内在相关的，"生物圈平等主义"是"自我实现"的思想前提。参见自然界自我实现论。

批评 深层生态学的生物圈平等主义也受到了许多学者的批评。关于生物圈平等主义的批评主要有三方面，一是一些学者批判深层生态学的生物圈平等主义存在一种潜在的反人类态度。不过，这种批评是将深层生态运动过程中出现的某些反理性主义思潮的极端观点，归之于深层生态学本身。而生物圈平等主义强调的是人类生产和生活的生态合理性，反对过分突出经济和技术，其所反对的不是人类，而是人类中心主义的立场。二是深层生态学限制人口增长的主张被一些学者视作"生态法西斯"。例如，奈斯认为其他物种的繁荣需要人口减少，为实现与其他物种的基本平衡，人口应控制在10亿左右。布克钦（Bookchin）担心深层生态学的主张会导向国家法西斯主义。三是深层生态学的生态至上主张也遭到来自第三世界的质疑。例如，印度学者伽哈（Guha）曾撰文《美国激进环境主义与荒野保护：来自第三世界的批评》指出，全球生态问题的根源在于工业化国家和第三世界城市上流阶层享有不成比例的资源消费。如果片面地将野生自然保护用于第三世界肯定是有害的。对于贫穷、无地的农民、妇女和部落而言，最重要的是生存问题。奈斯对于来自第三世界的批评做出了积极的回应，他肯定第三世界国家应当在经济上有所进步，而富国则需要削减过度消费。 （陈红兵）

推荐书目

雷毅. 深层生态学思想研究. 北京：清华大学出版社，2001.

何怀宏. 生态伦理——精神资源与哲学基础. 保定：河北大学出版社，2002.

Bill Devall，George Sessions. Deep Ecology: Living as if Nature Mattered.Salt Lake City：Peregrine Smith Books，1985.

shengwu zhongxin zhuyi

生物中心主义 （biocentrism）

认为生物圈中所有的生物都具有自身的内在价值和道德地位，宗旨是把人类的道德关怀从人类自身扩展到全体生物。生物中心主义是环境伦理学中的非人类中心思想的代表思想之一。

背景　20 世纪 70 年代以后，随着人类社会经济的迅速发展，自然环境急剧恶化，全球生态危机加剧，人口、资源和环境的矛盾日益突出。环境伦理学家质疑当时占统治地位的人类中心主义是否能够为环境保护提供足够的道德保障，并开始了对人类中心主义思想的批判，同时提出了与人类中心主义不同的环境伦理学理论，以动物权利论和生物中心主义为代表的环境伦理学理论开始登上历史的舞台。其中比较有代表性的有法国哲学家阿尔贝特·施韦泽（Albert Schweitzer）的敬畏生命理论和美国哲学家保罗·泰勒（Paul Taylor）的尊重自然理论。

敬畏生命理论　阿尔贝特·施韦泽 1923 年的著作《文明的哲学：文化与伦理学》被认为是现代意义上生物中心主义的开端，也是生物中心主义的早期重要的代表作之一。他在 1963 年发表的《敬畏生命——五十年来的基本论述》中全面阐述了敬畏生命理论，他提出"将爱的原则扩展到动物，这对伦理学是一种革命"。敬畏生命理论的提出使阿尔贝特·施韦泽成为生物中心主义的先行者和重要代表人物。

敬畏生命是阿尔贝特·施韦泽一切伦理学的基石，敬畏生命理论不仅要求敬畏人的生命，还将伦理的范围扩展到一切动物和植物的生命，对所有的生命都必须保持敬畏的态度。敬畏生命理论指出："善是保存生命，促进生命，使可发展的生命实现其最高的价值。恶则是毁灭生命，伤害生命，压制生命的发展。这是必然的、普遍的、绝对的伦理原理。"

阿尔贝特·施韦泽在其敬畏生命理论中指出：所有的生物都拥有"生存意志"，人应当像敬畏他自己的生命那样敬畏所有拥有生存意志的生命，只有当一个人把植物和动物的生命看得与他的同胞的生命同样重要的时候，他才是一个真正有道德的人。尽管敬畏生命，但在自然界中必然存在着为了保存一种生命而牺牲其他生命的自然法则，阿尔贝特·施韦泽认为："敬畏生命的人，只是出于不可避免的必然性才伤害和毁灭生命，但从来不会由于疏忽而伤害和毁灭生命。"

尊重自然理论　保罗·泰勒 1986 年在《尊重自然界：一种生态伦理的理论》一书中继承和发扬了阿尔贝特·施韦泽的伦理思想，并建立了一套自己的生物中心主义伦理体系，成为生物中心主义的另一位重要代表人物。

尊重自然理论认为所有有生命的自然物都有自身的善，具有固有价值，尊重自然的态度就是承认所有有生命的自然物拥有自身的善和固有价值。保罗·泰勒认为："判断一个实体是否属于拥有自身善的实体的方法，就是看谈到好或坏是否对该实体有意义。如果我们可以正确（或错误）地说出某事物对一个实体是好或坏而没有参照任何其他的实体，那么这个实体就被认为有其自身的善。"这种善与人类对其的评价无关。有生命的自然物的内在价值虽然是由自己决定的，但由于并非所有的生命都具有自我价值保护的能力，因此需要道德代理人承担相应的保护义务和责任。尊重自然理论认为人类必须采取尊重自然的终极道德态度，并将是否体现尊重自然的道德态度作为评价一种行为是否正确、一种品质在道德上是否是善的标准。

保罗·泰勒还提出了尊重自然的四条基本伦理原则：不伤害原则、不干涉原则、忠诚原则、补偿正义原则。当四条原则之间发生冲突时，不伤害原则是最高的，人类对有生命自然物的最基本的义务就是不要伤害它们的生命；当冲突不可避免时，如果能够对生物产生很大的利益，并且干涉或破坏信任不会造成严重伤害，那么忠诚和补偿的原则高于不干涉的原则，补偿的原则高于忠诚的原则。在维护人类的价值和权利与维护生物的价值和权利发生冲突时，保罗·泰勒又提出来五条原则：自我防御原则、对称原则、最小伤害原则、分配正义原则、补偿正义原则。

影响　以敬畏生命和尊重自然为代表的生物中心主义相比较人类中心主义是激进的、有号召力的，其将人类道德关怀的范畴扩大到其他生物，并建立起了由价值观、世界观和伦理规范三部分组成的一套完整的生物中心主义伦理学体系，是环境伦理学从人类中心主义伦理学走向广延伦理学的必由之路，为生态整体主义理论的提出奠定了基础。

批判　生物中心主义的观点仍有值得质疑的地方。首先，人与自然之间是否存在伦理关系，伦理关系就其本质规定性来说是一个社会关系范畴，它体现一种特殊的价值关系，即人与人之间的关系；作为价值主体或价值客体的人，具有道德意识，能认识到自己的道德准则，并能够出于理性肩负起调节主客体双方关系的职责。从伦理关系的本质规定性来看，其他有生命的自然物显然不具备充当伦理主体的资格，人与自然之间不存在伦理关系，仅存在价值关系。其次，如果生物中心主义关于人与自然之间存在伦理关系的说法能够成立，将会带来新的困惑，诸如人类生命的权利和其他有生命自然物的权利关系的界定、不同物种间生命权利发生矛盾时的解决途径等。此外，敬畏生命、尊重自然的伦理思想对生命的敬畏、对自然的尊重不是依靠社会规范的调控和干预，而是依靠个人对生命的信仰，带有明显的理想主义成分。　　　　　　　　　　　（王蕾）

推荐书目

阿尔贝特·施韦泽.敬畏生命——五十年来的基本论述.陈泽环，译.上海：上海社会科学院出版社，2003.

Paul W Taylor.Respect for Nature：A theory of Environmental Ethics. Princeton：Princeton University Press，1986.

李培超. 伦理拓展主义的颠覆——西方环境伦理思潮研究. 长沙：湖南师范大学出版社，2004.

余谋昌，王耀先.环境伦理学.北京：高等教育出版社，2004.

sushi zhuyi

素食主义　（vegetarianism）　不应食用动物肉的一种态度，主张戒除消费动物及动物产品。素食者避免食用肉食的原因包括关心健康、动物命运、环境，以及世界范围内的食物短缺等。在肉类的过度摄入导致各种慢性疾病日益增加的现代社会，许多人开始反思现代人的饮食结构。

沿革　素食主义的传统源远流长。古希腊的毕达哥拉斯、恩培多克勒、伊壁鸠鲁等著名哲学家都是素食主义者。《圣经》所描述的伊甸园是一个素食王国，那里的老虎和狮子并不吃其他动物，它们与山羊等动物和平共处。在漫长的古罗马统治时期，基督教各宗派的修行者、犹太人，以及一些其他宗教的信徒都认为肉食是一种残暴和代价高昂的奢侈行为。在罗马帝国衰落后的几个世纪里，欧洲大部分虔诚的修行团体都禁戒肉食，尽管后来绝大部分的基督徒都不再信奉素食主义，但是仍有一些教派严守着类似的教规，禁止食肉和蛋。有些文化和宗教，如佛教和印度教也提倡素食主义。18世纪，由于经济、伦理和营养学等方面的原因，素食主义逐渐引起了人们的兴趣，突出的素食主义倡导者有本杰明·富兰克林（Benjamin Franklin）和伏尔泰（Voltaire）。1809年素食主义运动正式诞生于英国的曼彻斯特。同一时期，素食主义运动也相继在其他西方国家开展起来。20世纪六七十年代以来，随着动物保护和动物福利运动的深入发展，越来越多的人加入素食主义者的行列。

主要观点　动物解放论和动物权利论都把素食作为一个道德问题提出来，为素食主义提供了不同的道德基础。动物解放论认为，大多数供食用的动物是在"工厂式农场"中饲养的，这些动物在狭窄的、过分拥挤的条件下，在缺少阳光、活动和从事自然行为的能力的情况下度过了它们的整个生命期。为了减轻动物的痛苦，人们有义务做一名素食主义者。因为，如果人们仍然没有打破吃肉的习惯，就必然对工厂化养殖及其所采取的残忍行径的持续存在、繁荣和发展起到支持和推动作用。动物权利论则认为，动物拥有与人类同等的权利，应当获得与人类同样的尊重，它们绝不是满足其他存在物的口腹之欲的工具，对于拥有权利的动物的唯一正确的道德态度就是尊重。因此，认为人们有义务成为素食主义者。

绝对素食主义者对饮食要求更为严格，不仅戒除食肉类，也戒除蛋、乳制品和其他所有含有或来自动物的食品，常包括蜂蜜。大多数绝对素食主义者还避免穿着或使用任何类型的动物制品，包括毛皮、皮革甚至羊毛。

（郭兆红）

推荐书目

福克斯. 深层素食主义. 王瑞香, 译. 北京：新星出版社, 2005.

彼得·辛格. 动物解放. 祖述宪, 译. 青岛：青岛出版社, 2004.

T

tianran ziran

天然自然 （real nature） 又称第一自然。指未经过任何人工的作用，一切天然形成的物质及其能量的总体。天然自然由于没有受到人类实践活动的作用，因而物质的交换和转化，能量、信息的传递和演化，都只是按照自然界自身固有的规律进行。

主要特点 包括：①天然自然物具有内在稳定性，在一般情况下它不会自行改变自己的结构，总是自发地趋向和维持自身的稳定状态。在天然自然状态下，高度的宏观外形上的规则性、齐一性以及高度的可重复性并非绝对不能出现，但出现的概率极小，几乎等于零。人类产生以后，与自然形成了对象化的关系，人类为了满足自身的目的性而不断地利用、干预和改造天然自然，从而不断拓展人工自然的范围。②天然自然实现的是自然自身的目的性。自然界无意识，从这个意义上讲，自然界也无所谓目的性。但自然界的演化有其自身的规律，这种规律规定了自然界演化的方向和趋势。无论自然界的演化受多么复杂的因素的影响，规律总要发生作用，总要按规律所决定的方向、趋势发展。这种规律所决定的方向性，在一定意义上可以看作是它的目的性。因此天然自然的演化所体现的只是客观规律性。③天然自然的变化只遵守自然规律，天然自然尚未受到人的活动的影响，所以它的变化只受自然规律的影响。④天然自然只是一种物质形态。⑤天然自然物可以成为人类的消费品，但不能直接成为

人类的生产工具。天然自然物原则上只同人发生消费与被消费或利用与被利用的关系，往往不能满足人类生存和发展的需要，因而人类必然通过对象化的活动，能动地利用自然、创造自然，从而在天然自然中创造出一个新的领域——人工自然。⑥天然自然对人的意识而言具有先行性，先有天然自然界，然后才有人。对于天然自然物，是先有物，然后才有人关于那个物的观念。因此，人对天然自然的认识总有一段滞后期，关于天然自然物的认识论是反映论。

主要观点 从本体论来看，天然自然是一种历史形态，它是人类生存和发展的基础，具有不可取代的独立自在的本体论价值。不论从宏观的宇宙来看还是从微观的粒子来看，天然自然是无限的，是人类赖以生存和发展的必不可少的前提条件。即使没有人类，即使现在的人类文明消失，天然自然依然存在，它依然会演化出新的生命。具体的天然自然物可以用人工自然物来取代，但这种取代是相对的、有条件的、有限的。从认识论来看，天然自然是一种抽象形态，人类对它的认识只能采取简化的方法，舍去人的一切影响，将其放在纯粹状态下进行研究。人类出现以前和人类消失之后的自然界，由于没有受到人的活动的影响，对这种天然自然的认识不需要考虑人的作用。但是，人类并非生活在自然界的这种历史状态下，而是生活在现实的自然界之中。这种现实的自然界充满了人类的影响、作用和创造。因此，对

现实状态的天然自然的认识必须在理想化和抽象化的条件下进行，从而对自然界进行精确的描述，而这正是产生近代自然科学的必要的历史前提。

局限性　这种近代自然科学方法却难以避免地陷入了思维方式的形而上学性。恩格斯就曾在肯定近代自然科学的"纯粹"方法所获得的巨大进步的基础上，对其给予了否定的评价，指出了这种做法的一种缺陷：把自然界的事物和过程孤立起来，缺乏用一种广泛的联系的眼光看待事物，最终只意识到了静止之物，而忽略了运动之物；只意识到了永恒不变之物，而忽略了本质上变化之物；只意识到了死的东西，而忽略了活的东西。培根（Francis Bacon）和洛克（John Locke）将这种考察事物的方法从自然科学转移到哲学中，最终造成了最近几个世纪特有的局限性，即形而上学的思维方式。

（薛桂波）

推荐书目

马克思恩格斯全集：第 20 卷. 北京：人民出版社，1971.

tianren-heyi

天人合一　（nature and people mix into one）

中国古人对宇宙和人生及其关系的一种认识，认为人与自然是和谐统一的整体。这种思想源远流长，并渗透到中国传统文化的各个方面。

思想萌芽　《中庸》中较早阐述了人与自然相统一的思想："惟天地至诚，故能尽其性，能尽其性，则能尽人之性，能尽人之性，则能尽物之性，能尽物之性，则可以赞天地之化育，能赞天地之化育，则可以与天地参矣。"这里所谓的"天地"就是自然，其中的"与天地参"意思是说人与"天地"并称，也融入到生生不息的"天地之化育"中。

体系形成　《易传》中蕴含的"天人合一"思维代表了中国早期"天人合一"思想的最高水平。《易传》中"天"的含义基本上属于自然之天，"天地氤氲，万物化醇"（《系辞下》）。在这种含义的"天"之下，生成了中国早期朴素

唯物主义"天人合一"思想的理论架构：首先，人是自然的产物，"有天地然后有万物，有万物然后有男女"（《序卦》）。其次，人与自然构成一个有机的整体，"易之为书也，广大悉备，有天道焉，有人道焉，有地道焉。兼三才而两之，故六"（《系辞》）。最后，人与天地自然相互协调和统一，"夫大人者，与天地合其德，与日月合其明，与四时合其序。先天而天弗违，后天而奉天时。"（《乾卦》）《易传》中所体现的"天人合一"思维，在系统性和深刻性上都达到了很高的水平。

命题提出　宋代的张载首次明确提出"天人合一"的命题。张载认为，无论人和物都是由阴阳二气构成的。气有清虚混浊之别，人性由此二气构成，"合虚与气，有性之名。"（《正蒙·太和篇》）其中虚气形成人的天地之性，"天地以虚为德，至善者虚也。"（《张载集·张子语录》）而浊气体现为人的气质之性，"形而后有气质之性。"（《正蒙·诚明篇》）　气质之性是人性中恶的根源，人后天修养的任务就是"变化气质"，去除浊气，恢复先天的善性。人如能够恢复其天地之善性，就能达到天人一体之境界，"儒者因明致诚，因诚致明，故天人合一。"（《正蒙·乾称篇》）

发展演化　宋代的学者不仅提出了"天人合一"的说法，并且对其做了全面的发展。邵雍认为人不是与天地对立，而是与之融洽相处；人不应该宰制万物，而是要以物观物，进而顺应物之性。"以物观物，性也；以我观物，情也。性公而明，情偏而暗。"（《皇极经世书》）周敦颐则提出自然的演变是"无极而太极"，动静中立"两仪"（天地），生万物，在万物之中"惟人也得其秀而最灵"（《太极图说》）。而人中之圣人能与天地合其德，法天之春生万物而秋成万物。"天以阳生万物，以阴成万物，生，仁也；成，义也。故圣人在上，以仁育万物，以义正万民。天道行而万物顺，圣德修而万民化；大顺大化，不见其迹，莫知其然之谓神。"（《通书》）程颢说："天地之大德曰生。天地氤氲，万物化醇。生之谓性。万物之生意最可观，此元者善

之长也，斯所谓仁也。人与天地一物也，而人特自小之，何哉？"又说："仁者以天地万物为一体，其非己也。认得为己，何所不至。"(《二程遗书》)陆九渊在十几岁读书看到"宇宙"二字时省悟到天人之道："人与天地万物，皆在无穷之中者也"，还写下"宇宙内事乃己分内事，己分内事乃宇宙内事"(《陆九渊集》)。

到了明清之际，王守仁、王夫之、戴震等人又对"天人合一"思想做了进一步阐发。王守仁说："天地圣人皆是一个，如何二得？"(《王守仁全集·传习录下》)"世之君子，惟务致其良知，则自能公是非，同好恶，视人犹己，视国犹家，而以天地万物为一体。"(《王守仁全集·传习录中》)王夫之说："圣人尽人道而合天德。合天德者健以存生之理，尽人道者动以顺生之几。"(《周易外传》)戴震认为，人生的大道在于使自然情欲之需求恰好得到满足，也即仁、义、礼、智所指向的"必然"。"若任其自然而流于失，转丧其自然，而非自然也。故归于必然，适完其自然。"(《孟子字义疏证·理》)　　　　　　　(刘海龙)

tudi lunli

土地伦理 （land ethics）　又称大地伦理。是处理人与土地及在土地上生长的动物和植物之间关系的伦理观。

提出背景　奥尔多·利奥波德（Aldo Leopold）是享誉世界的环境保护主义理论家。他于1949年在《沙乡年鉴》第三篇中对"土地伦理"做了阐释。关于土地，当时社会流行两种错误的观点：①人与土地的关系是主人和奴隶的关系，人以土地征服者身份存在，土地如同奴隶一样，人们对于土地来说只需要特权，而无须尽任何义务；②人和土地的关系是以经济为基础的，土地只是一种财富，经济价值和经济用途是衡量物种是否需要存活下来的依据。针对这种状况，利奥波德指出：①我们的教育和土壤保护法都是从实用主义出发，背离了朝向土地的意识，也背离了人们需要对土地尽义务的真正意义，很多现代化的新发明将人

和土地分隔开来，人和土地之间缺乏有机的联系。当下，人们所面临的问题是如何把社会觉悟从人延伸到土地，这是土地伦理观在发展中所面临的最严重的障碍。②他反对经济决定论者的观点，认为经济决定着所有的土地使用的观点是荒谬的。

基本内容　土地伦理提出"将土地作为整个生命金字塔的源泉"的观点，反对以孤立的个人经济利益为标准来使用土地。其内容主要包括以下方面。①不能以经济价值判断土地共同体的价值。事实上，土地共同体的大部分成员都不具有经济价值。例如，在美国威斯康星州，当地2万多种较为高级的植物和动物中，具有经济用途的可能不足5%。此外，沙漠、沙丘、沼泽等整体性的生物群落共同体，也被认为是缺乏经济价值的。这种以经济价值衡量生物群共同体价值的做法导致许多非经济性物种的消失。所以，不能以经济用途或者经济价值衡量一个物种存在的生命意义，这些物种存在的意义就在于它们都是这个生物群落共同体的成员，它们相互依赖，共同实现了整个生命共同体的稳定。②确立对土地的道德责任。利奥波德倡导对土地的热爱、尊敬和赞美，以及在高度认识它的价值的情况下，能有一种对土地的伦理关系。这种伦理关系主要通过三个方面表现出来：一是改变人与土地之间的征服关系和奴役关系。当人们改变了对土地的征服者身份以及对土地的奴役关系，将自己置身于与土地平等地位的时候，才能体会到土地的生命意义。二是改变土地私有者对土地的观念。具体做法是：在土地局、农业学院、技术推广机构讲授对待土地的道德责任，通过相关部门的实际行动，改变人们对土地的观念，使私有者对土地负有伦理上的责任。三是改变将土地作为获取经济利益的工具的错误观点。引导人们看见、感受、理解、热爱、信任土地，只有这样，才是道德的。③土地金字塔。土壤不是一个孤立的存在，而是整个土地金字塔的能量源泉，能量在土壤—植物—昆虫—肉食动物—土壤的生物链中流动，经历生长、死亡、衰败，重新

119

回到土壤。土地金字塔既是一个流动的食物链，又是一个生态链条，土壤是能量循环线条中的根基。作为一种能量运行的图示，表达了三个基本观点：其一，土地不仅仅是土壤，土地是生命金字塔，它是能量流过土壤、植物、动物所组成的循环的源泉。其二，当地的土地应该参与到整个世界的能量循环运行过程中去。在当地的动植物能量运行过程中，如果过分使用土壤，或者用一种新品种代替土生的品种的力度过于激烈，消耗光土壤储备的能量，就会造成土壤流失。在当地的动植物能量运行中，如果出现这样的情况：某一地区生长的动植物在另一区域被消耗掉，然后作为肥料返回到土壤，那么，先前在局部地区动植物能量的传输循环路线，就成为世界范围之内的能量循环。其三，人类行为会影响土地健康，人类对土地健康负有道德责任。在土地健康问题上，人们存在 A、B 两种不同的分歧，对这两种对待土地的不同态度的说明如下：A 组对待土壤以及树种的态度是功能性、技术性的。他们认为土地就是土壤，认为树种和其他经济作物一样，是农产品和技术产品；相反，B 组比较倾向于认为土壤和树种是一个生物群落的整体，他们担心的是整个生物群落一旦遭到破坏，就会出现一系列连带问题。即使一块被破坏的土地复原了，但却在某种程度上降低了生物多样性，且降低了它承载人类、植物和动物的能力。很多现在被看作是"充满机会的土地"的生物群落，事实上正在依靠剥夺性的农业而生存着，它们已超越了土地可持续发展的承载能力。④生态学意识向土地延伸。以实用主义原则对待土地，或者对土地缺乏情感的做法，都需要得到改变。倘若以实用主义原则对待土壤，则是一种急于求成的做法，此原则使农场主们不能真正了解对土地尽义务的真正意义。倘若对土地缺乏忠诚、感情、信心，那么，外在的义务是没有任何意义的。改变此现状的方法就是：将社会觉悟从人延伸到土地，如果我们对土地的忠诚、感情以及信心缺乏来自内部的变化，在伦理上就永远不会有重大变化。⑤扩大了共同体的边界。土地伦理扩大了共同体的界限，它包括土壤、水、植物、动物，或者把它们概括起来称之为土地。共同体边界的变化，改变了土地和人之间的关系。在土地面前，人们必须放弃以前的高高在上的、代表了某种权威的征服者的身份，而是以共同体成员的身份而存在，不是以自身的私利为标准，而是以整个共同体的稳定和谐为依据。土地伦理共同体边界的扩展，不是因为考虑到土地的经济价值或者有利可图，而是土地的哲学意义上的价值。所以征服者最终只能是招致自身的失败。事实上，人不是万物的征服者，也不是万物的尺度，人只是生物共同体队伍中的一员，这一点已由生态学的发展历史以及人们对生态学发展的认识历史所证实。⑥确立土地伦理观的价值规范。合理的土地使用应该秉承的价值规范及其合理性确认，即土地的生命意义和哲学意义上的价值，应该从整个土地伦理共同体出发进行考察，例如，在狼和鹿的关系上，不能单纯地认为猎杀狼是有利的，因为一个物种存在的价值和意义，在于整个生物共同体的和谐、美丽、稳定，单个物种的价值和意义需要放进整个生物群落共同体中去考察。如果该物种会促进整个生物共同体的和谐，那么这个物种就应该持续存在下去，不能因为某个物种经济价值低，就人为加速该物种的灭亡。

意义 土地伦理的提出具有十分重要的理论意义和现实价值。在理论上，扩大了共同体的界限，反映了一种将觉悟从人延伸到土地的生态学意识的存在方式，表达了将土地作为生物群落金字塔源泉的生态整体主义伦理观。在实践上，利奥波德以林业从业者的身份，反对单纯以经济价值为标准，主张通过对土地的热爱、尊敬、赞美，认识土地在哲学意义上的价值，并确立土地伦理的价值规范。利奥波德在他那个时代提出大地伦理学，是超越性的，《沙乡年鉴》也成为美国历史上推动环境运动最深入发展的界碑。

评价 美国学者苏珊·福莱德（Susan Flader）曾指出："《沙乡年鉴》被认为是自然史

文献中的一部经典，是环境保护主义的圣经……人们可以毫不夸张地说，是利奥波德为一代人指出了一种新的自然观和一个用以透视人与自然关系的新视角。"美国学者贝尔德·克里考特（Baird Callicott）评价说："《沙乡年鉴》中的土地伦理观……是西方文献中第一个自觉不懈地和系统地试图创建一种包括整个地球自然界和将整个地球自然界作为一个整体置于道德视野的伦理理论。"美国《林业杂志》公开发表了许多文章和通信，一致赞成在林业工作者伦理规范中加入土地伦理准则。美国学者罗德里克·弗雷泽·纳什（Roderick Frazier Nash）指出，利奥波德把物种与生态过程整合为一个整体的地球生态系统。把土地伦理理解为对人类改造环境的能力的一种约束因素，把人类改造自然环境的行为限制在有利于维护人的生存和其他物种的生物权利的范围之内。所以，有必要保存所有的生物，每一个生物都拥有继续存在下来的权利，在这个共同体中，每个成员都相互依赖，都有资格占据阳光下的一个位置。但是，也有许多科学哲学家不予理睬或成为论敌。美国哲学家汤姆·雷根（Tom Regan）明确反对土地伦理，认为利奥波德的土地伦理有环境法西斯主义的嫌疑，为了整个生物共同体的完整、美丽、和谐而完全忽视了个体权利观念。他曾尖锐地指出，大地伦理学明确包含了这样一种可能：为了生物共同体的完整、稳定和美丽，个体必须为更大的生物共同体的"好"做出牺牲。在这样一种可恰当地称之为环境法西斯主义的论点中，很难为个体权利的观念找到一个恰当的位置。利奥波德的支持者贝尔德·克里考特对不理解土地伦理的人提出了三点解释：①利奥波德极度精简的写作风格经常将整个复杂的概念，用几个句子甚至一两个短语来表达；②它脱离了当代哲学伦理学的构想和典范；③土地伦理是不同寻常而又激进的。

（窦立春）

推荐书目

奥尔多·利奥波德.沙乡年鉴. 侯文蕙, 译.长春：吉林人民出版社，1997.

罗德里克·弗雷泽·纳什.大自然的权利——环境伦理学史. 杨通进, 译. 青岛：青岛出版社，1999.

王正平. 环境哲学——环境伦理的跨学科研究. 2 版. 上海：上海教育出版社，2014.

叶平. 环境的哲学与伦理. 北京：中国社会科学出版社，2006.

万物有灵论 （animism）

又称泛灵论。认为万事万物有它们的灵性乃至灵魂的一种学说。

观念起源　万物有灵论作为一种朦胧的观念，最早是原始先民头脑中所勾勒出的早期、原始的总体"宇宙观"画面。在艰难的生存环境之下，"求生存"成了原始先民的头等大事。"生存"还是"死亡"，成了他们时刻面对的严峻问题。在对"生存"与"死亡"进行思索与趋避的过程中，先民开始生发出了"灵魂"观念，以及"灵魂不死"的观念，由他们自身的有灵魂进而推及到万事万物，认为万事万物就像自己一样，也有它们的灵性乃至灵魂。"万物有灵论"的观念由此逐渐产生。

作为一种理论主张，早在 1871 年万物有灵论就被英国人类学家泰勒（Edward Burnett Tylor）在其著作《原始文化》中作了系统阐述。他认为原始人在形成宗教之前先形成"万物有灵"的观念，人们基于对影子、水中映像、回声、呼吸、睡眠，尤其是梦境等现象的感受，觉得在人的物质身体之内存在着一种非物质的东西，使人具有生命，当这种东西离开身体而不复返时，身体便丧失活动能力和生长能力，呼吸也随之停止。泰勒使用拉丁文"anima"（含有生命、灵魂、气息的意思）命名它，并认为原始人推论，一切具有生长或活动现象的东西，诸如动物、植物、河流、日月等，以致凡可能出现于梦境中的任何东西，皆具有"anima"。泰勒以英语"animism"来称谓他设想的这一观

念，后亦成为这一理论的名称。

哲学意义　从起源上，万物有灵论的诞生体现了早期人类认识水平的低下和思维能力的局限性。但是，基于对万物有灵的敬畏，它认为人与自然万物之间是一种天然的休戚与共的关系，是相互平等的关系。这对于孕育人类尊重自然、保护自然的观念意识是非常有助益的。在西方，著名诗人加里•斯奈德（Gary Snyder）的诗歌从印第安人的万物有灵论观念中寻求智慧与"生态良心"。在中国，青藏高原的苯波教秉持的"万物有灵论"观念与藏传佛教的"灵魂不灭"思想不谋而合，对广大藏族地区尤其对农牧民的思想观念影响较深。因此，许多藏族人在"万物有灵论"的思想观念支配下，不仅对一切动物持平等、爱惜之心，而且对自然界的植物也怀有情感并加以细心保护。　　（李亮）

推荐书目

张铁成. 浅谈哲学：最简洁的哲学 最智慧的人生. 北京：新世界出版社，2010.

丁光训，金鲁贤. 基督教大辞典. 上海：上海辞书出版社，2010.

高志英. 独龙族社会文化与观念嬗变研究. 昆明：云南人民出版社，2009.

陈小红. 加里•斯奈德的诗学研究. 北京：中国社会科学出版社，2010.

王守仁的环境观 （view of environment of Wang Shouren）

王守仁关于人与自然关系

的思想与观点。

王守仁（1472—1529年），字伯安，世称阳明先生。明代著名思想家、教育家、文学家、书法家、哲学家和军事家。他提出了万物一体的生态本体论，在生态伦理方面倡导生态良知，在生态实践中主张对自然万物的合理取用。

万物一体　在自然观方面，王守仁认为天人同体、天人同心、万物一体。他对"万物一体"思想做了深刻的阐述。人与万物是一气流通的同体共生关系，他说："风、雨、露、雷、日、月、星、辰、禽、兽、草、木、山、川、土、石，与人原只一体。故五谷禽兽之类，皆可以养人；药石之类，皆可以疗疾：只为同此一气，故能相通耳。"（《王守仁全集·传习录》）他认为："大人者，以天地万物为一体也。……是故见孺子之入井，而必有怵惕恻隐之心焉，是其仁之与孺子而为一体也；孺子犹同类者也，见鸟兽之哀鸣觳觫，而必有不忍之心焉，是其仁之与鸟兽而为一体也；鸟兽犹有知觉者也，见草木之摧折而必有悯恤之心焉，是其仁之与草木而为一体也；草木犹有生意者也，见瓦石之毁坏而必有顾惜之心焉，是其仁之与瓦石而为一体也。"（《王守仁全集·大学问》）人不仅能感悟到自己是社会的一员，还能体察到自己是宇宙万物中的一员。"君臣也，夫妇也，朋友也，以至于山川、草木、鬼神、鸟兽也，莫不实有以亲之，以达吾一体之仁，然后吾之明德始无不明，而真能以天地万物为一体矣。"（《王守仁全集·大学问》）在这里，王守仁不仅对宇宙万物的一体性进行了阐释，还展现出一种论证人与自然关系的道义论思路。

王守仁说："明明德者，立其天地万物一体之体也。亲民者，达其天地万物一体之用也。故明明德必在于亲民，而亲民乃所以明其明德也。"（《王守仁全集·大学问》）做到明明德之体和亲民之用的合一，便能达到万物一体的境界。他说："盖其心学纯明，而有以全其万物一体之仁，故其精神流贯，志气通达，而无有乎人己之分，物我之间。譬之一人之身，目视、耳听、手持、足行，以济一身之用。目不耻其无聪，而耳之所涉，目必营焉；足不耻其无执，而手之所探，足必前焉；盖其元气充周，血脉条畅，是以痒疴呼吸，感触神应，有不言而喻之妙。"（《王守仁全集·传习录》）

生态良知论　王守仁提出一种生态良知论。在他看来，人的良知就是草木瓦石的良知。无论是有生命体还是无生命体都有良知，这个良知也就是人的良知。正因为这样，人才会仁爱万物。"良知之在人心，无间于圣愚，天下古今之所同也。世之君子，惟务致其良知，则自能公是非，同好恶，视人犹己，视国犹家，而以天地万物为一体。"（《王守仁全集·传习录》）在王守仁看来，良知如同生命之树的根一样具有绵延不断的活力。"人孰无根？良知即是天植灵根，自生生不息。"（《王守仁全集·传习录》）正是良知生生不息的演变，使得天地万物如此这般地呈现出来，形成人们生活的世界。"良知是造化的精灵。这些精灵，生天生地、成鬼成帝，皆从此出，真是与物无对。"（《王守仁全集·传习录》）良知的生生不息使人感受到鸢飞鱼跃中蕴含的生机。"天地间活泼泼的，无非此理，便是吾良知的流行不息。"（《王守仁全集·传习录》）正是良知的生生不息使人成为天地的主宰和天地之心。在王守仁那里，良知表现为真诚恻怛。这种真诚恻怛具体表现为："是故见孺子之入井，而必有怵惕恻隐之心焉，是其仁之与孺子而为一体也；孺子犹同类者也，见鸟兽之哀鸣觳觫，而必有不忍之心焉，是其仁之与鸟兽而为一体也；鸟兽犹有知觉者也，见草木之摧折而必有悯恤之心焉，是其仁之与草木而为一体也；草木犹有生意者也，见瓦石之毁坏而必有顾惜之心焉，是其仁之与瓦石而为一体也。"（《王守仁全集·大学问》）这里，同是一体之仁，在程度上却有差别，亲密度从高到低依次为：亲人、路人、禽兽、草木、瓦石。若无真诚恻怛之情，良知也就不存在了。

合理取用　王守仁的论述中包含了取用万物的四个原则。一是取用有爱。人与万物同体，见其生而不忍见其死。这种不忍之心既是人心之生意的反映，也是天地之生意的体现。"无诚爱恻怛之心，亦无良知可致矣。"诚爱使人能够与万物共生。二是取用有序。虽然人对万物都怀有诚爱之心，但程度不同，依据一定秩序取用万物。"禽兽与草木同是爱的，把草木去养禽兽，又忍得。人与禽兽同是爱的，宰禽兽以养亲，与供祭祀，燕宾客，心又忍得。"（《王守仁全集·传习录》）三是取用有度。出于正当目的的适量取用才是合理的。取用草木养禽兽是禽兽生存之所需，取用禽兽养亲、祭祀是人的生存和礼仪之所需，都有其一定的正当性。四是取用有养。人在取用万物的同时还应该养护万物，而不能竭泽而渔、杀鸡取卵。"天下之物，未有不得其养而能生者，虽草木之微，亦必有雨露之滋，寒暖之剂，而后得以遂其畅茂条达。"（《王守仁全集·传习录》）人在取用禽兽、草木的同时要对其进行养护，这样反过来它们才能持续养护人。　　　　　　　　　（刘海龙）

wuzhong qishi zhuyi

物种歧视主义（speciesism）　人类对非人类存在物（特别是动物）在认知上存在歧视、在实践中存在虐待和滥杀倾向的物种偏见。

1975年，英国作家莱德（Richard D.Ryder）在《科学的受害者》中站在人类立场表达了对动物生存状态的人文关怀。伦理学家彼得·辛格（Peter Singer）则在莱德思想基础上更进一步，认为动物和人具有同等的道德主体地位，同时应该将人类社会道德规范适用范围拓展到动物，确保动物和人一样具有不被虐待和滥杀的权利，并且在社会实践中倡导动物解放运动。辛格认为物种歧视主义本质上是为了保护自己物种成员利益而贬损其他物种成员利益的偏见。物种平等思想在一定程度上与中国先秦道家伦理观所倡导的"物无贵贱""无以人灭天"的万物平等思想有异曲同工之处，前者侧重于在实践中规范具体社会行为，后者侧重于在思想观念中改变对非人类存在物的态度。

物种平等思想一方面将非人类存在物视为与人同样的道德主体，在实践中需要被人类平等对待；另一方面并不否认人类和非人类存在

物的本质区别，当人类和动物的利益发生矛盾时，应该站在维护人类利益的立场。这体现了物种平等思想在价值层面平等认识和事实层面区别对待的特征，体现出较为明显的功利主义的特征。

物种平等思想需要转变实践中表现出的人类滥用自身主体权利的不良倾向，把理论上的思考和实践中的规范统一起来，真正将人类和动物及其他非人类存在物视为平等存在，塑造真正意义上的"人"。

①通过法律途径将物种歧视予以禁止。通过这种强制性规范对人与自然关系施加影响，进而推动人们生态思想和实践模式的形成，无疑是一种切实可行的途径，但是此类法律的制定以及社会民众对其的认可需要一个系统的理论和长期宣传教育的过程。在英国人道主义者约翰·劳伦斯（John Lawrence）、约翰·斯图亚特·密尔（John Stuart Mill），美国环境主义者克里斯托弗·斯通（Christopher Stone）等人不懈的宣传、呼吁下，以1822年6月22日英国通过的由理查德·马丁（Richard Martin）呼吁的《禁止虐待家畜法案》为标志，物种平等思想的立法进程正式启动，且立法内容不断从动物向非人类存在物延伸和拓展。

②不断丰富人类道德的内涵以消除物种歧视。阿尔贝特·施韦泽（Albert Schweitzer）用"敬畏生命"理论丰富人们对生命的认识并倡导人们在现实社会实践中不要粗暴而随意地伤害任何一个生命；奥尔多·利奥波德（Aldo Leopold）用"土地伦理"拓展伦理共同体范围，将土壤、水、植物和动物视为具有内在价值的道德主体；保罗·泰勒（Paul Taylor）则提出不伤害原则、不干涉原则、忠诚原则和补偿正义原则四条具体的环境伦理规范，并具体分析了与之相适应的美德。

③倡导素食主义。彼得·辛格将自古有之的素食习惯上升为一种生活理念，认为素食主义可以避免动物被人类虐待和滥杀，避免人类给动物带来不必要的痛苦和伤害，尽可能减少人与动物利益发生冲突带来的道德良知上的不

安。辛格认为动物天生具有感受苦乐的能力，他认为：如果一个生命会"痛苦"，我们在道德上就没有正当的理由可以忽视其痛苦，或把其痛苦跟其他生命的痛苦不平等视之。由此应该将动物视为与人类一样的道德主体。现代化工业发展到一定阶段，为了提高生产效率而采用集约化饲养动物方式，形成了"动物工场"，辛格认为人类有义务通过素食主义来降低或减少动物工场中动物生存的痛苦。　　（胡华强）

推荐书目

彼得·辛格. 动物解放. 祖述宪，译. 青岛：青岛出版社，2004.

何怀宏. 生态伦理. 保定：河北大学出版社，2002.

杨通进. 走向深层的环保. 成都：四川人民出版社，2000.

阿尔贝特·史怀泽. 敬畏生命. 陈泽环，译. 上海：上海社会科学院出版社，1996.

Y

《1844 年经济学哲学手稿》（Economic and Philosophical Manuscripts of 1844） 是马克思经济学研究的初步成果，写作于 1844 年 3 月至 8 月。

书写与出版背景 《德法年鉴》停刊后，马克思继续进行理论探讨。但他发现，仅停留在哲学的研究上，还不是针对"原本"，而是针对"副本"的批判，不能解决问题。又因受恩格斯《政治经济学批判大纲》的影响，马克思决定从经济事实出发，批判资产阶级经济学，分析资本主义的经济关系。《1844 年经济学哲学手稿》（以下简称《手稿》）便是这一时期的重要研究成果。

《手稿》是马克思当时设想的一个庞大写作计划的一部分，由一个序言和三个未完成的手稿组成。同马克思的大部分早期著作一样，《手稿》当时也未能发表。1927 年，《手稿》的部分译文第一次以《〈神圣家族〉的准备工作》为标题发表在《马克思恩格斯文库》里。1929 年，《手稿》的一些片段以《关于共产主义和所有制的札记》和《关于需要、生产和分工的札记》为标题发表。1932 年，德国学者朗兹胡特和迈耶尔以《国民经济学和哲学》为标题将其发表在他们编辑的《卡尔·马克思历史唯物主义早期著作集》中；同年稍晚，苏联马克思恩格斯列宁研究院以现在的书名，在《马克思恩格斯全集》历史考证版（MEGA）第一部分第三卷中全文发表。《手稿》一问世，在学术界引起了很大的轰动，在西方掀起了"马克思热"。

《手稿》中文版收录于《马克思恩格斯全集》第 42 卷（1979 年中文版）。

基本内容 马克思在《手稿》中，对资本主义制度进行批判的同时，对于人与自然的关系、环境问题等也做了深刻的论述，初步形成了一个生态哲学思想的新视域。

人与自然的关系是以劳动为基础的对立统一 在《手稿》中，马克思以人类的实践活动作为人与自然关系的中介，提出了以劳动为基础的人与自然之间的对立与统一的新思想。

马克思认为：劳动是人的类本质，而这一类本质是人类在劳动中才得到确认的。马克思指出："实际创造一个对象世界，改造无机的自然界，这是人作为有意识的类的存在物（亦即这样一种存在物，它把类当作自己的本质来对待，或者说把自己本身当作类的存在物来对待）的自我确证。""正是通过对对象世界的改造，人才实际上确证自己是类的存在物。这种生产是人的能动的类生活。"人类通过劳动创造了对象世界，产生了类意识，在劳动的过程中把人与自然区别开来，同时，人类又通过劳动将自身与自然天然地统一起来。人类无论是作为个体或者群体，每时每刻都离不开自然，必须依靠自然界才能进行生产和生活。

马克思认为，人与自然的对立统一表现在"自然的人化"和"人的自然化"两个方面。一方面，通过人类的劳动，自然界被打上了人类活动的印记，使自然的原始状态发生改变。自然界按照人类的需要和实践行为发生了变化，实现了自然的人化。另一方面，在人类改造自然界的过程中，自然界也不可避免地对人类的行为产生影响。自然界制约人类活动的方式，通过自然发生发展的客观规律，对人类的思维方式和实践方式提出要求，使外部世界的客观规定性内化为人的主观规定性，实现人的自然化。

异化劳动是人与自然现实对立的深刻根源　在马克思看来，真正的人类劳动应该是人的自由自觉的活动。他认为，动物只是在直接的肉体需要的支配下生产，而人甚至可以摆脱肉体的需要进行生产，并且也只有在他摆脱了这种需要时才进行真正的生产。然而，资本主义制度下的劳动变成了异化劳动。因为在这种制度下，工人的劳动受到了外在异己力量的支配，劳动不再是一种自觉自由的对象性活动，工人的劳动也就变成了异化劳动。

马克思通过研究资本主义制度下的异化劳动现象，对资本主义制度进行了深刻的批判。他认为，异化劳动不仅从根本上改变了人类社会的生产方式与生活方式，也从根本上改变了人与自然的关系，造成了人与自然的现实对立。为了自身的利益，资本家持续不断地对工人进行着残酷的剥削与压榨，同时对自然资源的掠夺与破坏也是毫无节制的，甚至是肆无忌惮的。反之，在劳动中，工人不仅要忍受贫穷和饥饿、疾病与痛苦，还要忍受环境污染，受到自然环境的恶化对人类生活的威胁。因此，异化劳动是人与自然对立的深刻根源。

马克思认为，产业革命以来技术的发展，是造成人与自然对立的因素之一，但更加重要的因素则是异化劳动所造成的工人与资本家的对立。资本家对工人不择手段地进行残酷的剥削与压榨，并造成了对自然的破坏，表面上看是人与自然的对立，实质上则是人与人之间的对立。

人与自然关系的理想复归是对异化劳动的积极扬弃　资本主义社会形成的各种社会矛盾，在资本主义制度的内部是不可能得到解决的。要解决这些矛盾，必须从外部寻找解决的途径与方法，即实现共产主义，消灭资本主义制度。而消除异化劳动的目的，只有在共产主义社会才能得到实现。也只有在共产主义社会里，人与人的关系、人与自然的关系才会恢复到和谐的状态。

马克思指出："这种共产主义，作为完成了的自然主义，等于人本主义，而作为完成了的人本主义，等于自然主义，它是人与自然界之间、人与人之间的矛盾的真正解决，是存在和本质、对象化和自我确证、自由和必然、个体和类之间的抗争的真正解决。"以劳动为核心的人的本质的实现，标志着自然界与人都得到了解放。自然界不再是人的异化产生的媒介，而是实现人道主义的纽带；人也不再是自然界异化的根源，而是自然主义实现的基础。

评价　在《手稿》中，马克思以人的实践活动为核心，通过对人与自然关系从"劳动—异化劳动—异化劳动的扬弃"三个发展阶段的分析，不仅深刻地揭示了环境问题产生的重要社会根源之一，也为当代人彻底解决环境问题提供了重要的启示。　　　　（王全权）

预防原则 yufang yuanze

预防原则　（precautional principle）　强调对环境破坏行为的事前控制，而不是事后处置，是一种积极防控的生态思维方式，也是一项从源头上控制资源环境问题的基本原则。预防原则被一些国家和区域性组织的法律明确为循环经济法的基本原则。

沿革　预防原则的形成可以分为以下三个阶段：①萌芽期。预防原则早在20世纪30年代的美国与加拿大特雷尔冶炼厂仲裁案中就得到了默示。此外，先后发生的"世界八大公害事件"促使各国政府萌发了"防患于未然"的想法，即产生了对预防原则的需求。②形成期。20世纪60—70年代，各国签订了多项国际公约，如1969年的《国际干预公海油污事故公约》，1972年的《防止倾倒废弃物及其他物质污染海洋公约》，1973年的《国际防止船舶造成污染公约》等，旨在积极预防海上事故、海上漏油事故，以及陆上活动产生的废弃物倾倒于海洋而引发的海洋污染等问题，将事故引发的后果减少到最低限度。③发展期。20世纪80—90年代，预防原则开始突破了海洋环境保护领域，具有了普遍性意义。如1982年联合国大会通过的《世界自然宪章》，1992年在里约热内卢召开的联合国环境与发展大会通过的《里约宣言》，以及《生物多样性公约》《联合国气候变化框架公约》等都体现了预防原则的基本理念。

应用 预防原则采取积极的事前防止措施以避免环境损害的发生，或通过提前采取措施将不可避免和已经产生的环境危害活动控制在允许的范围内。在国际环境法意义上，各国政府应当在环境危害发生之前，提前采取有效措施制止、限制或控制可能引发环境损害的活动或者行为。在一般意义上来看，预防原则是国家环境资源主权与不损害国外环境原则的延伸，它意味着一国政府有责任通过采取预防措施来保障本国内的活动或行为而不损害国外环境。如有危害出现的可能，或根本没有危害出现而事先预防性地对人加以保护或对生态环境加以美化，使其免于因为环境品质丧失或环境破坏而遭到损害，就可以适用预防原则。预防原则是人类对待环境污染和生态破坏的基本对策，也是为了减少损失和避免付出高昂的代价而做出的理智选择。环境损害具有滞后性，其严重后果往往要积累到一定程度才能显现，有些损害又是不可逆转的，因此必须采取预防性措施。预防原则明确强调：科学的不确定性不能作为环境问题上不作为的理由。因此，如果一个环境难题可能变得更加严重的话，它就应当被提出，即使是在缺乏科学论证的情况之下，也同样适用预防原则。

意义 预防原则的提出蕴涵了积极应对环境危机的价值理念。第一，预防原则的提出是应对生态环境恶化的必然选择。"先污染、后治理"的思维模式已显现出其弊端，而"事前控制、预防为主"的生态思维则更为可取，因为事前预防的思维模式使人们与环境保持良好的关系，引导人们认识大气、水、土地、动植物等自然环境和自然资源的有限性，把地球的生态系统和自然界的自净能力纳入人们的视野中来，并人为地管理这些自然资源，因地制宜地进行分配，以形成人与自然的和谐共存。第二，预防原则也是积极国家观在现代经济领域的具体体现。现代环境问题的广泛性、深刻性使得公共权利管控的事务范围不得不扩展，国家在环境防治过程中起到了积极作用，预防原则在协调人与自然和谐关系的同时，也会在经济上大大降低环境污染的治理成本，以实现经济效益和环境效益的统一。 （窦立春）

推荐书目

约翰·德赖泽克. 地球政治学：环境话语. 蔺雪春，郭晨星，译. 济南：山东大学出版社，2008.

余谋昌，王耀先. 环境伦理学. 北京：高等教育出版社，2004.

亚历山大·基斯. 国际环境法. 张若思，编译. 北京：法律出版社，2000.

Z

张载的环境观　（view of environment of Zhang Zai）　张载关于人与自然关系以及生态环境保护的思想主张。

张载（1020—1077 年），字子厚，世称横渠先生。北宋哲学家，理学创始人之一。其学说中蕴含着极丰富的生态智慧。其中"天人合一""乾父坤母""民胞物与""大其心以体万物"等思想，强调人类要尊重自然，爱护万物。

天人合一　"天人合一"的思想很早就产生了，但张载首次提出了"天人合一"的命题。张载认为世间万物都是由阴阳二气所构成，"天地之塞，吾其体，天地之帅，吾其性"（《正蒙·乾称篇》）。而气有清虚混浊之别，人性由此二气而形成。"合虚与气，有性之名"（《正蒙·太和篇》）。人的天地之性由虚气构成，"天地以虚为德，至善者虚也"（《张载集·张子语录》）。人的气质之性由浊气形成，是人性恶之源，"形而后有气质之性"（《正蒙·诚明篇》）。人后天修养的任务就是要恢复先天的善性，进而达到"民胞物与"的天人一体境界，即所谓"儒者因明致诚，因诚致明，故天人合一"（《正蒙·乾称篇》）。张载认为圣人与天道相通，故天道、人事应放置于一起来讨论。其在《易说·系辞下》中明确指出："天人不须强分，《易》言天道，则与人事一滚论之，若分别则只是薄乎云尔。自然人谋合，盖一体也，人谋之所经画，亦莫非天理。"

民胞物与　张载提出"乾父坤母、民胞物与"的思想。他在《西铭》中说："乾称父，坤称母，予兹藐焉，乃混然中处。故天地之塞，吾其体；天地之帅，吾其性。民吾同胞，物吾与也，……存吾顺事，没吾宁也。"乾为天，坤为地，人与万物皆由天地所生，乾坤乃一大父母。这里不采用天地的说法，而言乾坤，原因是天地是就形体而言，而乾坤则有厚德载物的德性之义。世间万物繁衍生息全赖乾坤这一大德。人虽然是渺小的，但充塞于天地之间的气构成了人的身体，统帅天地万物变化的是天地的性，也是人的性。由于组成人身体的材料与组成天地的材料是一样的，所以人之性与天地之本性是一致的。基于此才有人民是我的同胞、万物是我的伙伴的主张。

大心说　张载主张人要关爱自然，提出一种"大心说"。他在《正蒙·大心篇》中说："大其心则能体天下之物，物有未体，则心为有外。世人之心，止于闻见之狭。圣人尽性，不以见闻梏其心，其视天下无一物非我，孟子谓尽心则知性知天以此。天大无外，故有外之心不足以合天心。"张载的"大心说"以人为出发点，以体物为核心来体悟自然界，以"仁"为终极来关爱天地，则人性向善得到放大，"则心为有外"。人作为自然界的一分子，与万物"滚而论之"，共生于一宇宙，如要达到和谐共处，则必须如圣人一般"大其心""合天心"。可"天本无心"，那么只能依靠人心的自我认识。自然界本身是一生命体，亦是万物的生命之源和生命演化延续的依托和动力，张载认为，人若想体味到自身是自然界价值的实现者这一使命，关键是要具有"天地之心"与"天地之情"。《易说·复》中："大抵言天地之心者，天地之大德曰生，则以生物为本者，乃天地之心也。地雷见天地之心者，天地之心惟是生物，天地之大德曰生也。天则无心无为，无所主宰，恒然如此，有何体歇？人之德性亦与此合，乃是已有，苟心中造作安排而静，则安能久然！必从此去，盖静者进德之基也。"其中"天地之心"与"天地之情"实际上就是"以生物为本者"，是实现天地为人、人为天地的物我合一的关键所在。

（刘海龙）

zhi tianming（zhi tianming er yong zhi）

制天命（制天命而用之）

（destiny and active use of the laws of nature）　见于《荀子·天论》，是战国末期荀子关于天人关系的重要命题，其意为在天人关系方面，人不能消极地顺从自然，而要主动地认识自然，控制和利用自然。

荀子认为，"天命"是具有必然性的自然法则。在自然观方面，荀子肯定"天"是自然的天、物质的天，指出"天行有常"，即自然界的变化有自己的规律，不受人的意志支配。如果人们加强生产，节约开支，天不能使人贫穷；如果人们荒废生产而又奢侈浪费，天也不能使人富裕。

荀子认为："天有其时，地有其财，人有其治"。人类能够根据对于天时、地利的认识来利用自然、役使万物，强调人在认识自然、利用自然中的主观能动作用。"从天而颂之，孰与制天命而用之"。荀子提出"制天命而用之"的思想，指出人如果掌握自然规律，就能够使天地万物为人服务。

荀子的"制天命而用之"的思想，对人的主观能动性问题作出了可贵的理论贡献，为中国哲学史上源远流长的天人之辩奠定了唯物论的思想基础。

（刘伯智）

推荐书目

荀况.荀子.方勇，李波，译注.北京：中华书局，2011.

zhihuiquan

智慧圈

（noosphere）　又称人类圈。是地球表层系统五大圈层之一，也是目前为止最高级、最复杂的圈层。智慧圈是表示社会与自然相互关系的概念。它表示社会与自然界的统一。智慧圈要求社会发展和生物圈的组织性最优地协调一致。

智慧圈的概念是由苏联学者 В.И.维尔纳茨基（В.И.Вернадский）于1937年提出的。它是一个要素众多、结构复杂、区域明显的系统；人类及由人类的能动作用所创造的人工物质环境，如乡村、城市、农田、人工牧场、人工林场、水利设施、交通工具、宇宙飞船、道路、通信、工厂等是智慧圈中最典型、最直接的代表事物；人类是智慧圈中最活跃的主导因素，人类不仅仅是通过自己的生物功能去影响自然，而且通过自己的智慧和有意识、有目的的劳动去影响自然，即通过社会生产劳动、科学技术，改造和建设环境，这样就形成了人类文明的圈层。

智慧圈强调智力在现代地球演变中的巨大作用。其通常有广义和狭义之分，狭义智慧圈只是人类圈的一个构成部分，而广义智慧圈则是人类地球的一种可能的未来状态。狭义智慧圈具有以下特征：①由生命群体构成。智慧圈不同于岩石圈、水圈、大气圈等无生命物质构成的圈层，其是由生命群体构成的圈层，因此这个圈充满着生机活力，是地球上最新、最高级、最活跃的一个圈层。②由单一智人群体构成。智慧圈不同于生物圈，生物圈包含人类，人类是其组成成分。③有特殊组织结构——社会。人类社会是在共同的物质生产活动基础上相互联系的人们的总称。　（刘伯智）

推荐书目

P.巴兰金.维尔纳茨基——生平·思想·业绩.孙德佩，译.北京：科学出版社，1987.

洛伦·R·格雷厄姆.俄罗斯和苏联科学简史.叶式辉,黄一勤,译.上海:复旦大学出版社,2000.

《Zhouyi》huanjingguan

《周易》环境观（view of environment of The Book of Changes） 《周易》中蕴含自然的整体性、生态平衡、人与自然依存等丰富的环境思想。

整体性思想 《周易》是中国古代研究、占测宇宙万物变易规律的典籍,其认为世界万物是发展变化的,变化的基本要素是阴和阳。"立天之道曰阴与阳,立地之道曰柔与刚,立人之道曰仁与义。兼三才而两之,故《易》六画而成卦。分阴分阳,迭用柔刚,故《易》六位而成章。"（《说卦》）乾为纯阳之卦,坤为纯阴之卦,乾坤是阴阳的总代表,也是阴阳的根本。世界上千姿百态的万物和万物的千变万化都是阴阳相互作用的结果,"一阴一阳之谓道"（《系辞》）。《周易》在其关于阴阳变化的论述中体现出朴素的辩证法思想,深刻地揭示了环境的整体性以及人与自然的依存关系。

《周易》特别强调环境是各种因素相互作用的整体性。八卦中的乾（天）、坤（地）、坎（水）、离（火）、震（雷）、艮（山）、巽（风）、兑（泽）,构成宇宙空间的构架和人类生存的环境。八卦中的这八种物象如果出于彼此协调的状态,就可以产生出《大有卦》中所描述的生产丰收、安居乐业的场面。而如果这八种物象相互不协调或其中某些物象异常,则会出现旱、涝、山崩、地震等多种自然灾害。《周易》中《蒙卦·象辞》中描述的"山下有险",《蹇卦·象辞》中描述的"蹇难也,险在前也",《讼卦·卦辞》中描述的"不利涉大川",《复卦·上六爻辞》中描述的"有灾眚"等,指称的都是环境恶化和自然灾害。

在《周易》的整体性思想之中,蕴含着一种保护自然环境生态平衡的观点。《乾卦·象辞》中:"大哉乾元,万物资始,乃统天。云行雨施,品物流行。……乾道变化,各正性命,保合太和,乃利贞。首出庶物,万国咸宁。"其中就认为只有人和自然之间保持一种"太和"的状态,

国家才能安康太平。《坤卦·象辞》中:"至哉坤元,万物资生,乃顺承天,坤厚载物,德合无疆,含弘光大,品物咸亨。"其意为若能顺承天地就可获得丰收、实现繁荣。也就是说,只有顺乎自然,保持自然界的生态平衡,在这种条件下才能实现"致中和,天地为焉,万物育焉"的状态。

人与自然的关系 《周易》深刻揭示了人与自然的关系。第一,人是天地自然的产物,"有天地然后有万物,有万物然后有男女"（《序卦》）。第二,人和天地自然构成一个完整的有机体,"易之为书也,广大悉备,有天道焉,有人道焉,有地道焉。兼三才而两之,故六"（《系辞》）。第三,人与天地自然互相沟通、协调和统一,"夫大人者,与天地合其德,与日月合其明,与四时合其序,与鬼神合其吉凶。先天而天弗违,后天而奉天时"（《乾卦》）。关于人在自然中如何生存,《周易》认为既要遵循自然规律,也要发挥人的主观能动性。人和自然不是处在相互对立的位置上,而是充满了友善与和谐。人在自然面前不是完全被动的,有其主观能动性发挥的空间,但也不以征服者的身份自居。

《周易》中有"顺动"的概念,"顺动"就是顺规律而动,即人的活动要遵循自然规律。《贲卦·象传》中:"天地以顺动,故日月不过,而四时不忒,圣人以顺动,则刑罚清而民服。"其意思是天地按照一定的规律而运动,所以日月运行都不会争先恐后,结果是春、夏、秋、冬四季分明;圣人也要按照规律办事,奖罚分明,百姓才能心服。《周易·系辞上》中:"《易》与天地准,故能弥论天地之道。仰以观于天文,俯以察于地理,是故知幽明之故,原始反终,故知死生之说。精气为物,游魂为变,是故知鬼神之情状。与天地相似,故不违。知周乎万物而道济天下,故不过。旁行而不流,乐天知命,故不忧。安土敦乎人,故能爱。范围天地之化而不过,曲成万物而不遗,通乎昼夜之道而知,故神无方《易》无体。"其意是指人生的根本道理是与天地同道,人要乐天知命,安土

敦仁。而乐天知命的前提条件是"顺天",人如果按照顺天的态度生活,就能与大自然形成一种和谐关系。

《周易》认为人虽然要顺规律而动,但也不是完全被动的,也要发挥人的主观能动性,《周易》中关于"时"的论述充分体现了这一点。"日中则昃,月盈则食,天地盈虚,与时消息,而况于人乎?况于鬼神乎?"(《丰卦·象传》)"损刚益柔有时,损益盈虚,与时偕行。"(《损卦·象传》)"时止则止,时行则行,动静不失其时,其道光明。"(《艮卦·象传》)这些论述都强调"时"的重要性,而人则要"不失其时"。在认识到人的主观能动性的同时,《周易》并没有将其推向极端,而是强调人的主观能动性的发挥必须要尊重客观规律,人不能超出"天"与"地"所限定的范围,只能在天地之间遵循天地共有的客观规律而生存、发展。　　　　(刘海龙)

ziyuan jieyuexing shehui

资源节约型社会　(resource-conserving society)　以资源利用为依据而划分的社会形态,是指在社会再生产的各个领域,通过采取经济、法律、行政等多种措施来提高资源利用效率,从而达到以最少的资源消耗获得最大的经济和社会效益,最大限度地保护生态环境,实现可持续发展。

提出　资源节约型社会是党的十六届五中全会通过的《中共中央关于制定国民经济和社会发展第十一个五年规划的建议》(以下简称《建议》)中明确提出的,并首次把建设资源节约型社会确定为国民经济与社会发展中长期规划的一项战略任务。《建议》明确提出:"要把节约资源作为基本国策,发展循环经济,保护生态环境,加快建设资源节约型、环境友好型社会,促进经济发展与人口、资源、环境相协调。"建设资源节约型社会是统筹人与自然和谐发展、促进可持续发展的重大举措。

构成　资源节约型社会是一个复杂系统,由一系列要素构成,包括资源节约观念、资源节约型主体、资源节约型制度、资源节约型体制、资源节约型机制等。

资源节约观念　指人们从节省原则出发,克服浪费,合理使用资源的意识。观念是行动的先导,要建设资源节约型社会,首先要树立正确的资源观,即节约资源的观念。为此必须提高全民族的节约资源意识,树立全社会节约资源的观念,培育全民节约资源的社会风尚,营造人人节约资源的良好社会氛围。

资源节约型主体　指具有资源节约观念并将其内化的组织或个体。资源节约型主体主要包括资源节约型政府、资源节约型企业、资源节约型民间组织、资源节约型家庭、资源节约型公民等。

资源节约型制度　是约束和规范组织和个体合理使用资源的制度总称,包括经济制度、政治制度、法律制度等正式制度以及道德规范等非正式制度等。

资源节约型体制　是资源节约型制度的具体实现形式和组织运行方式。包括高效的政府治理体制、规范的企业管理体制、适度的财政货币体制等。

资源节约型机制　是资源节约型制度与体制在经济运行过程中形成的相互联系、相互制约、相互协调的各种机能的总称,主要包括资源的探测、开采、储运、加工、监测和调控等管理系统。

措施　建设资源节约型社会需要采取一系列措施,主要包括促进产业结构升级、转变经济发展方式、转变消费方式等。

促进产业结构升级　把节约资源作为优化产业结构的重要目标,促进产业结构的升级改造,建立起资源节约型的产业结构。促进资源消耗低、环境污染少的高新技术产业发展,加快资源消耗高的产业技术进步和技术创新步伐,用先进的技术改造传统落后的生产设备与工艺,以降低其资源消耗。同时,大力发展高新技术产业,提高产品的科技含量和附加值。振兴装备制造业,尤其是重大技术装备制造业,促进产业结构向低消耗、高产出的方向转变。

转变经济发展方式　从我国国情出发,创新经济发展方式，大力发展循环经济和清洁生产，促进粗放型的经济发展方式向集约型经济发展方式转变。实现四个转变：一是在需求方面，由投资和出口拉动型增长转变为消费和投资、内需和外需共同拉动型增长；二是在产业结构方面，由工业带动型增长转变为工业、服务业和农业共同带动型增长；三是在要素投入方面，由资金和自然资源支撑型增长转变为人力资本和技术进步支撑型增长；四是在资源利用方式上，由"资源—产品—废弃物"的单向式直线过程转变为"资源—产品—废弃物—再生资源"的反馈式循环过程。最终逐步形成"低投入、低消耗、低排放、高效率"的经济发展方式。

转变消费方式　资源节约型社会的建设，不仅需要从根本上转变经济发展方式，还要推进消费方式的彻底转变，形成生态化的消费方式。所谓生态化的消费方式，是指在满足人的合理需要基础上，以维护自然生态系统的平衡为前提的一种可持续消费方式。适度、持续、全面是其基本特征。转变消费方式，既需要优化消费结构，又需要对消费方向进行正确的引导。为此需要融合全社会的力量，形成多方联动。在全社会通过大力宣传教育努力营造建设节约型社会的良好氛围，树立科学合理的消费观念，广泛开展多种形式的资源节约活动，以引导消费方式的变革，逐步形成文明、节约、与国情相适应的生态化消费方式。（乔永平）

推荐书目

郭强.节约型社会.北京：中国时代经济出版社，2005.

沈满洪，陈凯旋，魏楚，等.资源节约型社会的经济学分析.北京：中国环境科学出版社，2007.

ziran de qumei yu fanmei

自然的祛魅与返魅　（disenchantment and return to enchantment of nature）　自然的祛魅是指人类在运用自然科学的成果破解自然奥秘时变本加厉地攫取自然、支配自然、控制自然并妄图征服自然，自然在人类面前的"神秘面纱"逐渐隐褪。自然的返魅是指随着人的主体意识和自我意识的不断增强，人类重新反思自然的地位并重新赋予自然以生命、价值与创造性。

产生背景　"祛魅"的概念由马克斯·韦伯（Max Weber）首次提出，他认为自然科学的发展带来了自然的"祛魅"。文艺复兴以来，随着实验分析科学的进行，机械式思维的自然观念逐渐形成，人类的理性和主体能动性得到过度张扬，工具理性的驱动使物质利益的追求成为人们生活的最高目标甚至是唯一目标。自然沦为物质的总和，一切事物都是按照物质固有的机械运动的原理组织起来的。人类与一切生命存在都不过是复杂的机器，并无神秘可言。科学所到之处，一切关于自然灵异的、神圣的观念都被废弃。在人类疯狂追求自身利益的工业实践中，人类的认识与改造自然的能力得到空前提高，原本赋予生命和灵性的自然世界在人类面前失去了神性和魅力，不再是活的生命有机整体，人类对自然的崇拜和敬畏荡然无存，只是一味地征服、改造自然，贪婪地索取自然界的物质资源，原本生机盎然的自然成为人类随意获取物质资料的宝库，自然之"魅"彻底解构，这就是自然的"祛魅"。

自然的"返魅"源于以美国学者大卫·雷·格里芬（David Ray Griffin）为代表的后现代主义者的理论思想，格里芬明确提出了自然的"返魅"。科学技术的迅猛发展给人类的生存和发展带来了日益紧迫的环境危机，随着人的主体意识和自我意识的不断增强，人类开始反思自然的地位、观念和价值。受英国过程哲学的创始人怀特海（Whitehead）的启发，格里芬等后现代主义哲学家认为宇宙自然中存在价值、经验、目的、理性、创造性与神性，并把生命自然界看作化育万物的生命机体，人类从属于自然，自然孕育了人类并成为人类道德关怀的对象，自然界浩渺无穷，人类应当对其心存敬畏，由此完成对自然的"返魅"。格里芬的"返魅"自然观强调自然的系统整体性与生态有机性，是对工业文明时代机械还原的自然观的扬弃和超越。

影响与发展　作为数理科学发展顶峰的牛顿经典力学，是自然的"祛魅"的认识论和方法论基础，并日益成为影响整个近代自然科学发展的固定思维模式，它曾启发了一大批 18 世纪的英法哲学家把主客二分的思维模式和抽象的自然概念提升到哲学方法论的高度，把对自然的"祛魅"贯彻到底，即把人类看作唯一的主体，非人的存在物皆为客体，客体只是主体认识、分析或复制的对象。古希腊智者派普罗泰戈拉（Protagoras）的"人是万物的尺度"、英国唯物主义哲学家弗朗西斯·培根（Francis Bacon）的"知识就是力量"、法国哲学家勒内·笛卡尔（Rene Descartes）的"我思故我存在"、德国古典哲学创始人伊曼努尔·康德（Immanuel Kant）的"人是自然界的最高立法者"以及德国哲学家格奥尔格·威廉·弗里德里希·黑格尔（Georg Wilhelm Friedrich Hegel）的"自然界是自我异化的精神"等都是这种精神的体现。

20 世纪以来，量子力学、相对论、生物科学、系统论科学为建立系统整体的生态自然观和自然的"返魅"准备了理论前提：量子力学从微观粒子的力学视角驳斥了机械决定论，微观的生物粒子相互作用的力学原理揭示了微观的粒子世界的相关性、不确定性和模糊性，否认了机械还原的自然观；相对论重新阐释了自然世界物质存在形态的多样性和丰富性，凸显了自然世界的系统性、有机性和整体性；现代生物科学、系统论科学和自组织理论进一步确证了人与自然的系统整体性与多元共赢性，促进了人类思维方式的根本性变革。　（牛庆燕）

推荐书目

大卫·格里芬. 后现代科学——科学魅力的再现. 马季方，译. 北京：中央编译出版社，1995.

大卫·雷·格里芬. 后现代精神. 王成兵，译. 北京：中央编译出版社，1998.

E·拉兹洛. 用系统论的观点看世界. 闵家胤，译，北京：中国社会科学出版社，1985.

肖显静. 后现代生态科技观——从建设性的角度看. 北京：科学出版社，2003.

ziranjie ziwo shixianlun

自然界自我实现论　（Self-realization）　主张扩大个人的自我认同范围至自然生态存在，如生物圈及其他生命，将生物圈及其他生命的共同实现视作自我实现的目标与体现的生态伦理准则。自然界自我实现论是深层生态学的两条最高准则之一。

思想渊源　自然界自我实现论吸收融合了斯宾诺莎（Spinoza）、甘地（Gandhi）、道家、现代超个人心理学等的相关思想。阿伦·奈斯（Arne Naess）从 17 岁接触斯宾诺莎哲学便对其产生浓厚的兴趣，从自我实现论中不难看出斯宾诺莎关于所有存在物都是自然/上帝的显现、通过其他存在物的自我实现促进自身自我实现的提高等思想的影子。奈斯在巴黎读书期间接触到印度思想家甘地的哲学，不久便成为甘地的崇拜者，他曾坦率承认甘地的"所有生命的完整统一的信念"以及非暴力反抗运动是其深层生态学灵感之一。德韦尔（Deval）和塞欣斯（Sessions）在《深层生态学》一书中则明确指出："当代深层生态学家尤其受到道家《道德经》和 13 世纪的日本禅师道元著作的启发"，他们把《道德经》第十六章"致虚极，守静笃。万物并作，吾以观复。夫物芸芸，各复归其根。归根曰静，是曰复命，复命曰常，知常曰明。不知常，妄作，凶。知常容，容乃公，公乃王，王乃天，天乃道，道乃久，没身不殆"列为深层生态学的重要文献。而马斯洛（Maslow）《存在心理学探索》中关于终极状态下体验到的"不仅人是自然的一部分，而且自然是人的一部分""和终极实在的欢乐融合……是对我们与大自然同型的深刻生物本性的承认"等内容，也是深层生态学人对自然的认同观念的重要思想来源。

基本内涵　深层生态学的自然界自我实现论关于"自我"的理解，与西方传统所理解的与环境分离的"个我"迥然不同，从其思想来源看，主要是指与终极存在冥合为一的精神境界，更类似于印度哲学中的"Atman"（音译为阿特曼，意为自我、我）、道家哲学中的"道"

和"天性"。

深层生态学的自然界自我实现论又是与对环境事物的自我认同相联系的。奈斯在《自我实现》一文中说:"所谓人性就是这样一种东西,随着它在各方面都变得成熟起来,那么,我们就将不可避免地把自己认同于所有有生命的存在物,不管是美的丑的,大的小的,还是有感觉的无感觉的。"19世纪新黑格尔主义者布拉德雷(Bradley)也把自我实现作为自身哲学的一个重要命题,其所理解的自我是"整体化的人类共同体主体精神的自我,自我实现便是人类主体精神在社会及其社会关系中的道德价值实现,及人类共同善的实现"。从一定意义上说,深层生态学的自然界自我实现论是对布拉德雷自我实现思想的进一步拓展,将布拉德雷的"社会自我"进一步升华为"生态大我"。

德韦尔和塞欣斯认为,现代西方文化所理解的自我"主要是力争享乐主义满足的孤立的自我",是狭义的自我。深层生态学所说的自我实现则要求扩大自我认同的范围,从本能的自我成长为社会自我,再进而成长为"生态大我"。自我实现是将自我认同为更大整体的有机组成部分,而最大限度的自我实现就是追求"最大限度的共生"。对此,奈斯认为,最大限度的自我实现就需要最大限度的多样性和共生。多样性是一条基本原则。具体而言,从系统而非个体的观点看,最大化的自我实现意味着所有生命最大的展现。由此引出的第二个术语是"最大化的(长远的、普遍的)多样性"。一种必然结果是:一个人达到的自我实现的层次越高,就越是增加了对其他生命自我实现的依赖。自我认同的增加即是与他人自我认同的扩大。"利他主义"是这种认同的自然结果。由此可以得出"一切存在的自我实现"这一原则。从原则"最大化的多样性"和最大多样性包含着最大的共生这一假定,能得到原则"最大化的共生"。进而,人类可以为其他生命受到最小的压制创造条件。因此,自我实现也就同时意味着所有生命的共同实现,如德韦尔和塞欣斯所说:"谁也不会获救,除非我们大家都获救。这里的'谁'

不仅包括我自己,单个的人,还包括所有的人、鲸鱼、灰熊、完整的热带雨林、生态系统、高山河流、土壤中的微生物等。"在奈斯看来,"如果我们所认同对象的自我实现受到阻碍,那么,我们的自我实现也将受阻。"

意义 自然界自我实现论的意义在于,通过强调自我对生物圈及其他生命的认同,能够让人们意识到自然生态存在与我们自身的内在关联,激发人们对自然生态存在的爱护,从而使生态环保主张更容易被人们所接受。如奈斯所说:"如果你的自我在广义上包含了另一个存在物,那么无须劝告,你也会从道德上关心它。"同时,自然界自我实现论从人们自身的德性修养出发,激发人们对自然生态环境的爱护之情,使人们认识到内在德性的尊严和伟大。此外,自然界自我实现论还有利于超越利己主义和利他主义的对立。西方现代文化倾向于将个人理解为彼此孤立的个体,因而常常将自利与利他对立起来。而自然界自我实现论从人自身的自我实现和成长出发,通过自我认同将自我与自然万物联系起来,能够从一定意义上克服利己主义与利他主义的对立。

批评 西方学界关于深层生态学的自然界自我实现论的批评主要体现在两方面:一是深层生态学将自我实现放在突出位置,一些学者批评它过分迷恋个人的价值、态度和生活方式的改变对于社会变革的重要性,认为这种观念在政治上是天真的,在现行社会政治经济的巨大阻力面前是注定要失败的,因此不过是一种难以实现的生态乌托邦;二是自然界自我实现论从终极意义上的"大我"出发,强调一种无差别的平等观,忽视人与其他存在物之间的差别和特性,缺乏科学精神,带有神秘主义倾向。

(陈红兵)

推荐书目

雷毅.深层生态学思想研究.北京:清华大学出版社,2001.

何怀宏.生态伦理——精神资源与哲学基础.保定:河北大学出版社,2002.

Bill Devall, George Sessions.Deep Ecology:

Living as if Nature Mattered. Salt Lake City：Peregrine Smith Books，1985.

Neass A. Self-Realization：An Ecological Approach to Being in the World. In：Drengson A.（eds）The Selected Works of Arne Naess. Dordrecht：Springer，2005.

ziran quanlilun

自然权利论 （natural rights） 是承认人之外的自然物都有与人平等的权利的一种观点。涵盖了动物权利论、生物中心主义、生态整体主义等学说。自然权利是指大自然的每一部分及整个自然系统所固有的、按生态规律生存和发展、受人们尊重的固有价值和权利。

所谓权利，在法学的角度，可以指法权，即作为某一社会群体共同约定的合法的权利；从伦理学的角度，是指社会道德权利；从生存的角度，是一种生存权利，是指人生而具有的权利，又称自然权利，或者天赋权利。权利概念的多义性和多层次性，为人们选择适合人与自然关系层面的"自然的权利"概念的延伸提供了契机。权利概念延伸表现为两个方面：一是在法律上从肯定少数人的不完全权利到最终认可所有人的完全权利，前者以 1215 年的英国贵族的《大宪章》为标志；后者以 1957 年的维护黑人权益的《民法案》为标志。二是权利概念向自然界的拓展，权利概念的范围超越了国家、种族、人类，开始思考动植物的权利和生态系统的内在价值。罗德里克·弗雷泽·纳什（Roderick Frazier Nash）在《伦理学的扩展和激进的环境主义》中列出了美国关于权利的概念，阐释了由自然权、人权扩展到自然界的权利的历史进程，特别是道德权利的扩展趋势等问题。约翰·缪尔（John Muir）首次提出大自然拥有权利。缪尔认为尊重大自然的基础是：承认大自然也是属于上帝创造的共同体中的一部分。自然权利论的提出有两个方面的条件：一是承认自然界具有内在价值；二是人类对自然内在价值的尊重和热爱。

主要内容 自然权利论的主要内容包括以

下方面。①动物拥有自然权利。权利在自然界中拓展的第一个对象是动物。17 世纪，英国的仁慈主义者最早反对利用动物进行医学实验。1641 年，美国马萨诸塞州的殖民地颁布了第一个尊重动物权利或者至少是人类对动物负有义务的法案——《自由法典》。1796 年，英国文学家约翰·劳伦斯（J. Lawrence）写下了《关于马以及人对野兽的道德责任的哲学伦理》，呼吁"兽类的权利"。1822 年，在劳伦斯的朋友理查德·马丁（R.Martin）的推动下，英国制定了《禁止虐待家畜法案》（马丁法案）。19 世纪，英国博物学家达尔文（Darwin）在《物种起源》与《人类的起源》中，将亲缘的范围也扩展到了所有的生命，认为随着道德的进化，所有有感觉的存在物都将包括进道德共同体中来。1866 年，美国政治家亨利·贝弗（H.Bergh）为"防止虐待动物美国协会"争取到了许可证，他指出在地球上所有栖息者在生理上、精神上、道德上都是相互联系在一起的，一个残酷对待动物的人会道德堕落，一个不能阻止其成员残酷对待动物的民族会殃及自身，甚至会导致文明的衰弱与退化。但他认为植物没有感觉，因而，其权利也不会被侵犯，是权利中的"局外人"，是纯粹的物品。20 世纪，当代著名的动物权利倡导者彼得·辛格（Peter Singer）和汤姆·雷根（Tom Regan）的思想影响广泛。辛格秉承功利主义传统，把感觉苦乐的能力作为判断道德的预设，主张以意识和感觉为界限作为判定是否拥有权利的标准；雷根师承康德道义论传统，认为动物权利运动是人权运动的一部分，动物的权利与人的权利一样不可侵犯，但是与人的权利相比较，动物持有弱式权利。②所有生物都享有自然权利。20 世纪早期，生态学进一步扩展了共同体的观念。阿尔弗雷德·诺斯·怀特海（Alfred North Whitehead）认为，所有的有机体都拥有内在价值。阿尔贝特·施韦泽（Albert Schweitzer）提出将"敬畏生命"作为伦理体系的最坚实的基础，并指出保护、促进、完善所有的生命，认为"一个人，只有当他把存在物和动物的生命看得与人的生命同样神圣的时候，他才是道德的"。蕾切尔·卡逊（Rachel Carson）在《寂静的春天》中写到，"控制自然"是一个充满傲慢的词汇，她建议用昆虫与人之间"合理的和解"来代替对昆虫的控制。③整个生态系统都享有自然权利。深层生态学的自然权利论的理论预设是生物圈中的所有存在物都有其自身的、固有的、内在的价值，主张每一种生命形式在生态系统中都有发挥其正常功能的权利。20世纪70年代，认为权利应由动物等有生命生物扩展到无生命生物的观念得到了极大传播。1971年，南加州大学法律教授克里斯托弗·斯通（Christopher D.Stone）在《树木拥有法律地位吗？》中指出，应当把法律权利赋予森林、海洋、河流以及环境中的其他自然客体，即作为整体的自然。他的观点得到法官威廉·道格拉斯（William O.Douglas）的支持和赞赏，道格拉斯进一步提出，人类必须替整个生态共同体说话，人应当成为河流的道德之声。阿伦·奈斯（Arne Naess）进而宣告，生物圈中所有的存在物都有其自身固有的内在价值，荒野区也有独立的价值，不管人们是否进入其中。霍尔姆斯·罗尔斯顿（Holmes Rolston）指出，人们并没有创造荒野世界，而是荒野创造了他们，荒野以及由野生生物组成的生命共同体拥有内在价值，并应该在人的道德体系中占一席之地。深层生态学的代表人物约翰·罗德曼（John Rodman）倡导以"生态意识"为基础的伦理。他认为，道德的适用范围应包括整个生态系统。贝尔德·克里考特（Baird Callicott）指出，在判断正确或错误时，不仅要考虑个体，而且要考虑生物共同体。整体所承载的道德价值大于其任何一个组成部分所承载的道德价值，海洋、湖泊、高山、森林和潮湿的土壤拥有的价值大于单个的动物拥有的价值。

质疑 自然权利向自然界的拓展也招致了不少的批判和质疑。美国人类中心主义者马克·萨戈夫（Mark Sagoff）质疑：人类如何知道沉默的自然客体在想什么、要什么？澳大利亚哲学家约翰·帕斯莫尔（John Passmore）认为，赋予动物、植物、景观与自然生存权利只

能招来混乱，权利这一观念无法适用于人以外的东西，权利如同价值一样只能在人与人之间使用，不能外推。 （窦立春）

推荐书目

罗德里克·弗雷泽·纳什.大自然的权利——环境伦理学史.杨通进，译.青岛：青岛出版社，1999.

余谋昌，王耀先.环境伦理学.北京：高等教育出版社，2004.

叶平.环境的哲学与伦理.北京：中国社会科学出版社，2006.

ziran wuwei

自然无为 （being natural and let it be） 中国道家思想中两个相互联系的重要概念，其所蕴含的生态法则不仅在当代西方环境伦理学发展史上为深层生态学等环境伦理学流派所借鉴，而且作为中国传统文化思想的重要内容，对中国构建植根于本土文化的当代环境伦理和解决现实的环境问题都具有重要的价值。

老庄的自然无为理念 自然的概念是中国道家创始人老子最早提出的，也是历代道家学者、真人和修行者最为重视的理念。"人法地，地法天，天法道，道法自然"（《老子》第二十五章）。在老子哲学中，"道"具有多重意义。它既是一种终极实在，又是产生万物的生成元，同时也是弥漫在万物生成、发展、消亡过程中的动力。道作为终极实在、万物的生成元以及整个宇宙运行的动力，其本身当然不需要任何外部原因作为其变化、发展的依据，而只能听任自身的变化，即"自然"。因此，老子所指的"自然"，是"自己如此""本来如此"的意思，而不是指现代汉语中通常所理解的自然物或自然界这些客观的物质实体。自然作为道的本性，天地法之，天地因而自然，万物法之，万物亦即自然。天地万物因其自然之本性而生成、发展，形成了地球生生不息的生命过程和宇宙的大化流行。"道之尊，德之贵，夫莫之命而常自然"（《老子》第五十一章）。而人类作为道的自然运化，顺应万物之序所产生的结果，也应效

法天地之道，对一切事物采取顺应自然的态度。

如果"自然"是指道与天地万物依其本性而自由发展的过程和状态，那么"无为"则主要是针对人，指人类按照天地万物的自然本性所采取的适应行为，即道法自然的行为方式。老子所谓的"无为"有两重含义，首先它与反自然的"有为"是根本对立的；其次，它也不是如其字面意思所显现的消极的不行动、不作为，而是要求人不妄为，从而实现无为而无不为。"道常无为而无不为"（《老子》第三十七章），是指道生养和辅助万物而不刻意地加以干预，才使得万物自生自成，从而取得无不为的结果，所以"以辅万物之自然而不敢为"（《老子》第六十四章）。此外，老子在主张以无为的态度去为时，还特别提醒人要"为而不恃"（《老子》第二章），"为而不争"（《老子》第八十一章）。

庄子对老子自然无为的思想做了进一步阐发，他认为道具有自然无为的本性，人应该效仿道，顺应自然，践履无为。庄子通常以天来表示自然，以人表示人为，他崇尚自然，反对人为，并且明确把自然与人为对立起来。庄子以人类对待牛马的态度做比喻，说明自然与人为之间的区别。"'（河伯）曰：何谓天？何谓人？'北海若曰：'牛马四足，是谓天；落马首，穿牛鼻，是谓人。'"（《庄子·秋水》）出于天然本性的就是自然，而出于人意之所为的就是人为。"天在内，人在外，德在乎天"（《庄子·秋水》）。由于天内在于万物的本性，而人为是外在地强加于事物身上的东西，因此，真正的德行就是要顺应自然，不应为了追逐虚名或利益而"以人灭天""以故灭命"，而应"知天人之行，本乎天，位乎德"，恪守自然之本性，以求返璞归真。因此庄子教导人应"不以心捐道，不以人助天"（《庄子·大宗师》），即要人们不以自己的主观意识而背道而行，不以人的行为有意地改变万物的天然状态，而是应该一切因任自然。所谓"因任自然"就是要以万物生存的自然之道去对待万物。庄子以"鲁侯养鸟"的故事为例，说明违背万物天性的人为，即使出于人的好意，也会给万物的生存带来毁灭性

灾难，而以符合万物天性的方式对待万物，则不仅有利于万物的生存和自由发展，也会有利于满足人类对自然资源的需要，即"无为也，则用天下而有余；有为也，则为天下用而不足"（《庄子·天道》）。

针对春秋战国时期，统治者违背自然之道，利用知识和技术强行有为，滥捕滥伐，以满足自己的物欲，造成自然秩序遭到严重破坏的局面，庄子提出反对人类利用技术和心智利用和开发自然界。"上诚好知而无道，则天下大乱矣！何以知其然邪？夫弓、弩、毕、弋机变之知多，则鸟乱于上矣；钩饵、罔罟、罾笱之知多，则鱼乱于水矣；削格、罗落、罝罘之知多，则兽乱于泽矣；知诈渐毒、颉滑坚白、解垢同异之变多，则俗惑于辩矣。故天下每每大乱，罪在于好知。……甚矣，夫好知之乱天下也！"（《庄子·胠箧》）庄子以激愤之辞表达了强烈反对用知识和技术手段违背自然之道，用现代环境伦理的语言阐释，就是反对无节制地发展科学技术，反对科学技术给自然界和人类社会造成的损害，反对科学技术的非自然化和非人性化。

在《庄子·马蹄》中，庄子通过伯乐治马、陶者治埴、匠者治木等故事，鲜明地表达了他尊重事物本性，尊重生命，反对人类出于自己的需要而违背生物的自然本性，将人的意志强加于事物的做法。庄子的这种尊重生物自然习性，对天地万物采取因任自然，无为为之和反对"以人灭天"的态度，体现了中国古代深刻的生态智慧，对于现代维护自然生态系统的稳定和繁荣也具有极其重要的启示意义。

《吕氏春秋》《淮南子》对自然无为的发展 老子和庄子强调人与天地万物的自然本性同一，倡导人要完全顺应自然，体现了深刻的生态智慧，但其"绝圣弃智"的观点也具有一定的偏颇性。它忽视了人与自然界的区别，容易影响人与自然界相处时发挥人的能动性，因而被荀子批评为"蔽于天而不知人"（《荀子·解蔽》）。针对老子和庄子自然无为思想中的消极成分，后来的《吕氏春秋》和《淮南子》对其自然无为思想做了较大的改造和阐发。

成书于战国晚期的《吕氏春秋》提出"法天地"和"因性任物"的思想。法天地就是要行天之道，顺地之理。若此，则天地人，"三者咸当，无为而行"《吕氏春秋·序意》。而"无为之道曰胜天"《吕氏春秋·先己》，此处的"胜"即任，就是要遵循事物的本性和客观规律，这样法天地的思想就被发挥成为"因性任物"，即"变化应来而皆有章，因性任物而莫不宜当"（《吕氏春秋·执一》）。《吕氏春秋·贵当》篇重点强调了"因"的作用，"性者万物之本也，不可长，不可短，因其固然而然之，此天地之数也"，所谓"因"，就是凭借和利用，顺应事物变化的客观情势。如此，"三代所宝莫如因，因则无敌"（《吕氏春秋·贵因》）。对"因"的强调体现了在顺应万物情势和尊重客观规律的前提下，发挥人的能动性的思想，因此这种"因而无为"的观点是对老庄自然无为思想的发展。

汉初道家的重要著作《淮南子》进一步发展了自然无为的思想。《淮南子·原道训》中讲，"故天下之事不可为也，因其自然而推之。"《淮南子·泰族训》指出："夫物有以自然，而后人事有治也"，进而提出了无为的新界说："若吾所谓无为者，私志不得入公道，嗜欲不得枉正术，循理而举事，因资而立权，自然之势"（《淮南子·修务训》），这里无为就是尊重事理与环境行事，排除个人的主观随意性，控制个人不正当的欲望，遵循理的要求。"若夫水之用舟，沙之用鸠，泥之用輴，山之用蔂，夏渎而冬陂，因高为田，因下为池，此非吾所谓为之"表明，那些符合客观规律、因时因地因事制宜的行为都属于"无为"，而所谓的"有为"则是特指那些违背客观规律的任意妄为，如"若夫以火燋井，以淮灌山，此用己而背自然，故谓之有为"。由此可见，《淮南子》因循《吕氏春秋》的思想理路，进一步改造了老庄纯任自然的无为思想中所包含的消极因素，赋予了无为概念以新的内涵，这对于现今按照生态规律保护和利用自然环境依然具有实践意义。

自然无为思想的当代发展 道家自然无为的哲学理念及其蕴含的重要的环境伦理意蕴在当代也受到重视。美国国家公园之父约翰·缪尔（John Muir）所倡导的生态保存主义（preservationism）与道家的无为思想不谋而合，都内在地蕴含着尊重自然的道德理念和顺应自然的道德原则。而美国当代生态学家巴里·康芒纳（Barry Commoner）所提出的"自然界懂得最好"的生态学原则也用现代科学的语言阐释了道家无为理念的精神，即道所展现的自然体现的是宇宙运行的根本规律，包括人在内的自然界的所有存在都应该因循自然，而不能依据自我有限的认识对自然界妄为。

澳大利亚环境伦理学家马修斯（Freya Mathews）长期钟情于道家深邃的生态伦理思想。马修斯通过解读道家经典发现，自然无为的生态智慧来自道家的圣人和修行者长期以来对自然界悉心的观察和深刻的体悟。自然界的内在和谐和持续运行源于自然界中所有存在都在一个复杂的系统中各居其位，在各自的生存和发展的相互作用中遵循一系列动力规则，包括最小抵抗原则、适应原则和协同原则，以此保证了自然界中能量流动的最佳效率配置和各个物种最佳的持续生存。所以，道家的无为并不是如其字面意思的毫无作为，而是道家圣人在对自然界深刻洞悉的基础上总结出的生命个体持续生存和宇宙整体持续运行的最佳方案。马修斯还指出，老子著作中的无为主要是一种教导人们在自己的生活行为中遵循道的哲学，但在中国历史中，自然无为除了作为个人层面的原则之外，也作为基本的设计原则应用于公共领域中，如农业和工程系统等，已经持续运行了2 000多年的都江堰水利工程就是这样一个典型的按照无为原则设计的公共系统。

针对当今时代的环境危机以及科学技术作为具有主宰力意识形态的现实情境，马修斯提出我们要在认识道家无为思想所蕴含的生态智慧和重要价值的基础上，依据时代特征创造性地革新"无为"理念，将其作为一种指导我们遵循自然的设计，推广到整个文明的设计中，使道家思想能够在当下关于可持续和生态文明的论争和实践中发挥核心的作用。 （郭辉）

自然物质变换 （the exchange of natural material） 人与自然之间的物质变换，或者在社会经济领域中人与人之间社会劳动的物质交换，是马克思《资本论》中提出的重要概念。

在《评阿·瓦格纳的"政治经济学教科书"》中，马克思说："在说明生产的'自然'过程时我也使用了这个名称，指人与自然之间的物质变换，……那里在分析 W—G—W（商品—货币—商品）时，第一次出现了物质变换，而以后形式变换的中断，也是作为物质变换的中断来说明。"在《资本论》中，当谈到商品流通时，马克思认为 W—W 是商品换商品，是社会劳动的物质变换。文中只要是指人与人之间关系时，马克思用的都是"社会劳动的物质变换"，直接使用"物质变换"时，马克思指的都是人与自然之间的关系。

马克思在《资本论》中所说的人与自然之间的物质变换关系，即人以衣食形式消费掉的土地的组成部分要再次回归土地，实现土地的持久肥力。

主要内容 ①人类生活在现实社会中，就必须不断地同自然进行物质变换，并且从事创造劳动价值的生产活动。人与自然之间的物质变换存在于人类活动的一切社会形式之中，它不会轻易发生转移。人类要生存下去，就必须通过直接或间接的劳动从自然中获取生活必需品，当人类使用、消耗完必需品后，其将重新以废弃物的形式返回大自然。可见，人类向大自然索求后，又要向自然重新返还。人类与大自然循环往复地进行着物质交换，并且只要人类社会不消失，这一过程将持续循环下去。②劳动过程并不仅仅是单方面的人对自然的干预过程，而是一种"人以自身的活动来中介、调整和控制人和自然之间的物质变换的过程"。撇开人类社会发展的阶段性而从劳动过程的一般性来看，劳动过程的"一边是人及其劳动，另一边是自然及其物质"。劳动过程所实现的就是人与自然之间的物质变换。劳动过程是一个人通

过劳动行为干预自然，从大自然中获取生活必需品的过程，而且也是大自然受到人类活动的影响发生改变，最终又转而影响人类本身的过程。人与自然之间的物质变换应该是一个人与自然之间相互影响、双向流通的过程。③在劳动过程中，人的活动借助劳动资料使劳动对象发生预定的变化。从劳动对象来看，自然界为人类提供了"天然存在的劳动对象"，劳动过程中还有一些原料是"被以前的劳动可以说过滤过的劳动对象"；从劳动资料来看，早期，人类劳动资料来源于向大自然的直接索取，随着社会分工和生产力的发展，以及其他的劳动力和劳动资料发展到较高的程度，土地在农业领域自身扮演着劳动资料的角色。与此同时，土地又隶属于这类一般的劳动资料，它不仅给劳动者提供安身立命之所，又给他们提供劳动的主要场所。无论从土地本身，还是从劳动对象、劳动资料来看，都是人类从自然界直接或间接取得的，是人与自然之间物质变换过程的一部分。④人类从大自然中索取生产资料的同时，也不断地进行着返还的工作，以实现人与自然之间完整的物质交换过程。

影响 由于追求剩余价值的内在动力，生产技术不断提高，资本主义生产经历了协作、工场手工业和机器大工业等发展阶段。资本主义生产的发展将不利于人和自然之间的物质变换，具体表现为"代谢断层"现象层出不穷。由于城镇化的影响，人们集中生活于城市之中，人们生活所产生的消费排泄物无法再次返回大自然，而这种消费排泄物在农业生产中扮演着十分重要的作用。由此人向大自然索求劳动资料和消费排泄物无法回归大自然之间出现了"代谢断层"现象。若生产废弃和消费排泄物不能及时有效地回到大自然，将会严重破坏人类生活的各个方面。从城市来看，大量的工业和生活垃圾无法回归大自然，大规模地聚集在城市之中，引起了一系列环境问题，甚至严重影响了人们的身心健康；从农村来看，其对农村的地力和劳动力的破坏力也清晰可见。在现代农业中，马克思认为和在城市工业中一样，

资本主义农业的任何进步，都不仅是掠夺劳动者的技巧的进步，而且是掠夺土地的技巧的进步，在一定时期内提高土地肥力的任何进步，同时也是破坏土地肥力持久源泉的进步。

（薛桂波）

ziran zhuyi

自然主义 （naturalism） 主张用自然原因或自然原理来解释一切现象的哲学思潮。

作为哲学流派的自然主义可以追溯到公元前 4 世纪爱奥尼亚的前苏格拉底哲学，其根据经验观察及理性思维而非流行的希腊神话故事去解释世界。在古代中国，汉代的王充用禀气厚薄解释人的智愚，宋代的张载用禀气不同解释人性，也都是自然主义的立场。

在 20 世纪 30 年代的美国，自然主义最初深受实用主义的主要代表杜威（John Dewey）和批判实在论的主要倡导者桑塔雅那（George Santayana）的影响。20 世纪 40 年代，随着实用主义、批判实在论等主观唯心主义流派的衰落，自然主义者的观点逐渐转向唯物主义。1944 年，克里科里安（Y. H. Krikorian）编译了《自然主义和人类精神》一书，反映了大多数自然主义者向唯物主义转变的观点。1949 年，塞拉斯（Sellars）等人出版的《未来的哲学》一书，把自己的观点与古希腊的德谟克利特（Demokritos）和近代的霍布斯（Thomas Hobbes）、狄德罗（Denis Diderot）、费尔巴哈（Feuerbach）、马克思、恩格斯所代表的唯物主义传统联系起来。50—60 年代，自然主义中的这种唯物主义倾向有了更鲜明的表现。70 年代以来，美国的自然主义逐渐衰落。

自然主义在环境伦理学中的基本主张
伦理自然主义认为道德规范在自然界和人的本性中有其来源，伦理学的原则和规则可以从对非伦理的条件，如人与人的关系、人的欲望与冲动等的考察中得到，伦理学的词可以由自然的、描写的、事实的词来下定义，伦理陈述可以还原为自然过程与事件的事实陈述。也就是说，伦理自然主义从自然规律和人的生理、心理特征等人的自然性质中引申出道德要求，在人的自然本性中寻找决定人的行为的目的、动机和原则，并依据自然科学的材料和方法加以论证，从而建立起道德理论。从古希腊到当代伦理学中，自然主义学派及其学说延绵不断，例如，伊壁鸠鲁（Epicurus）的快乐主义、霍布斯的自然法则、斯宾诺莎（Spinoza）的自然权利、18 世纪法国唯物论的合理自爱、边沁（Bentham）和穆勒（John Stuart Mill）的功利主义、费尔巴哈的幸福主义等，以及基于 20 世纪初进化论和社会达尔文主义的发展而被斯宾塞（Herbert Spencer）引入伦理学的一种论证生存竞争、自然淘汰的人种学。

批评 伦理自然主义受到的批评主要来自摩尔（G. E. Moore）和休谟（Hume）。1903 年，英国伦理学家摩尔在《伦理学原理》一书中指出，"善"这一基本伦理概念是不可分析、不可界定的，因为它是一种"单纯"的性质，是其他任何自然性质都无法取而代之的一种性质。虽然"善"与其他自然性质存在这样或那样的关系，但是两者之间的区别是根本性的，是不容忽视的。如果用某种自然性质来取代"善"的性质，那就是犯了"自然主义谬误"。当代美国元伦理学家弗兰克纳（W. K. Frankena）认为：自然主义谬误这一概念涉及人们对"应该"和"是"、价值和事实、规范性和描述性这些概念的争议。休谟认为在"是"与"应该"之间不存在逻辑通道，从"是"的陈述句中不能合乎逻辑地推出一个"应该"的命令句来。

在环境哲学/环境伦理学中，"自然主义谬误"和"是/应该"问题被普遍视为环境伦理合理性的理论挑战或障碍。它们警告人们，从对自然的描述性前提推不出价值论或伦理学的结论。但是在另一些人的眼中，自然主义并非是"谬误"。在奎因（W. V. Quine）、普特南（R. Putnam）等人看来，事实与价值并非截然两离，而是相互纠缠的。进而，在生态伦理学家罗尔斯顿（Rolston）的视域中，"从'是'到'应该'是一个瓜熟蒂落的价值飞跃……我们只要拂去

了盖在'事实'上的灰尘，那里的'价值'似乎就会自然而然地显现出来"。　　　　（李亮）

推荐书目

乔治·摩尔. 伦理学原理. 长河，译. 上海：上海人民出版社，2005.

唐凯麟，蔡铭础，刘庆泽，等. 伦理学纲要. 长沙：湖南人民出版社，1985.

冯契，徐孝通. 外国哲学大辞典. 上海：上海辞书出版社，2000.

郑慧子. 走向自然的伦理. 北京：人民出版社，2006.

ziran zizuzhi

自然自组织　（self-organization of nature）是将自然辩证法和系统自组织理论相结合而形成的对自然界内在运行动力机制进行解释的一种观点。属于生态自然观的形式之一。生态自然是天然自然与人工自然的和谐统一体，是人工自然发展的高级形态。生态自然虽然也是人类的创造，但同人工自然相比，有着本质的区别，是一种新的自然形态。

主要内容　自然自组织继承了辩证唯物主义自然观。马克思和恩格斯从不同自然观的历史形态中，通过分析和批判概括总结出对自然界本来面目所作的科学理解，是现代自然科学所取得的重大成果所反映出的哲学思想。自然自组织的概念表明马克思和恩格斯所创立的辩证自然观在整体上的正确性，是在现代科学发展推动下，对辩证自然观所赋予的新内容和新形态。

20世纪自然科学形成的自然观是一种自组织生态的自然观。生态的自然观从一开始就以一种更为系统化的角度观察地球的生命结构，探求一种把地球上活着的有机体描述为一个有着内在联系的整体的观点。它印证了唐纳德·沃斯特（Donald Worster）的观点：人类的自然观念也将重新回到对其丰富而具体的多样性、其由自身所确定的自由、其特性的深度复杂性甚至神秘性、其内在意义和价值方面的认识上去。

关于生态自然观，可以从多种理论角度予以界定：系统论、整体论、有机论、生态论、自组织论等。这些不同的提法并不矛盾，在本质上具有一致性。贝塔朗菲（Bertalanffy）将这场革命称为有机体的革命。生态自然观体现了这一革命的本质。他认为："今天的基本问题在于有机体。组织、整体性、有向性、目的论、变异等概念和普通物理学不同"，"现代科学面临的基本问题是有机体的一般理论"。"对有机体的研究反映出科学态度和概念所发生的总体变化，它在所有科学分支都有出现，不管研究对象是无机物、生物还是社会现象"。自然科学的发展与有机论的、动态演化的自然观念的形成相同步。自然被理解为一个远离平衡态的开放系统，通过其与环境进行物质能量和信息的交换，能够形成有序的结构，或从低序向高序的方向演化的自组织系统。

从复杂论的角度来探索自然的复杂性，从不规则中寻求规则。自然界并非混乱无序，在看似混乱的背后有着必然的秩序，需要加以了解和研究。尽管自然界不具有任何内在的支配一切的广泛秩序，但大量的事实证明，变化的条件可以转换成秩序的条件，秩序的条件又可以转换为变化的条件。在自然生态系统中，组成系统的基本要素不断地自我调整组成新的模式，构成稳定的状态，并生生不息。稳定的系统状态并不意味着静止或一成不变，而是具有一种动态的内聚性和控制秩序的能力。自然界的这些现象为什么会发生，这种错综复杂的自然界有没有共同的组织原则，以及为什么秩序会以混乱无序的面目持续存在，都是需要不断探寻的问题。

特征　从复杂论的角度分析，自然自组织系统具有以下特征。第一，自然复杂系统是一个由许多平行发生作用的"作用者"组成的网络。在自然自组织系统中，每一个物种都是一个独立的作用者，每一个作用者都处在一个由自己和其他作用者相互作用而形成的一个系统环境中。由于每一个作用者都不断在根据其他作用者的动向采取行动和改变行动，所以系统的控制力是分散的。在自然自组织系统中，没有任何事情是固定不变的。第二，自然自组织系统具有多层次性。每一个层次的作用者对更高层次的作用者来说都起着基础建构作用，并相互作用形成一个整体，从而产生了一个自发性的自组织。第三，这些复杂的、具有自组织性的系统能够进行自我调整。自然自组织系统不仅仅只是被动地对发生的事件作出反应，而且还能积极地将发生的一切转化为对自己有利的因素，并不断改善和创造出新的条件，从而更有利于发展。第四，每一个这样自组织的、自我调整的复杂系统都具有某种内在的动力机制。自然复杂系统中的动力机制体现为自然选择在进化过程中的创造性的作用。自然自组织的进化范式有着独特的目的性。第五，复杂的系统具有永恒的新奇性。自组织是生物进化的内在动力，自然选择是生物进化的外在动力，自然自组织使自然界形成了一个永无休止的不断自我更新的系统。

现代物理学对自然自组织现象进行了总体性的描述，即有机的、整体的、生态的，并被称为广义系统论意义上的系统论世界观。自组织自然观认为自然中的一切单位都具有内在地联系性，所有单位或个体都是由关系构成的。于是，事物之间的动态的、非线性的相互作用构成了一个复杂的关系网络，使自然构成为一个不可分割的整体。开放性、远离平衡态、非线性相互作用和涨落，构成了自然界物质系统演化的自组织特征。现代物理学否定了机械论世界观中的原子论，肯定了原子之间的相互作用和联系。世界并不只是这些实体的不同组合。自然自组织的世界观所揭示的规律是事物之间关联的规律，即所谓整体的规律。

自然自组织观念的提出不仅突破了机械论的原子论，走向了整体论，而且更为重要的在于对整体论的深化，从而使得本体论上的变革能够在方法论上做出有力的呼应。整体性的统计规律突破了机械论将因果规律作为唯一的规律形式的观念。统计规律所引发的解释世界的方法是一种对整体趋势把握的方法。而这样一种方法在物理学的语境下，自然成为"一个远离热力学平衡的开放系统"，并具有了明显的"选择性"。这就使得在自然自组织的整体论中，本体论和价值论密切相关，相互交织。在价值选择过程中，自然具有了演化的方向，并构成了自然整体性质的必要条件。

恩格斯说："随着自然科学领域每一领域每一个划时代的发现，唯物主义也必然要改变自己的形式。"自组织的自然观便是唯物主义哲学的一个新形式，它继承并发展了辩证自然观。科学上的新认识正一步一步地向人们展示我们置身于其中的宇宙图景以及我们在宇宙中的处境。

与"人与自然相对立"的观点不同，自然自组织理论阐述了人与自然不可分割的关系。自然自组织理论所展开的是一幅全新的世界图景——自然界普遍联系，并在普遍联系中自组织地演化发展。自然自组织理论包含着演化思想，认为自然具有一种不可逆的过程性。人类是自然界的一部分，其一切活动均不能与自然界有须臾分离，人类参与于自然的不可逆过程中。

意义 自然自组织理论思想不仅描绘了一幅动态整体性的自然图景，而且提供了解决目前存在的生态环境等许多全球问题的方法论基础。一是扩大负熵流、减少熵增，使自然界趋于协调、进化；二是基于对自然内在发展动力机制的研究，利用高科技主动引导自然的平衡发展；三是着眼于人与自然的同步进化，创造出有利环境，促进人与自然的新和谐关系。

自然自组织理论表明人类所生存的天、地、人的复杂巨系统是自组织的，这就必须以科学的理性和理性的科学认识和遵循客观世界的自组织规律，而不是违背规律，否则必将受到自然界的惩罚。20世纪60年代前后接连发生的严重的公害事件已经为人类敲响了警钟。对于自组织的自然系统来说，基于适度使用自然资源的可持续发展的实践是人类基于客观规律的必然选择。虽然人类与自然协调发展的可持续发展观念产生得较晚，但终究成为了世人的共识。

（曹旻）

推荐书目

唐纳德·沃斯特. 自然的经济体系：生态思想史. 侯文蕙，译. 北京：商务印书馆，1999.

米歇尔·沃尔德罗普. 复杂：诞生于秩序与混沌边缘的科学. 陈玲，译. 北京：生活·读书·新知三联书店，1997.

条目分类索引

【总论】

生态哲学 ………………………… 104
生态文化 …………………………… 95
生态文明 …………………………… 95
环境人权 …………………………… 29
伦理拓展主义 ……………………… 51
人类中心主义 ……………………… 65
非人类中心主义 …………………… 11
动物解放论 ………………………… 9
动物权利论 ………………………… 10
生态悲观主义 ……………………… 72
生态乐观主义 ……………………… 81
生态女性主义 ……………………… 84
生态区域主义 ……………………… 88
生态整体主义 ……………………… 106
生物中心主义 ……………………… 114
物种歧视主义 ……………………… 124
自然主义 …………………………… 141

【环境哲学本体论】

生命共同体 ………………………… 71
荒野 ………………………………… 36
技术圈 ……………………………… 39
智慧圈 ……………………………… 130
人化自然 …………………………… 62
人工自然 …………………………… 60
天然自然 …………………………… 117
生态需要 …………………………… 100

生态危机 …………………………… 94
生态灾变 …………………………… 103
熵 …………………………………… 68
地球宇宙飞船 ……………………… 8
自然自组织 ………………………… 142
自然物质变换 ……………………… 140
生态多样性与生态统一性 ………… 76
盖娅理论 …………………………… 13
生态迁徙 …………………………… 86
生物多样性与文化多样性 ………… 110

【环境哲学认识论】

生态主体与生态客体 ……………… 108
天人合一 …………………………… 118
深层生态学 ………………………… 70
浅层生态学 ………………………… 58
生态神学 …………………………… 91
人定胜天 …………………………… 60
制天命（制天命而用之） ………… 130
生态学方法 ………………………… 102
生态化 ……………………………… 80
生态生产力 ………………………… 93
预防原则 …………………………… 127
自然无为 …………………………… 137
康芒纳生态原则 …………………… 42
生态现象学 ………………………… 98
环境实用主义 ……………………… 31
环境友好 …………………………… 34
生态启蒙 …………………………… 85

大自然的解放 ················· 3
共有地悲剧 ·················· 14
自然的祛魅与返魅 ············· 133
人类发展指数 ················ 63

【环境哲学价值论】

土地伦理 ··················· 119
环境伦理 ··················· 24
河流伦理 ··················· 18
自然权利论 ·················· 136
环境种族主义 ················ 35
人类沙文主义 ················ 64
生物圈平等主义 ··············· 112
自然界自我实现论 ·············· 134
环境美德伦理 ················ 26
环境美学 ··················· 28
绿色消费 ··················· 47
农业伦理 ··················· 56
气候伦理 ··················· 58
生态捣乱行为 ················ 73
素食主义 ··················· 115
敬畏自然 ··················· 40
万物有灵论 ·················· 122
生态公民 ··················· 78

【环境哲学观念史】

环境行动主义 ················ 33
后现代 ···················· 21
地理环境决定论 ··············· 4
后工业社会 ·················· 20
社会达尔文主义 ··············· 69
生态帝国主义 ················ 74
生态自治主义 ················ 109
绿色政治 ··················· 48
生态马克思主义 ··············· 82
生态社会主义 ················ 89
生态法西斯主义 ··············· 77
可持续发展 ·················· 43
《1844 年经济学哲学手稿》 ········ 126
地球优先！ ·················· 6
资源节约型社会 ··············· 132
《周易》环境观 ··············· 131
和实生物 ··················· 17
孔子的环境观 ················ 44
孟子的环境观 ················ 54
《淮南子》环境观 ············· 22
张载的环境观 ················ 129
王守仁的环境观 ··············· 122
超验主义 ··················· 1
类无贵贱论 ·················· 46

条目汉字笔画索引

说　明

一、本索引供读者按条目标题的汉字笔画查检条目。

二、条目标题按第一字笔画数由少到多的顺序排列，同画数的按笔顺横（一）、竖（丨）、撇（丿）、点（丶）、折（一，包括乚く等）的顺序排列，笔画数和笔顺都相同的按下一个字的笔画数和笔顺排列。第一字相同的，依次按后面各字的笔画数和笔顺排列。

二画

人工自然 …………………… 60
人化自然 …………………… 62
人定胜天 …………………… 60
人类中心主义 ……………… 65
人类发展指数 ……………… 63
人类沙文主义 ……………… 64

三画

土地伦理 …………………… 119
大自然的解放 ……………… 3
万物有灵论 ………………… 122

四画

王守仁的环境观 …………… 122
天人合一 …………………… 118
天然自然 …………………… 117
气候伦理 …………………… 58
孔子的环境观 ……………… 44

五画

可持续发展 ………………… 43

生态女性主义 ……………… 84
生态马克思主义 …………… 82
生态区域主义 ……………… 88
生态化 ……………………… 80
生态公民 …………………… 78
生态文化 …………………… 95
生态文明 …………………… 95
生态生产力 ………………… 93
生态乐观主义 ……………… 81
生态主体与生态客体 ……… 108
生态迁徙 …………………… 86
生态自治主义 ……………… 109
生态危机 …………………… 94
生态多样性与生态统一性 … 76
生态灾变 …………………… 103
生态启蒙 …………………… 85
生态社会主义 ……………… 89
生态现象学 ………………… 98
生态学方法 ………………… 102
生态法西斯主义 …………… 77
生态帝国主义 ……………… 74
生态神学 …………………… 91
生态哲学 …………………… 104

生态捣乱行为 ············ 73
生态悲观主义 ············ 72
生态需要 ··············· 100
生态整体主义 ············ 106
生物中心主义 ············ 114
生物多样性与文化多样性 ··· 110
生物圈平等主义 ·········· 112
生命共同体 ············· 71

六画

动物权利论 ············· 10
动物解放论 ·············· 9
地球优先！ ·············· 6
地球宇宙飞船 ············· 8
地理环境决定论 ··········· 4
共有地悲剧 ············· 14
伦理拓展主义 ············ 51
自然无为 ··············· 137
自然主义 ··············· 141
自然权利论 ············· 136
自然自组织 ············· 142
自然物质变换 ············ 140
自然的祛魅与返魅 ········· 133
自然界自我实现论 ········· 134
后工业社会 ············· 20
后现代 ················ 21
农业伦理 ··············· 56

七画

技术圈 ················ 39
社会达尔文主义 ··········· 69
张载的环境观 ············ 129

八画

环境人权 ··············· 29
环境友好 ··············· 34
环境伦理 ··············· 24
环境行动主义 ············ 33
环境实用主义 ············ 31
环境种族主义 ············ 35

环境美学 ··············· 28
环境美德伦理 ············ 26
非人类中心主义 ··········· 11
物种歧视主义 ············ 124
制天命（制天命而用之） ···· 130
和实生物 ··············· 17
《周易》环境观 ·········· 131
浅层生态学 ············· 58
河流伦理 ··············· 18
孟子的环境观 ············ 54

九画

荒野 ················· 36
类无贵贱论 ············· 46

十画

素食主义 ··············· 115
资源节约型社会 ··········· 132
预防原则 ··············· 127

十一画

康芒纳生态原则 ··········· 42
盖娅理论 ··············· 13
《淮南子》环境观 ········· 22
深层生态学 ············· 70
绿色政治 ··············· 48
绿色消费 ··············· 47

十二画

超验主义 ··············· 1
敬畏自然 ··············· 40
智慧圈 ················ 130

十五画

熵 ·················· 68

其他

《1844年经济学哲学手稿》 ·· 126

条目外文索引

说 明

本索引按照条目外文标题的逐词排列法顺序排列。

A

agricultural ethics	56
animal liberation	9
animal rights	10
animism	122
anthropocentrism	65
artificial nature	60

B

being natural and let it be	137
biocentric egalitarianism	112
biocentrism	114
biodiversity and cultural diversity	110
bioregionalism	88

C

climatic ethics	58
Commoner's ecological principles	42

D

deep ecology	70
destiny and active use of the laws of nature	130
disenchantment and return to enchantment of nature	133

E

Earth First！	6
earth spacecraft	8
eco-communalism	109
ecofascism	77
ecofeminism	84
eco-holism	106
ecological catastrophism	103
ecological citizen	78
ecological civilization	95
ecological crisis	94
ecological culture	95
ecological diversity and unity of ecology	76
ecological enlightenment	85
ecological imperialism	74
ecological method	102
ecological migration	86
ecological needs	100
ecological optimism	81
ecological pessimism	72
ecological productivity	93
ecological subject and ecological object	108
ecologicalization	80
Economic and Philosophical Manuscripts of 1844	126

eco-philosophy ································ 104

eco-socialism ································ 89

ecotheology ································ 91

entropy ································ 68

environmental activism ································ 33

environmental aesthetics ································ 28

environmental determinism ································ 4

environmental ethics ································ 24

environmental human rights ································ 29

environmental phenomenology ································ 98

environmental pragmatism ································ 31

environmental racism ································ 35

environmental virtue ethics，EVE ································ 26

environment-friendly ································ 34

Equal Gentleness in Things ································ 46

ethical extentionism ································ 51

G

Gaia hypothesis ································ 13

green consumption ································ 47

green politics ································ 48

H

human chauvinism ································ 64

human development index，HDI ································ 63

humanized nature ································ 62

L

land ethics ································ 119

life community ································ 71

M

Man's will，not Heaven，decides ································ 60

monkeywrenching ································ 73

N

natural rights ································ 136

naturalism ································ 141

nature and people mix into one ································ 118

non-anthropocentrism ································ 11

noosphere ································ 130

P

post-industrial society ································ 20

post-modern ································ 21

precautional principle ································ 127

R

real nature ································ 117

resource-conserving society ································ 132

revere nature ································ 40

river ethic ································ 18

S

self-organization of nature ································ 142

Self-realization ································ 134

shallow ecology ································ 58

social Darwinism ································ 69

speciesism ································ 124

sustainable development ································ 43

T

technosphere ································ 39

the Ecological Marxism ································ 82

the exchange of natural material ································ 140

the liberation of the nature ································ 3

tragedy of the commons ································ 14

transcendentalism ································ 1

two kinds of substance synthesis into another ································ 17

V

vegetarianism ································ 115

view of environment of The Book of Changes ··· 131

view of environment of Confucius ································ 44

view of environment of Huainanzi ································ 22

view of environment of Mencius ································ 54

view of environment of Wang Shouren ································ 122

view of environment of Zhang Zai ································ 129

W

wilderness ································ 36

本书主要编辑、出版人员

董 事 长：武德凯

首席编审：刘志荣

总 经 理：罗永席

总 编 辑：朱丹琪

副总编辑：沈　建

主任编辑：李卫民

责任编辑：谷妍妍　张　娣

装帧设计：彭　杉　宋　瑞

责任校对：任　丽

责任印制：王　焱